铀浓缩技术系列丛书

铀浓缩辅助工艺技术

丛 书 主 编　钟宏亮

丛书副主编　马文革　陈聚才

主　　　编　刘士轩

副 主 编　牛利平　乔晓平

中国原子能出版社

图书在版编目（CIP）数据

铀浓缩辅助工艺技术 / 钟宏亮主编. —北京：中国
原子能出版社，2021.12

ISBN 978-7-5221-1767-6

Ⅰ．①铀… Ⅱ．①钟… Ⅲ．①铀浓缩物–生产工艺
Ⅳ．①TL212.3

中国版本图书馆 CIP 数据核字（2021）第 256489 号

内 容 简 介

本书是《铀浓缩技术系列丛书》中的一册，涵盖了铀浓缩工厂中，为铀浓缩工艺提供合格运行技术条件的辅助工艺系统的全部知识点。主要内容包括辅助工艺系统的组成及功能，各子系统如制冷空调系统、水处理系统、压缩空气系统及空气分离系统的基础理论知识、设备工作原理、系统运行控制及未来发展趋势等，此外还阐述了铀浓缩工艺辅助系统安全生产管理措施，确保铀浓缩工艺系统安全稳定经济运行。

本书可作为从事铀浓缩行业从业人员科研、设计、生产和培训教学的教材或参考书。

铀浓缩辅助工艺技术

出版发行	中国原子能出版社（北京市海淀区阜成路 43 号　100048）
责任编辑	刘　岩
装帧设计	崔　彤
责任校对	冯莲凤
责任印制	赵　明
印　　刷	保定市中画美凯印刷有限公司
经　　销	全国新华书店
开　　本	787 mm×1092 mm　1/16
印　　张	16.625
字　　数	415 千字
版　　次	2021 年 12 月第 1 版　2021 年 12 月第 1 次印刷
书　　号	ISBN 978-7-5221-1767-6　　　定　价　72.00 元

网址：http://www.aep.com.cn　　　　**E-mail：atomep123@126.com**

发行电话：010-68452845　　　　　　版权所有　侵权必究

《铀浓缩技术系列丛书》
编 委 会

《铀浓缩辅助工艺技术》
编 审 人 员

主　　编：刘士轩

副 主 编：牛利平　乔晓平

编写人员：（按姓氏笔画为序）

田　真　白　明　邢宝春　刘　军　许　璐　吴　强　宋德财

张　宁　武　蕾　金　玲　净小宁　胡　雁　谢国和　楚新建

审校人员：（按姓氏笔画为序）

刘　芳　刘红俊　孙　伟　李　伟　杨　晋　杨传宝　张　愚

张文辉　张育飒　陈宁波　陈贵鑫　周旺喜　赵　勇　郭永志

涂建民　黄闽川　龚万福

序

　　铀浓缩产业是一个国家核力量的代表，是核工业发展的基础，是核工业产业链的重要组成部分，是国防建设和核能发展的重要基础，更是有核国家核实力的体现。

　　自 20 世纪 50 年代扩散法铀浓缩开始，我国老一辈铀浓缩专家刻苦钻研、努力攻关，相继突破了扩散级联计算与运行、铀浓缩供取料技术、铀浓缩相关设备及扩散膜的研发与升级等关键技术工艺，不仅满足了当时核力量生产需要，而且取得了大批创新成果，积累了大量丰富的宝贵经验，培养了许多铀浓缩领域的优秀技能技术人才，为我国核工业打下了坚实基础。

　　离心法铀浓缩技术是铀浓缩技术方法一种。中核陕西铀浓缩有限公司是最早进行离心法铀浓缩工艺技术科研生产实验的企业，也是我国第一座离心法铀浓缩商用工厂。多年来，秉承核工业人的优良传统，励精图治，稳步推进，在离心法铀浓缩生产科研等方面取得了丰硕成果，不断推高安全稳定生产运行水平，并有效降低了生产成本，保证了核燃料生产的国产化，突破了核工业发展瓶颈，也体现了生产科研较高水平。

　　《铀浓缩技术系列丛书》广泛吸取了众多离心法铀浓缩领域专家、工程师和技能人员的心血成果和意见，参照吸收国内外先进经验及发展趋势，积累整理大量相关资料编写而成。这既是系统总结我国铀浓缩领域工艺技术自主创新成果，也是留给后继人员的一笔宝贵财富。这本书的出版也完成了我于心已久的夙愿。

　　最后，感谢相关部门的大力支持帮助和出版社的鼎力相助。祝我国铀浓缩领域工艺技术取得更大进步和发展，为我国核工业和核能事业作出更大贡献。

中核陕西铀浓缩有限公司董事长　钟宏亮

2021 年 12 月

前言
Preface

　　铀浓缩工程是一个系统、庞大、复杂的工程，其核心设备——气体离心机在安装、调试、运行过程中都离不开辅助工艺系统的保驾护航。在离心法铀浓缩工厂中，通常意义上的辅助系统包含制冷系统、空调系统、水处理系统、压缩空气气体、空气分类系统等，它们为离心机铀浓缩系统的安全稳定经济高效运行提供了可靠的运行技术条件，是离心法铀浓缩生产至关重要的保障。

　　铀浓缩主辅工艺系统密切相关、相互依存。作为铀浓缩行业从业人员，了解辅助工艺系统的基础知识、工作原理、工艺流程以及运行控制维护等，有助于全面了解、掌握铀浓缩工艺知识，快速、准确、有效处理工艺系统异常，是确保铀浓缩工艺系统安全、稳定、持久运行重要的技术基础。

　　本书编写过程中得到中核陕西铀浓缩有限公司各级领导、专业部门以及生产运行及检修单位的牛利平、金玲等同仁的指导和技术支持，并由他们执笔完成部分章节的编写。对此对他们表示衷心的感谢！由于时间仓促、编者水平有限，文中难免有不当之处。敬请读者提出宝贵意见，以便再版时加以更正。

刘士轩

2021 年 12 月

目 录
Contents

第1章　辅助工艺系统概述 ……………………………………………………1

1.1　辅助系统功能及组成 …………………………………………………1

1.2　辅助系统所辖子系统简介 ……………………………………………1

第2章　制冷空调系统 ………………………………………………………6

2.1　制冷系统基础理论知识 ………………………………………………6

2.2　空调系统基础理论知识 ………………………………………………17

2.3　空调系统的研究对象 …………………………………………………19

2.4　冷水机组 ………………………………………………………………24

2.5　制冷系统其他设备 ……………………………………………………38

2.6　空调系统冷热源设备 …………………………………………………61

2.7　空调系统空气处理设备 ………………………………………………69

2.8　空调系统空气输送设备 ………………………………………………78

2.9　空调系统空气分配设备 ………………………………………………85

2.10　制冷空调系统安装要求 ……………………………………………102

2.11　制冷空调系统调试要求 ……………………………………………111

2.12　制冷空调系统运行维护 ……………………………………………126

2.13　制冷空调系统发展趋势 ……………………………………………148

第3章　水处理系统 …………………………………………………………165

3.1　水处理基础理论知识 …………………………………………………165

3.2　反渗透+除氧膜水处理工艺 …………………………………………169

3.3　水处理系统运行维护控制 ……………………………………………190

3.4　其他水处理方法 ………………………………………………………209

第4章　压缩空气系统 ………………………………………………………223

4.1　压空系统概述 …………………………………………………………223

4.2　压缩空气系统设备 ……………………………………………………224

4.3　压缩空气系统运行控制 ………………………………………………233

第 5 章 空气分离系统 ·· 236

    5.1 空分系统概述 ·· 236

    5.2 空分系统主要设备 ··· 239

第 6 章 辅助工艺系统安全生产管理 ···························· 252

    6.1 辅助工艺系统安全生产管理 ····························· 252

参考文献 ·· 255

第1章

辅助工艺系统概述

1.1 辅助系统功能及组成

铀浓缩工程是一个系统工程，其核心部分是级联大厅内由气体离心机组成的级联。级联习惯上称为主工艺系统；将卸料系统、抽空系统、氟利昂处理系统、气体吹洗系统，仪表和调节器零位系统、调节器用压缩空气系统称为大厅工艺辅助系统；将外围的制冷空调系统、压缩空气系统、空气分离系统、水处理系统称为辅助工艺系统，即本册技术丛书所讲述的工艺系统。

在铀浓缩气体离心机安装、启动调试及运行过程中，辅助工艺系统主要负责为铀浓缩生产创造适宜的运行技术条件，确保气体离心机安全稳定经济运行。

早期铀浓缩工程建设时，离心机运行所需的工艺冷却水水泵、换热器等装置通常设置在级联大厅，而生产工艺冷却水的制冷系统以及空调、水处理、压缩空气、空气分离等辅助系统则建设在级联大厅周围，位置分散、占地面积广、不便于管理。后期新建的厂房均设置了集中的辅助工艺厂房，制冷系统与水处理系统集中安装在辅助工艺厂房内中，并于厂房附近设置控制室，便于系统运行控制。空调系统仍设置在级联大厅外围[1]。

1.2 辅助系统所辖子系统简介

在铀浓缩工厂中，辅助系统所辖子系统包括制冷空调系统、水处理系统、压缩空气系统、空气分离系统，以下一一进行介绍。

1.2.1 制冷空调系统

在铀浓缩工厂中，制冷空调系统主要负责制取、供应合格的工艺冷却水、空气，以带走离心机、变频器、补压机、供取料冷风箱等设备运行时产生的热量，并使工艺厂房保持在符合要求的温湿度环境内，是铀浓缩工厂重要的辅助系统。

需要说明的是，由于系统重要性决定，通常将由制冷空调系统衍生出来的工艺冷却水系统单独介绍。

1.2.1.1 工艺冷却水系统

工艺冷却水系统包括离心机冷却水系统、变频器冷却水系统、补压机冷却水系统、供取料冷却水系统、循环冷却水系统、离心机加热系统等。以下一一介绍。

1. **离心机冷却水系统**

离心机冷却水系统,通过冷水机组制备低温冷却水,将铀浓缩工艺系统有关的主要运行设备,如气体离心机、变频器、补压机所产生的热量带走,以确保系统主设备的连续运行。其系统主要由离心式水泵、冷水机组及其管道阀门等构成。

根据铀浓缩工艺设计的不同,离心机冷却水系统通常采用单回路、双回路两种不同的管道及设备配置。

采用单回路设置时,冷水机组生产的低温冷却水直接进入离心机设备进行冷却,同时为变频器冷却水、补压机冷却水外回路提供冷源,带走变频器、补压机工作时产生的热量。

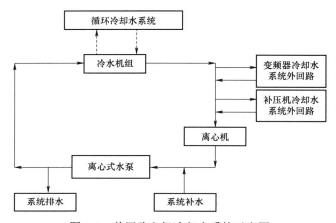

图 1-1 单回路主机冷却水系统示意图

采用双回路设置时,冷水机组制取的低温冷却水不直接进入离心机设备进行冷却,低温冷却水作为离心机冷却水系统的外回路,通过板式换热器进行二次热交换对离心机冷却水进行间接冷却,同时低温冷却水为空调表冷器提供冷源,对各用户空气进行降温除湿。

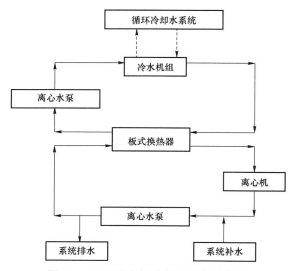

图 1-2 双回路主机冷却水系统示意图

2. 变频器冷却水系统

变频器冷却水系统，通过板式换热器与离心机冷却水进行热交换，产生的冷却水直接对级联大厅变频器进行冷却降温。其系统主要由离心式水泵、板式换热器、变频器及其管道阀门等构成。

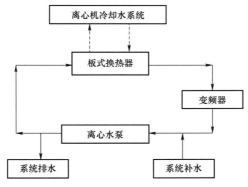

图 1-3　变频器冷却水系统示意图

3. 补压机冷却水系统

补压机冷却水系统，通过板式换热器与离心机冷却水进行热交换，产生的冷却水直接对级联大厅补压机进行冷却降温。其系统主要由离心式水泵、板式换热器、补压机及其管道阀门等构成。

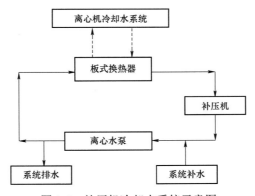

图 1-4　补压机冷却水系统示意图

4. 供取料冷却水系统

供取料冷却水系统，通过板式换热器与离心机冷却水进行热交换，产生的冷却水直接对供取料厂房冷风箱进行冷却降温。其系统主要由离心式水泵、板式换热器、冷风箱及其管道阀门等构成。

5. 循环冷却水系统

循环冷却水系统，通过循环冷却水对冷水机组冷凝器进行冷却降温，从而带走主机冷却水系统、变频器冷却水系统、补压机冷却水系统产生的热量，最终通过冷却塔将热量散发到大气中。其系统主要由离心式冷却水泵、冷水机组、冷却塔、集水池及其管道阀门等构成。

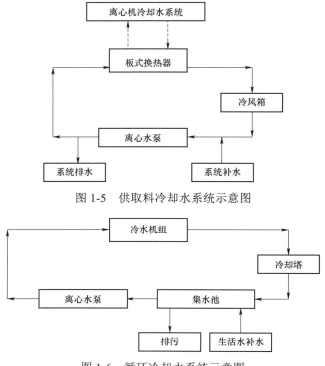

图 1-5　供取料冷却水系统示意图

图 1-6　循环冷却水系统示意图

6. 离心机加热系统

离心机加热系统，用于离心机启动运行的真空干燥、冲击和试启动的升温需要，机组全部运行后停运。其系统主要由离心式水泵、板式换热器、电锅炉及其管道阀门等构成。

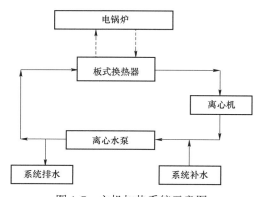

图 1-7　主机加热系统示意图

1.2.1.2　空调系统

空调系统主要负责保证铀浓缩工厂级联大厅、中央控制室的温湿度以及供取料厂房通风要求，防止离心机、变频器、补压机等设备出现结露现象，确保级联大厅、中央控制室处于正压，供取料厂房处于负压状态，以防止级联系统中出现相对分子质量小于六氟化铀的轻杂质。空调系统通常由冷热源设备、组合式空调机组、风管、风阀、风口及控制系统等组成。

主要控制参数有：

工艺大厅：温度 $t = 14 \sim 20$ ℃；送风机出口露点温度 $\leqslant 10$ ℃，大厅空气露点温度低于离心机冷却水进水温度 $0.5 \sim 1$ ℃，且离心机表面不结露。

中央控制室：$t = 20 \sim 24$ ℃、湿度：$\Phi \leqslant 60\%$。

供取料厂房：$t \geqslant 16$ ℃。

1.2.2　水处理系统

水处理系统主要承担生产合格的除盐除氧水，确保工艺管道不会出现堵塞、腐蚀现象，同时作为离心机、变频器、供取料、加热等工艺冷却水系统的补水。水处理系统必须连续不间断地提供质量合格的补充水。其中，离心机、补压机冷却水断水时间不得超过 20 min，变频器冷却水系统断水时间不得超过 2 min。

工艺流程如下：

原水→全自动多介质过滤器→全自动活性炭过滤器→精密过滤器→预处理水箱→增压泵→（换热器）→保安过滤器→一级高压泵→一级反渗透→一级除盐水箱→二级高压泵→二级反渗透→二级除盐水箱→膜除氧装置→氮封水箱→纯水泵→离心机变频器冷却水供水总管

其中，根据不同的系统设计情况，某些水处理系统不设置氮封水箱。

水处理水质控制标准：

含氧量：$\leqslant 0.05$ mg/L

pH：$6.0 \sim 8.5$，某些水质参数控制严格的情况下，pH 可以控制在 $6.0 \sim 7.2$；

电导率：$\leqslant 10$ μS/cm

硬度：$\leqslant 1$ mg/L

含铜量：$\leqslant 0.2$ mg/L

机械杂质：$\leqslant 0.5$ mg/L

1.2.3　压缩空气系统

简称压空系统，主要负责向铀浓缩工艺供应合格的压缩空气。压缩空气是控制级联大厅调节器和供取料系统电磁气动阀开启的动力，压缩空气质量控制要求为：

压缩空气残余含水量 $\leqslant 1$ g/m^3；

压缩空气残余含油量 $\leqslant 0.05$ mg/m^3；

压缩空气输出压力 $0.60 \sim 0.75$ MPa；

1.2.4　空气分离系统

简称空分系统，主要向级联工艺大厅、供取料厂房、液化均质、在线质谱分析等系统提供符合要求的液氮产品，冷凝收集离心机真空冷冻测量、机组抽空以及机组分离所得产品。此外还担负着连续向反渗透+膜除氧水处理提供氮气、协助除氧的任务。

第 2 章

制冷空调系统

在铀浓缩工厂中,制冷系统的主要作用是制取气体离心机运行所需的工艺冷却水,同时作为空调系统的传统冷源。空调系统主要承担将空气处理到满足级联大厅、供取料厂房及中央控制室等工艺厂房所需的温湿度要求并输送至上述用户的任务。总体来说,制冷空调系统主要负责为铀浓缩工艺创造合适的运行技术条件。

2.1　制冷系统基础理论知识

2.1.1　制冷的定义、方法

制冷就是采用人工的方法,使某一物体或空间达到比环境介质更低的温度,并使之维持这个温度。

制冷的方法很多,常见的有以下几种:液体汽化制冷、气体膨胀制冷、涡流管制冷和热电制冷。其中应用最广泛的是液体汽化制冷,它主要是利用液体汽化时的吸热效应实现制冷的,蒸汽压缩式、吸收式、蒸汽喷射式、吸附式都属于液体汽化制冷。

2.1.1.1　液体汽化制冷

1. 蒸汽压缩式制冷

系统主要由压缩机、冷凝器、膨胀阀和蒸发器组成,工质循环其中,用管道将其连接成一个封闭的系统,制冷剂在这个封闭的制冷系统中以流体状态循环,通过相变,连续不断从蒸发器中吸取热量,并在冷凝器中放出热量,从而实现制冷的目的。

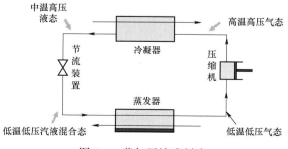

图 2-1　蒸气压缩式制冷

从上图中可以看出：

（1）工质在蒸发器内与被冷却对象（冷水）发生热量交换，吸收被冷却对象的热量并汽化；

（2）产生的低压蒸汽被压缩机吸入，经压缩后以高压排出（此过程需消耗能量）；

（3）压缩机排出的高温高压气态工质在冷凝器内被常温冷却介质（如水或空气）冷却，凝结成高压液体；

（4）高压液体经节流装置节流，变成低温低压湿蒸汽，进入蒸发器。其中的低压液体在蒸发器中再次汽化制冷，如此循环。

节流：液体在管道中流动，通过阀门、孔板等设备时，由于截面突然缩小产生局部阻力，使流体的压力降低，这种现象称为节流。若流体此时与外界没有热交换，则称为绝热节流，或简称为节流。

2. 蒸汽吸收式制冷

利用液体汽化连续制冷时，需要不断吸走汽化产生的蒸汽，可用压缩机吸气，也可用某种物质来吸收蒸汽。比如氨水吸收式制冷机，氨比水更易蒸发，水又具有强烈的吸收氨气的能力，所以，氨为制冷剂，水为吸收剂；溴化锂吸收式制冷机是以水为制冷剂，溴化锂为吸收剂。

3. 蒸汽喷射式制冷

与蒸汽压缩式制冷相同，都是利用液体汽化时吸收热量来实现制冷，不同的是蒸汽喷射式制冷的动力设备由压缩机改为喷射器。

2.1.1.2　吸附式制冷

吸附式制冷系统是以热能为动力的能量转换系统。其基本原理：一定的固体吸附剂对某种制冷剂气体具有吸附作用。

2.1.1.3　空气膨胀制冷

高压气体绝热膨胀时，对膨胀机做功，同时气体的温度降低，与液体汽化法制冷相比，空气膨胀制冷是一种没有相变的制冷方式。

2.1.1.4　涡流管制冷

使压缩气体产生涡流运动并分离成冷、热两部分，其中冷气流用来制冷。

2.1.1.5　热电制冷

又称为"温差电制冷"或"半导体制冷"。是利用热电制冷效应的一种特殊制冷方法。它用半导体元件连接成片状的制冷器，通以直流电后产生一边热，另一边冷的现象。制冷器冷面的吸热可实现连续制冷。

在铀浓缩工厂中，基本的制冷设备均采用的蒸汽压缩式制冷，在下文中如无特别说明，提到的制冷过程均为蒸汽压缩式制冷。

2.1.2　制冷的基本热力过程

制冷的基本热力过程是单级压缩制冷循环。包括以下四个基本热力过程（如图 2-2）：

（1）汽压过程。节流后的低温低压湿蒸气（液体和气体的混合体）在蒸发器内从周围介质（空气、盐水等）吸热，液体不断汽化，干度逐渐增加，这时，需要将已汽化的饱和蒸气及时移走。如果不及时将饱和蒸气吸走，那么一旦达到饱和，则汽化与液化将趋于平衡，再供进来的液体就不可能继续吸热汽化，制冷过程也就因此而中断。为了制冷过程的连续进行，保持不断从周围介质吸热，就必须及时地不断地把汽化后的蒸气吸走，这需要压缩机连续工作。在汽压过程中，可根据介质降温的需要，调整蒸发器内的压力和温度到一定的数值，并维持不变。

（2）压缩过程。完成制冷作用后的干饱和蒸气（或过热蒸气）从蒸发器出来被压缩机吸入。经压缩后，蒸气温度和压力急剧升高，变成过热的高温高压气体被送至冷凝器，提高了工质的压力也即提高了工质的液化温度，可以用环境温度下的水或空气对其进行冷却以至液化。

（3）冷凝过程。制冷剂在冷凝器内的放热过程一般分为三个阶段。首先是具有较高排气温度的制冷剂过热蒸气将热量传给冷却介质（水或空气等），放出显热，其温度下降至冷凝温度，这一阶段为去过热过程；当继续向冷却介质放热时，制冷剂放出潜热，温度不变，转化为液体，这一阶段为制冷剂的冷凝过程；已经冷凝的制冷剂液体再向冷却介质放热时，将放出显热，温度下降，成为过冷液体，这一阶段为制冷剂的过冷过程。如果不考虑制冷剂的流动压力降，在整个放热过程中，压力是保持不变的。

（4）节流过程。从冷凝器出来的液体为高压液体，通过节流，成为低压的湿蒸气进入蒸发器。这个过程与外界没有能量转换，是一等焓过程。因节流后制冷剂压力降低、比体积增大，所以该过程也称为膨胀过程。

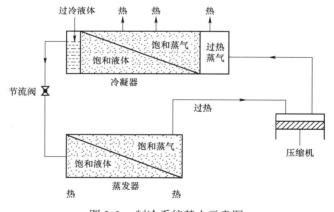

图 2-2　制冷系统基本示意图

2.1.3　制冷循环热力曲线图

表示制冷剂在工作过程的状态和热力学性质的各种曲线图，称为热力曲线图。制冷技术中，一般常用的热力学曲线图有：温-熵（T-S）图、焓-熵（i-s）图、压-焓（$\lg$-i）图。

单级压缩制冷的理论循环由两个绝热过程和两个等压过程组成，分别为绝热等熵压缩过程、绝热等焓节流过程、等压蒸发过程、等压冷凝过程。理论循环中，各过程中均不考虑压力损失、制冷剂在各设备连接管道中也不发生状态变化。单级压缩制冷理论循环在压焓图上的表示见图 2-3。

压焓图中各状态点的意义及各个过程描述如下：

点 1 表示制冷剂进入压缩机的状态。它是对应于蒸发温度 t_0 的饱和蒸气。根据压力与饱和温度的对应关系，该点位于等压线 P_0 与饱和蒸气线（$x=1$）的交点上。

点 2 表示制冷剂出压缩机时的状态，也就是进冷凝器时的状态。过程 1-2 表示制冷剂蒸气在压缩机中的等熵压缩过程（$s_1=s_2$），压力由蒸发压力 P_0 升高到冷凝压力 P_K；可以由通过点 1 的等熵线和压力为 P_K 的等压线的交点来确

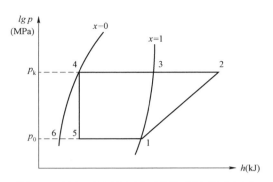

图 2-3　单级压缩制冷循环的热力过程示意图

定。由于压缩过程中外界对制冷剂做功，制冷剂温度升高，因此点 2 表示过热蒸气状态。

点 3 表示高压制冷剂蒸气在冷凝器中被冷却到对应 P_K 的饱和状态。

点 4 表示制冷剂离开冷凝器时的状态。它是与冷凝温度 t_K 相对应的饱和液体。过程 2-3-4 表示制冷剂蒸气在冷凝器内的冷却、冷凝过程。由于这个过程是在冷凝压力保持不变的情况下进行的，进入冷凝器的过热蒸气首先将部分热量释放给外界冷却介质，在等压下冷却成饱和蒸气（点 3），然后再在等压等温下继续放出热量，直至最后冷凝成饱和液体（点 4）。因此，等压线 P_K 和（$x=0$）的饱和液体线的交点即为点 4 的状态。

点 5 表示制冷剂出节流阀时的状态，也就是进入蒸发器时的状态。过程线 4-5 表示制冷剂在通过节流阀时的节流过程。在这一过程中，制冷剂的压力由 P_K 降到 P_0。温度由 t_K 降到 t_0 并进入两相区（湿蒸气区）。由于节流前后制冷剂的焓值不变，因此由点 3 做等焓线与等压线 P_0 的交点即为点 5 的状态。

过程 5-1 表示制冷剂在蒸发器内的汽压过程。由于这一过程是在等压、等温下进行的，液态制冷剂吸取被冷却介质的热量而不断汽化，制冷剂的状态沿等压线 P_0 向干度增大的方向变化，直到全部变为饱和蒸气为止。这样，制冷剂的状态重又回到进入压缩机前的状态点 1，完成一个理论循环。

显然，上述条件与实际循环是存在偏差的，但由于理论循环可以使问题得到简化，便于对循环进行分析研究，而且理论循环的各个过程均是实际循环的基础，它可作为实际循环的比较标准，因此仍有必要对它进行分析与讨论。

2.1.4　单级压缩制冷循环的基本性能指标

根据压焓图可以求出单级压缩制冷循环的基本性能指标。

（1）制冷剂的单位质量制冷量 q_0。1 kg 制冷剂在蒸发器内完全汽化所获得制冷量，单位为 kJ/kg。

$$q_0 = h_1 - h_5 \tag{2-1}$$

或
$$q_0 = r(1 - X_5) \tag{2-2}$$

式中，h_1 ——压缩机吸气状态时，制冷剂的比焓值，kJ/kg；

h_5——节流后制冷剂的比焓值，kJ/kg；

X_5——节流后制冷剂的干度；

r——制冷剂在蒸发温度 t_0 下的汽化潜热，kJ/kg。

从上式可以看出，r 越大和 X 越小，则制冷量 q_0 就越大。r 与 X 的数值与制冷剂的种类有关，q_0 还与节流前后的温度范围有关，同时与节流阀离开蒸发器的距离也有关。节流阀制冷剂温度越高或节流后制冷剂温度越低，节流后的蒸气就越多，干度就越大。

（2）制冷剂的单位容积制冷量 q_v。压缩机每吸入 1 m³ 的制冷剂蒸气在蒸发器中的制冷量，单位 kJ/m³。

$$q_v = \frac{q_0}{v_1} = \frac{h_1 - h_5}{v_1} \tag{2-3}$$

式中，v_1——压缩机吸气状态下的比体积，m³/kg。

比体积 v_1 对制冷量 q_v 的影响很大，在蒸发压力很低时，v_1 很大，q_v 明显降低。v_1 取决于制冷剂的种类、蒸发压力以及供液的液体温度。

（3）理论单位压缩功（单位耗功）w。压缩机每压缩 1 kg 制冷剂蒸气所消耗的功，单位为 kJ/kg。

$$w = h_2 - h_1 \tag{2-4}$$

式中，h_2——压缩终了时制冷剂的比焓值，kJ/kg；

h_1——吸气状态时制冷剂的比焓值，kJ/kg。

单位压缩功与制冷剂的种类、冷凝温度 t_K 和蒸发温度 t_0 有关。

（4）单位冷凝器负荷 q_K，每 1 kg 制冷剂在冷凝器放出的热量，单位为 kJ/kg。

$$q_K = h_2 - h_4 \tag{2-5}$$

或

$$q_K = q_0 + w$$

式中，h_2——压缩终了时制冷剂的比焓值，kJ/kg；

h_4——冷凝终了时制冷剂的比焓值，kJ/kg。

（5）节流后的干度 X_5

$$X_5 = \frac{h_5 - h_6}{h_1 - h_6} = \frac{h_4 - h_6}{h_1 - h_6} \tag{2-6}$$

式中，h_5——节流后制冷剂的比焓，kJ/kg，节流是等焓过程，所以 $h_5 = h_4$；

h_6——蒸发压力下制冷剂饱和液体的比焓，kJ/kg。

（6）理论制冷系数 ε。制冷系数是表明消耗单位功所能得到的制冷量，它是衡量制冷循环的一个重要的技术经济指标。

$$\varepsilon = \frac{q_0}{w} \tag{2-7}$$

在相同的温度条件下，制冷系数越大则其经济性就越好。因为 q_0 及 w 都取决于循环的冷源温度和热源温度，所以制冷系数也取决于冷源温度和热源温度，同时制冷系数又与制冷剂的性质有关。

（7）热力完善度 β：

$$\beta = \frac{\varepsilon}{\varepsilon_c} \qquad\qquad (2\text{-}8)$$

$$\varepsilon_c = \frac{T_0}{T_k - T_0} \qquad\qquad (2\text{-}9)$$

式中，ε_c——逆卡诺循环的制冷系数。

T_0 和 T_K 为逆卡诺循环的冷源温度和热源温度。ε_c 与制冷剂的性质无关，只取决于冷源与热源的温度差，温差越大，ε_c 越小。逆卡诺循环是一个完全可逆的循环，它没有任何不可逆的损失，因此在相同的温度条件下，其制冷系数最大。这一循环是无法实现的，但它给工作在同样冷、热源温度下的其他制冷循环指出了比较的最高标准。

热力完善度 β 是表示某一制冷循环接近相同温度条件下的逆卡诺循环（理想最高值）的程度。它的数值越大说明不可逆损失越小，也是制冷循环的一个技术经济指标。对于工作温度相同的制冷循环时用制冷系数来判断它的经济性。而对于工作温度不同的制冷循环的优劣就只能用热力完善度的大小来比较。

（8）制冷系统制冷量 Q_0，kW：

$$Q_0 = q_0 G \qquad\qquad (2\text{-}10)$$

式中，G——制冷剂的质量流量，kg/s。

（9）冷凝器的移热量 Q_K，kW：

$$Q_K = q_K G \qquad\qquad (2\text{-}11)$$

（10）压缩机消耗的理论功率 N，kW：

$$N = wG$$

（11）压缩机的输气量 V，m³/s：

$$V = \frac{Q_0}{q_V} = G v_1 \qquad\qquad (2\text{-}12)$$

2.1.5　单级压缩制冷循环系统的热平衡方程式

计算制冷循环需要遵循的热平衡方程式如下。

（1）一般的热平衡式

$$Q_K = Q_0 + W \qquad\qquad (2\text{-}13)$$

（2）蒸发器中制冷剂的净制冷量，此为离心制冷机制冷量的基本计算公式

$$Q_0 = G_s C_p \left(t_{s_1} - t_{s_2} \right) \qquad\qquad (2\text{-}14)$$

式中，G_s——冷水质量流量，kg/s

C_p——冷水的比定压热容，kJ/kg·℃

t_{s_1}——冷水进水温度，℃

t_{s_2}——冷水出水温度，℃

（3）冷凝器中制冷剂总放热量

$$Q_K = G_W C_p \left(t_{w_1} - t_{w_2} \right) \qquad\qquad (2\text{-}15)$$

式中，G_W——冷却水质量流量，kg/s

C_P——冷却水的比定压热容，kJ/kg·℃

t_{w_2}——冷却水进水温度，℃

t_{w_1}——冷却水出水温度，℃

（4）主电机输入功率和输出功率为

$$W_c = \sqrt{3}UI\cos\phi \qquad (2\text{-}16)$$

$$W_z = W_c n \qquad (2\text{-}17)$$

式中，W_c——输入功率，kW

W_z——输出功率，kW

U——电压，V

I——电流，A

$\cos\phi$——功率因数，%

η——主电动机效率，%

需要说明的是：制冷量的国际单位是 kW，过去常用 kcal/h、冷吨等。

换算关系：1 kcal/h = $1.162\ 9 \times 10^{-3}$ kW；

1 kW = 860 kcal/h = 1 kJ/s

冷吨：就是使 1 吨 0 ℃的水在 24 小时内变为 0 ℃的冰所需要的制冷量。有日本冷吨、美国冷吨和英国冷吨。

1 JRT = 3 320 kcal/h = 3.861 kW

1 RT = 3 024 kcal/h = 3.517 kW

1 英国冷吨 = 3 589 kcal/h = 4.175 kW

2.1.6 制冷工质

制冷工质又称"制冷剂"，是制冷系统中的工作介质。例如在蒸气压缩式制冷系统中利用制冷剂的状态变化（又称相变）来传递热量，即制冷剂液体在蒸发器中汽化时吸热，在冷凝器中冷凝（或液化）时放热。当前，能用作制冷剂的物质有 80 多种，最常用的是氨、水、氟利昂和少数碳氢化合物等。

载冷剂是间接制冷系统中传递热量的液体介质。它在制冷系统的蒸发器中被冷却降温，然后送至用冷设备中吸收被冷却物体（或空间）的热量，再返回蒸发器里把吸收的热量释放给制冷剂，自身又被重新冷却，如此循环可达到制冷目的。常用的载冷剂有水、盐水和有机溶液等。

制冷机用的润滑油又称"冷冻机油"，它要在制冷系统的最低运行温度下仍能流动，以保证制冷机运动部件的良好润滑，减少零件的磨损，延长使用寿命。

2.1.6.1 制冷剂的分类

制冷剂的品种很多，一般可分为以下 7 类：

（1）无机化合物。可作为制冷剂的有氨、空气和水等。

（2）氟利昂。

（3）饱和碳氢化合物。

（4）环状化合物。

（5）非饱和碳氢化合物和它们的卤族元素衍生物。

（6）共沸制冷剂。共沸制冷剂是由两种（或两种以上）互溶的单纯制冷剂在常温下按一定的比例相互混合而成的。它的性质与单纯的制冷剂的性质一样，在恒定的压力下具有恒定的蒸发温度，且气相与液相的组份也相同。

（7）非共沸制冷剂。非共沸制冷剂是由两种（或两种以上）相互不形成共沸溶液的单一制冷剂混合而成的溶液。溶液被加热时，在一定的蒸发压力下，较易挥发的组份蒸发的比例大，难挥发的组份蒸发的比例小，因而气、液的组成不相同；且制冷剂在整个蒸发过程中温度是变化的。在冷凝过程中，也有类似特性。

为了统一称谓和书写，制定了一套代号。目前世界上多数国家均采用 1967 年美国供暖制冷空调工程师协会标准（ASHRAE Standard 34-36）的规定。这一标准的编号方法是将制冷剂的代号同它的种属和化学构成联系起来。只要知道它的分子式，就可写出它的代号。代号是由字母 R 和其后的数字组成。

2.1.6.2　对制冷剂的要求和选用原则

理想的制冷剂，应具备价廉、易得、安全、可靠。具体来说，应该满足下列要求：

（1）临界温度较高，在常温或普通低温下能够液化。而且希望临界温度要比环境温度高得多，因为当循环的冷凝温度接近临界温度时，节流损失很大，循环的经济性降低。

（2）饱和压力适中。蒸发压力最好不低于大气压力。以避免空气漏入制冷系统。冷凝压力也不能过高，以免制冷压缩机和冷凝设备管系过分笨重和压缩机耗能增大。同时，冷凝压力和蒸发压力之比也不要过大，以免压缩终温过高和压缩机的输气系数降低。

（3）凝固温度低，以免制冷剂在蒸发温度下凝固。

（4）黏度和密度要小，以减小制冷剂在系统中的流动阻力损失。

（5）导热系数要高，可以提高系统中各个换热器制冷剂侧的放热系数

（6）绝热指数要小，可使压缩过程耗功减小，压缩终了时气体的温度不致过高。

（7）液体比热容小，可使节流过程损失减少。

（8）不燃烧，不爆炸，无毒，对金属不起腐蚀作用，与润滑油不起化学作用，高温下不分解，对人体无毒害。

除上述共同要求外，不同形式的蒸气压缩式制冷机对制冷剂还有一些特殊要求。活塞式制冷压缩机要求制冷剂的汽化潜热和单位容积制冷量要大，以利缩小机器的尺寸和减少制冷剂的循环量；离心式制冷压缩机要求制冷剂的分子量要大。以便提高每级的压缩比，在一定的冷凝压力和蒸发压力范围内，使级数减少；封闭式制冷压缩机中，制冷剂与电极线相接触，不能使用像氨一类会与铜起化学作用的制冷剂；石油、化学等工业用的制冷压缩机，系统制冷剂使用量很大，从经济角度出发，常采用石化气作为制冷剂。

实际上，对不同的制冷压缩机型和不同的工作温度工况应选用不同的制冷剂。

2.1.6.3　主要制冷剂介绍

1. 水（R718）

水是最容易得到的物质，没有毒性，不会燃烧，也不会爆炸，而且汽化潜热最大，约

为 2 500 kJ/kg 左右。但是水作为制冷剂的最大缺点是,在常压下饱和温度较高,达 100 ℃,在常温下的饱和蒸汽压力很低,比体积非常大。而且,在以水为制冷剂的制冷机中,蒸发温度只能在 0 ℃以上。所以,水用作制冷剂的实用范围受到一定的限制。目前,一般只用于蒸汽喷射式制冷机和溴化锂吸收式制冷机中。

2. 氨(R717)

氨是应用较广的中温制冷剂。它在常温和普通低温范围内压力比较适中。单位容积制冷量大,粘性小,流动阻力小,传热性能好。

氨对人体有较大的毒性。氨蒸气无色,具有强烈的刺激性臭味,刺激人的眼睛及呼吸器管。氨液飞溅到皮肤上时会引起肿胀甚至冻伤。当氨蒸气在空气中容积浓度达到 0.5%～0.6%时,人在其中停留半小时即可中毒。

氨可以引起燃烧和爆炸,当空气中氨的含量达 16%～25%(容积百分比)时可引起爆炸。空气中氨的含量达到 11%～14%时即可点燃(燃烧时呈黄色火焰)。因此车间内的工作区里氨蒸气浓度不得超过 20 mg/m³。

氨能以任意比例与水相互溶解,组成氨水溶液,在低温时水也不会从溶液中析出而冻结成冰。所以,氨系统里不必设置干燥器。但氨系统中有水分时会加剧对金属的腐蚀,同时使冷量减少。所以一般限制氨中的含水量不得超过 0.2%。氨在润滑油中的溶解度很小,因此氨制冷机管道及换热器的传热表面上会积有油膜,影响传热效果,氨液的密度比润滑油小,在贮液筒和蒸发器里,油会积存在下部,需定期放出。

氨对钢铁不起腐蚀作用,但当含有水分时将要腐蚀锌、铜、青铜及其他铜合金。只有磷青铜不被腐蚀。因此,在氨制冷机中不用铜和铜合金材料,只有那些连杆衬套、密封环等零件才允许使用高锡磷青铜。目前氨用于蒸发温度在-65 ℃以上的大型或中型单级、双级活塞式制冷机。

3. 氟利昂制冷剂

氟利昂是一类透明、无味、基本无毒,又不易燃烧、爆炸、化学性能稳定的制冷剂。不同化学组成和结构的氟利昂制冷剂热力性质相差很大,可适用于高温、中温和低温制冷机,以适应不同制冷温度的要求。

氟利昂制冷剂的绝热指数小,因此排气温度低。又因其分子量大,可适用于大型离心式压缩机。但氟利昂制冷剂一般单位容积制冷量小,密度大,管道阻力大,价格较高,渗透性强,易于泄漏。氟利昂对水的溶解度小。制冷装置中进入水分后会产生酸性物质,并容易造成低温系统的"冰塞"。堵塞节流阀或管道。因此氟利昂制冷系统应避免水分进入,对进入系统的水分应及时予以排除。

氟利昂能不同程度的溶解润滑油,不易在系统中形成油膜,但易造成低温蒸发系统集油,所以氟利昂制冷系统在压缩机排出端应设分油器,以减少润滑油进入系统。

在铀浓缩工厂中,应用较多的氟利昂制冷剂有 R22、R123、R134a、R407C 等。

(1)R134a

R134a 标准蒸发温度为-26.2 ℃,凝固点为-101 ℃。R134a 分子中不含 Cl,自身不具备润滑性。机器中的运动部件供油不足时,会加剧磨损甚至产生烧结。为此,在合成油中增加添加剂以提高润滑性。改善运动件材料和表面特性、改善供油机构都有助于运动部件的润滑。

（2）R22

R22 标准蒸发温度为 -40.8 ℃，凝固温度为 -160 ℃。R22 与冷冻机油有限溶解，在系统高温侧（冷凝器、储液器中）R22 与油完全溶解；在低温侧 R22 与油的混合物处于溶解临界温度以下时，蒸发器或低压储液器中液体将出现分层，上层为油，下层为 R22，所以要有专门的回油措施。

（3）R123

R123 对环境的危害较小，分子量为 153，标准蒸发温度 27.6 ℃，不燃烧，使用安全。

（4）R407C

R407C 是由 R32、R125 和 R134a 三种工质按 23%、25% 和 52% 的质量分数混合而成。标准压力下泡点温度为 -43.8 ℃，相变温度滑移为 7.2 ℃。R407C 的热力性质与 R22 最为相似，两者的工作压力范围，制冷量都十分相近。原有 R22 机器设备改用 R407C 后，需要更换润滑油、调整制冷剂的充注量及节流元件。R407C 机器的制冷量和能效比 R22 机器稍有下降。R407C 的缺点可能是温度滑移较大，在发生泄漏、部分室内机不工作的多联系统，以及使用满液式蒸发器的场合时，混合物的配比就可能发生变化而达不到预期效果。另外，非共氟混合物在传热表面的传质阻力增加，可能会造成蒸发、冷凝过程的热交换效率降依，这在壳管式换热器中制冷剂在壳侧时尤为明显[2]。

（5）上述四种制冷剂的性能比较

1）R22 与 R123 的比较

a　R22 与 R123 同属氢氯氟烃，但 R22 的臭氧层破坏力是 R123 的 2.5 倍，温室效应指数是 R123 的 17 倍。

b　R123 是低压制冷剂，工作时蒸发器为负压，冷凝器为 0.04 MPa，停机时机内为 -0.004 MPa，因此，即便机组泄漏也只存在外界空气进入机组的可能。

c　R22 临界压力比 R123 高 1 300 kPa，机组内部提高，泄漏几率提高。

2）R22 与 R134a 的比较

a　R134a 的比容是 R22 的 1.47 倍，且蒸发潜热小，因此就同排气体积的压缩机而言，R134a 机组的冷冻能力仅为 R22 机组的 60%。

b　R134a 的热传导率比 R22 下降 10%，因此换热器的换热面积增大。

c　R134a 的吸水性很强，是 R22 的 20 倍，因此对 R134a 机组系统中干燥器的要求较高，以避免系统的冰堵现象。

d　R134a 对铜的腐蚀性较强，使用过程中会发生"镀铜现象"，因此系统中必须增加添加剂。

e　R134a 对橡胶类物质的膨润作用较强，在实际使用过程中，冷媒泄漏率高。

f　R134a 系统需要专用的压缩机及专用的脂类润滑油，脂类润滑油由于具有高吸水性、高起泡性及高扩散性，在系统性能的稳定性上劣于 R22 系统所使用的矿物油。

g　HFC 类冷媒及其专用脂类油的价格高于 R22，设备的运行成本将上升。

3）R22 与 R407C 的比较

R407C 在热工特性上与 R22 最为接近，除了在制冷性能、效率上略差以及上述 HFC

类物质所具有的技术问题之外，还由于这类物质属于非共沸混合物，其成分浓度随温度、压力的变化而变化，这对空调系统的生产、调试及维修都带来一定的困难，对系统热传导性能也会产生一定的影响。特别是当 R407C 泄漏时，系统制冷剂在一般情况下均需要全部置换，以保证各混合组分的比例，达到最佳制冷效果。

（6）常见氟利昂制冷剂的限制与替代

氟利昂制冷剂的使用推动了制冷技术的迅速发展，它是用氟、氯、溴等部分或全部取代饱和碳氢化合物中的氢而生成新化合物的总称。其中不含氢的氟利昂称为氯氟化碳，写成 CFC，是公害物质，属于限制和禁止使用的物质；含氢的氟利昂称作氢氯氟化碳，写成 HCFC，是低公害物质，属于过渡性物质；而不含氯的氟利昂称为氢氟化碳，写成 HFC，是无公害物质。

1987 年 9 月在加拿大的蒙特利尔召开了专门性的国际会议，并签署了《关于消耗臭氧层的蒙特利尔协议书》，于 1989 年 1 月 1 日起生效，对 R11、R12、R113、R114、R115、R502 及 R22 等 CFC 类的生产进行限制。1990 年 6 月在伦敦召开了该议定书缔约国的第二次会议，增加了对全部 CFC、四氯化碳（CCl_4）和甲基氯仿（$C_2H_3Cl_3$）生产的限制，要求缔约国中的发达国家在 2000 年完全停止生产以上物质，发展中国家可推迟到 2010 年。另外对过渡性物质 HCFC 提出了 2020 年后的控制日程表。

目前已禁用、过渡期内以及环保型的氟利昂制冷剂见表 2-1。

表 2-1　常用氟利昂制冷剂

序号	分类	氟利昂制冷剂名称
1	已淘汰的氟利昂 CFC 制冷剂	Rl1、R12、R13
2	过渡期使用的氟利昂 HCFC	R22、R123、R124、R142b
3	HCFC 混合制冷剂	R401、R402、R403 系列
4	可长期选择的氟利昂 HFC	R134a、R125、R32、R143a
5	HFC 混合制冷剂	R404A、R507A、R410A、R407 系列
6	非氟利昂类制冷剂	
7	非氟利昂类制冷剂	R717（NH_3）、R290（C_3H_8）、R1270（C_3H_6）、R170（C_2H_6）、R600a（C_4H_{10}）、R744（CO_2）
8	非氟利昂类混合制冷剂	R290、R600a

过渡期使用的 HCFC 制冷剂发达国家禁用时间表见表 2-2

表 2-2　HCFC 制冷剂发达国家禁用时间表

序号	国家	禁用时间表
1	《蒙特利尔议定书》缔约国	1996 年 1 月 1 日：以 1989 年的 HCFC 消费量加 2.8%CFC 消费量的总和作为基准加以冻结
		2004.年 1 月 1 日：消减 35%
		2010 年 1 月 1 日：消减 65%
		2015 年 1 月 1 日：消减 95%
		2020 年 1 月 1 日：消减 95.5%
		2030 年 1 月 1 日：消减 100%

续表

序号	国家	禁用时间表
2	美国	2003 年 1 月 1 日：禁止 R141b 用于发泡剂
		2010 年 1 月 1 日：冻结 R22 和 R142b 的生产；不再制造使用 R22 新设备
		2015 年 1 月 1 日：冻结 R123 和 R124 的生产
		2020 年 1 月 1 日：禁用 R22 和 R141b；不再制造使用 R123 和 R124 的新设备
		2030 年 1 月 1 日：禁用 R123 和 R124
3	欧盟国家	2000 年 1 月 1 日：产量消减 50%
		2004 年 1 月 1 日：产量消减 75%
		2007 年 1 月 1 日：产量消减 90%
		2015 年 1 月：产量消减 100%
		其中瑞士、意大利：2000 年 1 月 1 日：禁用 HCFC；德国：2000 年 1 月 1 日：禁用 R22

考虑到国内现阶段经济发展现状，中国过渡期制冷剂的禁用时间不同于发达国家。且制冷剂 R123 不在《中国逐步淘汰消耗臭氧层物质国家方案》（1999 年）受控的 10 种物质之内，R123 符合《国家方案》的环保要求。同时哥本哈根国际《议定书》修正案规定：R123 可使用到 2040 年，并且中国目前尚未签署《议定书》哥本哈根修正案。我国没有承诺何时终止使用 R22、R123 等制冷剂的时间。

同时需要注意的是：环保制冷剂是指当制冷剂散发至大气层后，对臭氧层的破坏大小和对全球气候变暖的影响大小；R134a 对臭氧层没有影响，但对全球气候变暖的影响是 R123 的十几倍，所以《京都议定书》对 R134a 也作了限定使用；R123 对臭氧层有较小的影响，但对全球气候变暖影响很小。

制冷剂 R22、R123、R134a 均有毒，有毒与环保是两个不同概念，有毒不等于不环保。目前工艺及家用空调制冷剂均大量使 R22，而安全性完全有保障。

制冷剂 R123 在离心式制冷机工作时蒸发器为负压，不存在制冷剂向外泄漏的问题。

2.2　空调系统基础理论知识

2.2.1　空调的概念

空调（Air Conditioning），即空气调节的简称。指的是实现对某一房间或空间内的温度、湿度、洁净度和空气流动速度等进行调节与控制，并提供足够量的新鲜空气。

2.2.2　空调的工作原理

当室内得到热量或失去热量时，则从室内取出热量或向室内补充热量，使进出房间的热量相等，即达到热平衡，从而保持室内一定温度；或使进出房间的湿量平衡，以保持室内一定湿度；或从室内排出污染空气，同时补入等量的清洁空气（经过处理或不经处理的），即达到空气平衡。进出房间的空气量、热量以及湿量总会自动的达到平衡。

2.2.3　空调系统分类

1. 按承担室内热负荷、冷负荷和湿负荷的介质分类

全水系统——全部用水承担室内的热负荷和冷负荷。当为热水时，向室内提供热量，承担室内的热负荷，热水采暖即为此类系统；当为冷水（常称冷冻水）时，向室内提供制冷量，承担室内冷负荷和湿负荷。

蒸汽系统——以蒸汽为介质，向建筑提供热量。可直接用于建筑物的热负荷。例如蒸汽采暖系统、以蒸汽为介质的暖风机系统等；也可用于空气处理设备机组中加热、加湿空气；还可以用于全水系统或其他系统中的热水制备或热水供应的热水制备。

全空气系统——以空气为介质，向室内提供冷量或热量。例如全空气空调系统，它向室内提供经处理的冷空气除去室内显热冷负荷和潜热冷负荷，在室内不再需要附加冷却。

空气-水系统——以空气和水为介质，共同承担室内的负荷。例如以水为介质的风机盘管向室内提供冷量或热量，承担室内部分冷负荷或热负荷，同时有一新风系统向室内提供部分冷量或热量，而又满足室内对室外新鲜空气的需要。

冷剂系统——以制冷剂为介质，直接用于对室内空气进行冷却、去湿或加热。实质上，这种系统是用带制冷机的空调器来处理室内的负荷，所以这种系统又称机组式系统。

2. 按空气处理设备的集中设备分类

集中式系统——空气集中于机房内进行处理（冷却、去湿、加热、加湿等），而房间只有空气分配装置。目前常用的全空气系统中大部分是属于集中式系统；机组式系统中，如果采用大型带制冷机的空调机，在机房中，集中对空气进行冷却去湿或加热，也属于集中式系统。

集中式系统需要在建筑物内占用一定机房面积，控制、管理比较方便。

半集中式系统——对室内空气处理（加热或冷却、去湿）的设备分设在各个被调节和控制房间，而又集中部分处理设备，如冷冻水或热水集中制备或新风进行集中处理等。全水系统、空气-水系统、水环热泵系统、变制冷剂流量系统都属于这类系统。半集中式系统在建筑中占用的机房少，可以满足各个房间各自的温湿度控制要求，但房间内设置空气处理设备后，管理维修不方便。

分散式系统——对室内进行热湿处理的设备全部分散于各房间内，如家庭中常用的房间空调器、电采暖器都属于此类系统。这种系统在建筑内不需要机房，不需要进行空气分配的风道。

3. 按用途分类

舒适性空调系统——简称舒适性空调，为室内人员创造舒适健康环境的空调系统。由于人的舒适感在一定的空气参数范围内，所以这类空调对于温湿度波动的控制要求并不严格。

工艺性空调系统——简称工业空调，为生产工艺过程或设备运行创造必要环境条件的空调系统，工作人员的舒适要求有条件时可兼顾。

4. 按系统风量调节方式分类

定风量系统——空调系统的送风量全年不变，并且按房间最大热湿负荷确定送风量。实际上房间热湿负荷在全年大部分时间都低于最大值。当室内负荷减少时，定风量系统靠调节再热量以提高送风温度的办法来维持室温。

变风量系统——靠减少风量的办法来适应负荷的降低，保持室温不变。这不仅节约了提高送风温度所需的热量，而且还由于处理风量减少，降低了风机电耗以及制冷机的冷量。

5. 按照处理空气的方式分类

全新风式空调系统——又称直流式空调系统空调系统全部实用室外新风，新风经处理后送入房间，与室内空气进行热湿交换后，全部排出室外，不再循环使用。全新风式系统，卫生条件好，但运行费用高，能耗最大，它主要用于在生产过程中产生有害气体的场合。

全封闭式空调系统——空调系统全部使用室内的再循环空气（即室内回风），不补充新风。全封闭式空调系统能耗最小，但卫生条件最差，适用于只有温湿度要求而无新风要求，且无人操作的环境。

回风式空调系统——空调系统送入房间的空气是室外新风（为满足卫生要求）和室内回风的混合物。根据回风的不同又分为一次回风和二次回风式系统。一次回风系统：室内的回风与新风在空气处理器前混合，混合后的空气经处理后通过风机及风管送入房间内，吸收室内余热余湿后再由回风管再送一部分空气回空气处理器，这样完成一个空气循环，在这个系统中，只有一次回风，所以称之为一次回风系统。二次回风系统：使室内回风分别与经过表冷器处理前、后的空气进行混合，二次回风系统减少了回风处理量，因此比一次回风系统更经济，但系统构造比较复杂，运行费用也比较高。

6. 按以建筑内污染物为主要控制对象的分类

工业与民用建筑通风——以治理工业生产过程和建筑中人员及其活动所产生的污染物为目标的通风系统。

建筑防烟与排烟——以控制建筑火灾烟气流动，创造无烟的人员疏散通道或安全区的通风系统。

事故通风——排除突发事件产生的大量有燃烧、爆炸危险或有毒害的气体、蒸气的通风系统。

7. 按通风的服务范围分类

全面通风——向某一房间送入清洁新鲜空气，稀释室内空气中的污染物的浓度，同时把含污染物的空气拍到室外，从而使室内空气中的浓度达到卫生标准的要求，也称为稀释通风。

局部通风——控制室内局部地区的污染物的传播或控制局部地区的污染物浓度达到卫生标准要求的通风。局部通风又分为局部排风和局部送风。

8. 按空气流动的动力分类

自然通风——依靠室外风力造成的风压或室内外温度差造成的热压使室外新鲜空气进入室内，室内空气排到室外。

机械通风——依靠风机的动力向室内送入空气或排出空气。可靠性高，但需消耗能量[3]。

2.3　空调系统的研究对象

空气调节是一门维持室内良好空气环境的工程技术，空气调节的主要研究对象是空气，因此熟悉和了解空气的物理性质，是掌握空气调节的必要基础。

2.3.1　湿空气的物理性质

自然界的空气是由多种气体和水蒸气组成的混合物，通常称为湿空气。从湿空气中除去水蒸气，剩下的混合气体称为干空气。干空气的组成：氮气（N_2　78.09%）、氧气（O_2　20.95%）、二氧化碳（CO_2　0.03%）以及氖、氦、氩等一些稀有气体（0.03%）组成。

湿空气习惯以"空气"称谓。空气是无色无味的透明物体，通常以它的物理参数来描述。在常温、常压下干空气可视为理想气体，而湿空气中的水蒸气一般处于过热状态，且含量很少，可近似地视为理想气体。故可利用理想气体的状态方程式来表示干空气和水蒸气的主要状态参数——压力、温度、比体积等的相互关系。

在空调系统中，常以湿空气的状态参数来描述空气。下面具体说明空气的主要参数及确定方法。

1. 空气的温度

（1）干球温度（t）。空气干球温度表示空气的冷热程度。在空调工程中，一般用 t 表示空气的摄氏温度，单位为 ℃，有时用 T 表示空气的热力学温度，也称绝对温度，其单位为 K。两者关系为

$$T = t + 273.15 \tag{2-18}$$

（2）湿球温度（t_c）。在温度计的温包上包扎湿纱布，过了一段时间后对该温度计读数，可以发现其温度计指示值低于不包纱布时的数值。一般将不包纱布的温度计测得的值称为干球温度。将由包有湿纱布的温度计测得值称为湿球温度，常以 t_c 表示。

干湿球温度计的外观及测温原理如图 2-4 所示。

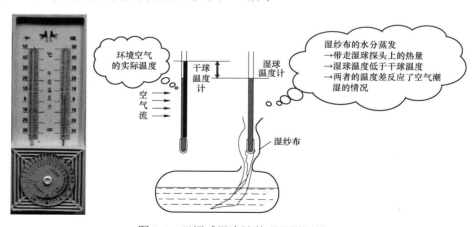

图 2-4　干湿球温度计外观及测温原理

从水的蒸发原理可知，湿球温度计温包上的湿纱布表面存在一层饱和空气层，如果水温高于纱布周围的空气温度，且纱布周围空气处于不饱和状态，则纱布中的水将向周围空气中蒸发汽化，蒸发时吸取水本身的热量作为蒸发时的汽化潜热，而使水温下降。当纱布水温低于周围空气的温度时，周围空气传热给水，直到周围空气给水的显热量等于纱布水蒸气的汽化潜热量，纱布水温稳定不变，这个温度即为该空气的湿球温度，此温度也是周围空气在湿球表面相称的饱和空气层的温度。

由此可见，周围空气越干燥，即相对湿度越小，则纱布水蒸发量越大，所需的汽化潜热量也越大，湿球温度越低。如果周围空气处于饱和状态，即相对湿度 Φ = 100%，则该状态空气的干球温度等于湿球温度。也就是说。对于同一干球温度的空气，其干球温度与湿球温度之差越大，则该空气的湿度越小。而当干湿球温差为零，则空气达到饱和，湿度最大。可见，干球温度与湿球温度之差可反映空气的湿度大小。还可看出，除了饱和空气外，湿球温度总是小于干球温度。

（3）露点（t_L）。在一定的大气压下，保持水蒸气含量不变，将未饱和的空气降温冷却，当其温度下降到使该空气达到饱和状态时，如果再继续降温，空气中的一部分水蒸气会凝结成液体的露珠而从空气中分离出来，这种现象就是常说的"结露"。能使空气结露的临界温度称为该空气的露点温度，以 t_L 表示。可见，空气的露点就是在一定的大气压下，空气保持其含湿量不变时达到饱和时的温度。

由露点温度的含义可知，当空气与表面温度低于其露点温度的冷表面相接触时，空气被冷却，且空气将分离出液体的露珠，冷表面上有露珠出现。如果空气与表面温度大于或等于其露点温度的冷表面相接触时，冷表面上就没有露珠出现。因此，在实际应用中，露点温度常用来判断冷表面是否结露。

2. 空气的湿度

（1）绝对湿度（z）。每立方米体积的空气含有的水蒸气量称为空气的绝对湿度，用 z 表示，单位为 kg/m³。实际上，空气的绝对湿度在数值上等于该空气中水蒸气的密度。考虑到近似等压的条件下，空气的体积随温度变化而变化，而在空调工程中正是经常涉及空气的温度变化，因而采用空气的绝对湿度来分析和计算很不方便，为此，引入空气的含湿量与相对湿度的概念。

（2）含湿量（d）。含湿量的定义为空气中的水蒸气密度与干空气密度之比，即对应于 1 kg 干空气所伴随的水蒸气量，以 kg 计，所以含湿量的单位为 kg/kg 干空气。考虑到空气水蒸气的含量较少，因此含湿量的单位常用 g/kg 干空气。

含湿量取决于大气压力与水蒸气分压力。当大气压力不变时，水蒸气分压力越大，则含湿量越大。可见，含湿量可衡量湿空气含有水蒸气量的多少。

（3）相对湿度（Φ）。另一种度量空气水蒸气含量的间接指标是相对湿度，其定义为空气的水蒸气分压力与同温度下空气的饱和水蒸气分压力之比，即

$$\Phi = \frac{p_c}{p_{cb}} \times 100\% \qquad (2\text{-}19)$$

式中，p_{cb}——饱和水蒸气分压力，Pa。

由上式可知，当水蒸气分压力等于饱和水蒸气分压力时，空气处于饱和态，相对湿度为 100%；当水蒸气分压力接近饱和水蒸气分压力时，相对湿度接近 100%，即接近饱和态。水蒸气分压力等于零时，相对湿度为 0，此时空气中不含有水蒸气，即为干空气。可见，相对湿度能表征空气中水蒸气含量接近饱和含量的程度，进而反映出空气的干燥程度。

3. 空气的压力

（1）大气压力（B）。地球表面空气层在单位面积上所形成的压力，称为大气压力，以 B 表示，单位为 Pa。大气压力随着海拔高度、地球纬度的不同以及季节和晴雨天气的

变化而改变。通常以纬度 45° 处海平面上的常年平均大气压力作为一个"标准大气压力"，其数值为 101 325 Pa。相当于 1 013.25 mbar（毫巴）。

在制冷与空调工程中，常用工程大气压力，其数值为 98 100 Pa。为了应用和计算方面，又往往把一个工程大气压与一个标准大气压近似看做相等。在一般工程中，其误差可视为允许需要，即精度适合工程的需要。

（2）水蒸气分压力（P_c）。空气中所含水蒸气产生的压力，即为水蒸气分压力，用 P_c，单位为 Pa。水蒸气分压力反映了空气中水蒸气含量的多少。根据道尔顿定律，空气的压力应等于干空气的压力与水蒸气的压力之和，即

$$B = P_g + P_c \tag{2-20}$$

式中，P_g——干空气分压力。

空气处于某一温度下，向空气中增加水蒸气，当增加到一定值时，水蒸气不能再进入到空气中，也就是说，空气中所能容纳的水蒸气在一定温度下有个最大值。为此将在某一温度下，水蒸气的含量达到最大值时的空气称为饱和空气，此时空气的状态称为饱和状态，相应的水蒸气分压力称为饱和水蒸气分压力 P_{cb}，温度称为饱和温度。

4. 空气的比焓（h）

比焓是用来表示物质系统能量状态的一个参数，其数值等于定压比热 C_p 乘以温度 t，定压比热的含义是在压力不变的条件下，1 kg 物质升高温度 1 ℃所需要的热量。干空气的定压比热容 $C_p = 1.005$ kJ/（kg·K），近似取 1.01 kJ/（kg·K），故干空气的比焓为

$$h_g = C_p t = 1.005t \tag{2-21}$$

水蒸气的定压比热容 $C_p = 1.84$ kJ/（kg·K），水蒸气的比焓为

$$h_c = 2\,500 + 1.84t \tag{2-22}$$

式中，2 500 为水蒸气在 0 ℃时的汽化潜热。

空气的比焓一般以 1 kg 干空气作为基数进行计算的。1 kg 干空气的空气含有 d kg 水蒸气。因此空气的比焓 h 等于 1 kg 干空气的比焓加上与其同时存在的 d kg 水蒸气（或 g）水蒸气的比焓，即

$$h = 1.005t + (2\,500 + 1.84t)d = (1.01 + 1.84d)t + 2\,500d \tag{2-23}$$

式中，（1.01+1.81t）——随温度而变化的热量，称为显热；

2 500d——0 ℃时 d kg 水的汽化热，与温度无关，称为潜热。

对物质进行加热或冷却时，物质的聚集状态（相态）不发生变化，物质的温度发生变化（升高或者降低），此时物质所吸收或放出的热量称为显热。它使人体有明显的冷热感觉。例如，在一个大气压（101 325 Pa）下，对水进行加热，水的温度逐渐升高，所加的热量就是显热。同样，如果把一杯 100 ℃开水放在空气中冷却，水会不断向外散发热量，温度逐渐下降。在没有降到 0 ℃时，水放出的热量也是显热。

如果对物质加热或冷却到一定程度，使物质发生了相变，在此相变过程中所加给物质的热量（或物质所放出的热量）就称为潜热，此时，用温度计无法测量到物质温度的变化。如果使液体变为气体，那么该潜热称为汽化潜热；如果使气体变为液体，则该潜热称为凝

结潜热。例如，在 101 325 Pa 压力下，把水加热到沸点 100 ℃时，继续加热，水的温度不再发生变化，此时所加的热量将使水在沸腾状态下变为蒸汽，温度却始终维持在 100 ℃，这时所加的热量就是汽化潜热。汽化潜热的大小与物质的种类、压力和温度等有关。例如，水在 101 325 Pa 压力下的饱和温度是 100 ℃，使 1 kg 饱和水全部变成饱和蒸汽所需要的汽化潜热是 2 257.2 kJ/kg，当压力为 198 540 Pa 时，水的饱和温度为 120 ℃，汽化潜热为 2 202.9 kJ/kg。又如氨（R717）在压力为 430 430 Pa 时，其饱和温度为 0 ℃，汽化潜热为 1 261.7 kJ/kg；而在压力为 119 900 Pa 时，其饱和温度为–30 ℃，汽化潜热为 1 359.31 kJ/kg。以上这些数据都可以从相应物质的饱和液体和饱和蒸汽热力性质表中查得。

此外，在物质的溶解和凝固、升华和凝华过程中，也总伴随着吸热或放热现象，这种形式的热量也称潜热，分别把它们称为溶解潜热、凝固潜热、升华潜热和凝华潜热。

在空气调节中，空气的压力变化一般很小，可近似定压过程，因此可根据处理过程中空气的比焓变化来判断空气的热量得失情况，如果空气的比焓增加了，则空气得热，反之，如果空气的比焓减少了，则空气失热。前者为空气经过加热器的处理，后者为空气流经空气冷却器的情形。

5. 空气的密度（ρ）

空气的密度为单位体积空气所有的质量。干空气的密度为

$$\rho_{\mathrm{g}} = \frac{m_{\mathrm{g}}}{v} \tag{2-24}$$

在空调工程计算时，空气的密度不必进行精确计算，可近似取 $\rho = 1.2$ kg/m³。

2.3.2　湿空气的焓湿图

在大气压 B 一定的条件下，在空气基本状态参数 h、d、t、Φ 中，只需其中两个（独立的）参数，则空气状态就确定了，与此同时，可利用上述的计算公式求出空气的其他状态参数，在实际工程中，频繁的计算往往是很不方便的。此外，在空调工程中，经常需要确定空气的状态变化过程，这仅仅通过计算很难给予直观表述。于是在空调工程中，为了简化计算，利用有关公式将空气的各参数以线条方式绘制成空气的焓湿图，也就是湿空气的焓湿图。

常用的空气性质图是以 h 与 d 为坐标的焓湿图（h-d 图），为了尽可能扩大不饱和空气区的范围，便于各相关参数间分度清晰，一般在大气压一定的条件下，取含湿量 d 为横坐标，比焓 h 为纵坐标，且两坐标之间的夹角等于 135°（见图 2-5）。在实际使用中，为避免图面过长，常将 d 坐标改为水平线。

辅助坐标（水蒸气压力坐标）给定不同的 d 值，即可求得相应的 pq 值。在 h-d 图上，取一辅助横坐标表示水蒸气分压力值，即水蒸气压力坐标。

（1）等比焓线即倾斜 45°的各线。

（2）等含湿量线即垂直于横坐标的各线。

（3）等温线：根据公式 $h = 1.005t + (2\,500 + 1.84t)d$，画出一组一组的等温线又可近似看做是平行的。

（4）等相对湿度线：在已建立的水蒸气压力坐标的条件下，对应不同温度下的饱和水

蒸气压力可从有关的资料查到。等相对湿度线为一组由左下角向右下角弯曲的参数线：$\Phi=0\%$的曲线为干饱和线；$\Phi=100\%$的曲线为空气的湿饱和线。

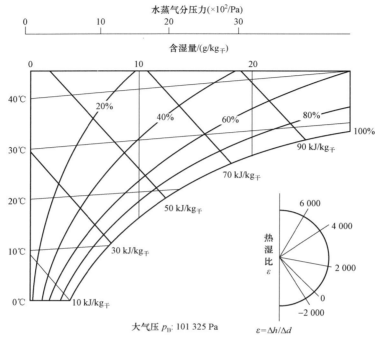

图 2-5　湿空气焓湿图

（5）等热湿比线：一般在 *h-d* 图的周边或右下角给出等热湿比（或称角系数）ε 线标尺。热湿比的定义是空气的比焓变化与含湿量变化之比。

2.4　冷水机组

在铀浓缩工厂中，制冷系统由冷水机组、水泵、冷却塔、管道、阀门及控制系统等组成，作为离心机、变频器、补压机、供取料冷风箱等工艺设备散热介质的工艺冷却水即由制冷系统制取的，同时冷却水也可以作为空调系统的冷源。

随着制冷工艺发展，近年来利用自然制冷的闭式冷却塔也逐渐在铀浓缩工厂应用，冬季时可替代冷水机组制取供应工艺冷却水，节能效果显著。

本节主要介绍制冷系统的核心设备——冷水机组，其他设备在下节中介绍。

冷水机组，又称制冷机，指的是将全部或部分制冷设备组装成一个整体，直接向用户提供所需的冷媒水的一种制冷机组。常用的冷水机组有活塞式冷水机组、螺杆式冷水机组、离心式冷水机组、热泵式冷水机组、溴化锂吸收式冷水机组。

在铀浓缩工厂，由于工艺要求需要建设大型冷冻站，因此常用的冷水机组有离心式冷水机组、溴化锂吸收式冷水机组，特别是离心式冷水机组应用最为广泛。

2.4.1　离心式冷水机组

离心式冷水机组是由离心式制冷压缩机、冷凝器、蒸发器、节流机构、调节机构以及各种控制元件组成的整体机组，如图 2-6 所示。

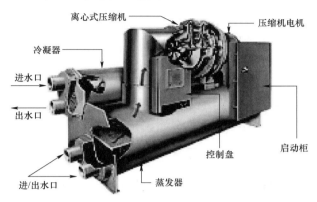

图 2-6　离心式冷水机组外形图

离心式冷水机组常用制冷剂为 R123、R134a，机组性能系数 COP 值高达 6～7，叶轮转速高，压缩机输气量大，结构紧凑，重量轻，运转平稳，振动小，噪声较低，能实现无极调节，适用于单机容量大于 580 kW 的大中型制冷、空调系统。

以下分别介绍离心式冷水机组的各项组成部分。

2.4.1.1　离心式制冷压缩机

1. 离心式压缩机的结构和工作原理

离心式制冷压缩机是离心式冷水机组的核心部件。它主要依靠气体动能的改变来提高压力。

离心式压缩机中带叶片的工作轮称为叶轮。当叶轮转动时，叶片就带动气体运动或者说使气体得到动能，然后使部分动能转化为压力能，从而提高气体的压力。这种压缩机工作时，不断地将制冷剂蒸汽吸入，又不断地沿半径方向甩出去，所以称为离心式压缩机。

在制冷空调系统，由于压力比较小，一般采取单级压缩机，也有为了提高压缩机效率采用双级结构的。单级离心式制冷压缩机的构造如图 2-7 所示。它主要有叶轮、扩压器和蜗壳等组成。

叶轮与其相配合的固定元件组成一个级，压缩机工作时，只有轴和叶轮以高速旋转，故轴和叶轮等组成的部件称为转子。转子之外的部分是不动的，称为固定元件。固定元件有吸气室、扩压器和蜗壳等。压缩机工作时，制冷剂蒸汽先通过吸气室，引导进入压缩机的蒸汽均匀进入叶轮。为了减少损失，流道的截面做成渐缩的形状，气体进入时略有加速，然后进入叶轮。通过叶轮将能量传给气体，气体一边跟着叶轮做高速旋转，一边受离心力的作用，在叶轮槽道中扩压流动，从而使气体的压力和速度都得到提高。由叶轮出来气体再进入扩压器，扩压器是一个截面积逐渐扩大的环形通道，气体流过扩压器时，速度减小而压力提高。气体最后进入蜗壳，然后排入排气管。蜗壳的作用是把由扩压器流出的气体汇集起来，引导出离心式压缩机。同时，在汇集气体的过程中，由于蜗壳外径和流通截面的扩大，也对气流起到一定的减速和扩压作用。

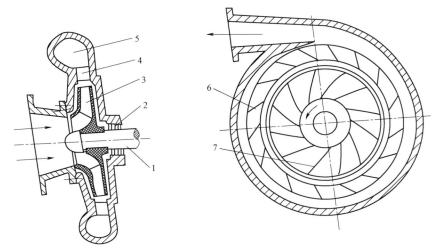

图 2-7　离心式制冷压缩机结构简图

1—轴；2—轴封；3—叶轮；4—扩压器；5—蜗壳；6—扩压器叶片；7—叶片

2. 离心式制冷压缩机的特性

离心式制冷压缩机产品出厂时，工厂通过试验，作出压缩机的特性曲线，并在说明书中绘出。特性曲线表示一台压缩机在运转时，由于某一参数变化，引起其他参数变化的情形。表示离心式制冷压缩机的性能曲线时，常以蒸发温度 t_0 和压缩机转速 n 一定为前提的。因为当 t_0 或 n 改变时，性能要发生很大的变化，同时在大多数情况下，制冷机的运转在一定的 t_0 和 n 条件下进行的。

当蒸发温度和转速一定时，离心式制冷压缩机的制冷量随冷凝温度的升高而减少，在设计工况时具有最大绝热效率，偏离该工况时，运行效率将下降。

当压缩机的排气量小于某一点的排气量时，由于制冷剂通过叶轮流道的能量损失很大，流道内的气流发生严重的脱离现象，气体离开叶轮所能达到的排气压力突然下降，导致压缩机出口以外的气体倒流。倒流回来的气体使叶轮中的流量增加，排气压力升高，排出气体。而后，流量又不足，排气压力下降，也会产生气体倒流现象。如此不断地产生周期性气体脉动，这种现象称为喘振，该点称为喘振点。喘振时压缩机周期性地增大噪声的同时，机体和出口管道会发生强烈振动，若不及时采取措施，就会损坏压缩机。因此，离心式制冷压缩机运转过程中应避免发生喘振。

离心式压缩机发生喘振的主要原因是排气量（制冷量）的减少。冷凝压力过高或吸气压力过低，都会使离心式制冷压缩机的排气量（制冷量）减小，所以运行过程中，保持冷凝压力和蒸发压力稳定，可以防止喘振的发生。但是当调节压缩机制冷量，其负荷过小时，也会发生喘振。

当离心式压缩机的转速和冷凝温度一定时，制冷量随蒸发温度变化，蒸发温度越低，制冷量下降的越剧烈；当离心式压缩机的转速和蒸发温度一定时，冷凝温度低于设计值，冷凝温度对制冷量的影响不大，当冷凝温度高于设计值，随着冷凝温度的升高，制冷量急剧下降，且冷凝温度对制冷量的影响比蒸发温度的影响大。

3. 离心式制冷压缩机的能量调节

为了适应制冷负荷的变化和实现安全经济运行,需要对离心式制冷压缩机的制冷量进行调节。调节方法有变速调节、进口节流调节、进口导流叶片调节、冷凝器冷却水量调节、旁通调节等几种。

（1）变速调节

变速调节时用改变压缩机的转速来调节排气量。这种调节方法最经济,但只有在原动机的转速可变时才能采用,而且转速变化允许的范围比较小,因为转速变化又会引起能量的变化。采用变速调节,制冷量可以在 50%～100%范围内改变。

（2）进口节流调节

用改变进口截止阀的开度来调节压缩机的排气量。这种调节方法不经济,因为有一部分压头消耗在截止阀的节流损失上。由于这种调节方法简单,因此使用较多。进口节流调节可以使制冷量在 60%～100%范围内改变。

（3）进口导流叶片调节

用设置在压缩机叶轮前的进口导流叶片,使进口气流产生旋转,从而使叶轮加给气体的动能发生变化,由定速电动机驱动的离心式制冷压缩机,几乎全部采用这种调节方法,这种方法的经济性比变速调节差,但比进口节流调节好。采用这种调节方法,制冷量可以在 25%～100%范围内改变,调节时根据冷冻水温度自动调节。

（4）冷凝器冷却水量调节

通过调节冷却水量来改变制冷剂的冷凝温度,以实现制冷量的调节。这种方法也不经济,而且只能用于排气量大于发生喘振的排气量时,所以调节幅度不是很大。

（5）旁通调节

旁通调节也称反喘振调节,即通过进排气管之间设置的旁通管路和旁通阀,使一部分高压气体旁通返回压缩机进气管。如果旁通的气体过多,排气温度升的过高,这是不允许的。所以在调节时,必须在旁通阀喷入制冷剂液体,使旁通气体降温,或者将排气通入蒸发器,消耗一部分制冷量。这种方法同样不经济,只有在需要很小制冷量时才使用。

2.4.1.2　冷凝器

1. 冷凝器的种类、基本构造及工作原理

在制冷循环中,冷凝器是一个制冷剂向外放热的热交换器。自压缩机经油分离器来的制冷剂蒸气,进入冷凝器后,向冷却介质（水或空气）放热,其状态由过热蒸气变成饱和液体或过冷液体。制冷剂在冷凝器中放出的热量包括两部分:通过蒸发器从被冷却物体吸取的热量;在压缩机中被压缩时,外界机械功转化的热量。冷凝器按其冷却介质和冷却方式,可以分为水冷式、空气冷却式（或称风冷式）和蒸发式三种类型。

用水作为冷却介质,使高温、高压的气态制冷剂冷凝的设备,称为水冷式冷凝器。由于自然界水温比较低,因此水冷式冷凝器的冷凝温度较低。这对压缩机的制冷能力和运行经济性都比较有利。目前铀浓缩工厂冷水机组中基本都采用水冷式冷凝器,冷却水循环使用。

常见的水冷式冷凝器有卧式壳管式、立式壳管式以及套管式等类型。其中立式壳管式冷凝器只用于大中型氨制冷装置,套管式冷凝器应用于单机 25 kW 以下的小型氟利昂空调机组，特别是家用空调中。因此以下只重点介绍铀浓缩工厂中应用最广的卧式管壳式冷凝器。

卧式壳管式冷凝器属于壳管式换热器，主体部分如图2-8所示，外壳是一个由钢板卷制焊接成的圆柱体筒体，筒体的两端焊有两块圆形的管板，两个管板钻有许多位置对应的小孔，在每对对应的小孔中，装入一根管子，管子两端用胀接法或焊接法紧固在管板的管孔内，组成一组直管管束。

图2-8 壳管式冷凝器主体部分

卧式壳管式冷凝器水平放置，其结构如图2-9所示。制冷剂蒸气在管子外表面上冷凝，冷却水在泵的作用下在管内流动。制冷剂蒸气从上部（进气管）进入筒体，凝结成液体后由筒体下部出液管流入贮液器中。正常运行时，筒体的下部只存少量液体。出液管接在筒壳的下部。

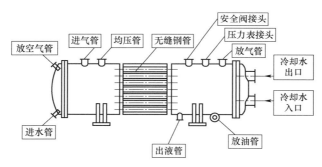

图2-9 卧式壳管式冷凝器

卧式壳管式冷凝器的两端用端盖封住，端盖内有分水隔板，两个端盖的分隔互相配合，实现了冷却水的多管程流动。冷凝器的管程数一般为偶数，这样冷却水的进出口就在同一个端盖上，而且冷却水从下面流进，上面流出。端盖用螺栓与管板的外缘紧固在一起，两者之间需要有防漏的橡皮垫圈，端盖上部的放空气旋塞是在开始充水时用来排除管内空气的。下部的泄水旋塞，是在冷凝器停止工作时，用来排除其中的水，以防管子被腐蚀或冻裂。

卧式管壳式氟利昂冷凝器可用无缝钢管，也可用铜管。由于氟利昂侧冷凝传热系数较小，故用铜管的冷凝器多采用滚压肋管。卧式管壳式冷凝器的结构紧凑、传热系数大，冷却水耗水量少，操作管理方便，广泛用于大中型冷水机组中。缺点是对冷却水水质要求高、水温低、冷却水流动阻力大，清洗水垢不方便，需要设备停止工作。

2. 冷凝器的传热分析

冷凝器的传热过程中包括制冷剂的冷凝放热、通过金属壁和污垢层的导热及冷却介质（水或空气）的吸热过程。传热过程中不仅制冷剂蒸气的冷凝壁面和接触冷却介质的壁面有换热热阻，管壁也具有导热热阻。此外，冷凝器管面上不免会有油膜、水垢等污垢，这些都具有导热热阻。一般说来，管壁厚度很小，而且热交换器都用热导率很大的材料制成的，因而管壁的导热热阻很小。这里主要分析制冷剂侧蒸气凝结换热及冷却介质侧换热的因素。

（1）影响制冷剂侧蒸气凝结换热的因素

1）制冷剂蒸气的流速和流向的影响　制冷剂在冷凝器中的凝结一般都是膜状凝结。当制冷剂蒸气与低于饱和温度的壁面接触时，便凝结成一层液体薄膜，并在重力作用下流动。液膜是冷凝器中制冷剂一侧的热阻，它的增厚将使制冷剂侧的热阻增大，换热系数降低。因此当制冷剂蒸气与冷凝液膜朝同一方向运动时，冷凝液体与传热表面的分离较快，换热系数增大。而当制冷剂蒸气作反液膜流向运动时，则换热系数可能增大、也可能降低，此时取决于制冷剂蒸气的流速。若流速较小，则液膜流动减慢，液膜变厚，换热系数降低；若流速相当大时，则液膜层会被制冷剂蒸气流带着向上移动，以致吹散而与传热壁面脱离，换热系数增大。

2）传热壁面粗糙度的影响　冷凝液膜在传热壁面的厚度，不仅与制冷剂液体的粘度等因素有关，而且与传热壁面的粗糙度也有很大关系。当壁面很粗糙或有氧化皮时，液膜流动阻力增加并且液膜增厚，从而使换热系数降低。根据试验，传热壁面严重粗糙时，可使制冷剂凝结换热系数下降 20%～30%。所以冷凝管表面应保持光滑和清洁，以保证较大的凝结换热系数。

3）制冷剂蒸气中含空气或其他不凝性气体的影响　在制冷系统中，总会有一些空气以及制冷剂和润滑液，在高温下分解出不凝性气体。这些气体随制冷剂蒸气进入冷凝器，使凝结换热系数显著降低。其原因是制冷剂蒸气凝结后，这些不凝性气体将附着在凝结液膜附件，在液膜表面上，不凝性气体的分压力显著增加，因而使得制冷剂蒸气的分压力减小，继而大大影响制冷剂蒸气的凝结换热。在冷水机组中，既要防止空气渗入制冷系统，又要及时地将系统中的不凝性气体用专门设备排出。

4）制冷剂蒸气中含油对凝结换热的影响　制冷剂蒸气中含油对凝结换热的影响，与油在制冷剂中的溶解度有关。对于氟利昂系统，所以当含油浓度在一定范围内（小于6%～7%）时，可不考虑对传热的影响，超过此限时，也会使换热系数降低。在冷凝器运行中，应设置高效的油分离器，以减少制冷剂蒸气中含油量，从而降低其对凝结换热的不良影响。

（2）影响冷却介质（水或空气）侧换热的因素

在冷凝器传热壁的冷却介质一侧，影响换热系数的因素。首先是冷却介质的性质，比如水的换热系数要比空气大得多。其次是冷却水或空气的流速，换热系数随着冷却介质流速的增加而增大。但是流速太大，会使热交换设备中冷却介质流动阻力增加，从而增加水泵或风机的功耗，以及导致管壁腐蚀的增加。

在水冷冷凝器中，由于实际使用的冷却水，含有某些矿物质和泥沙之类的物质，因此经过长时间使用后，在冷凝器的传热面上，会附着一层水垢，形成附加热阻，致使传热系数降低。水垢层的厚度，取决于冷却水质的好坏、冷凝器使用时间的长短及设备的操作管理情况等因素。

空气冷却式冷凝器，其传热表面长期使用后，会被灰尘覆盖，传热表面可能被锈蚀或沾有油污，所有这些因素都会降低传热效果。因此在制冷设备运行期间，应经常对冷凝器的各种污垢进行清除。

2.4.1.3 蒸发器

1. 蒸发器的种类、基本构造及工作原理

蒸发器在制冷循环中是一种吸热设备，在蒸发器中，制冷剂液体在较低的温度下沸腾，转变为蒸气，并吸收被冷却的物体或空间的热量，达到制冷的目的。因此蒸发器在制冷循环中是制取和输出冷量的设备。

按制冷剂的供液方式，蒸发器可分为满液式、非满液式、循环式及淋激式四种形式。

满液式蒸发器需要充入大量液体，并且保持一定液面。因此传热面与液体制冷剂充分接触，传热效果好，缺点是制冷剂充液量大，液柱对蒸发温度产生一定影响。另外当采用与制冷剂互溶的制冷剂时，润滑油难以返回压缩机。属于这类蒸发器的有立管式、螺旋管式和卧式壳管式蒸发器等。

非满液式蒸发器主要用于氟利昂制冷机组，制冷剂经膨胀阀节流后直接进入蒸发器，蒸发器处于气、液共存状态，制冷剂边流动、边汽化，蒸发器中并无稳定制冷剂液面。由于只有部分传热面积与液态制冷剂相接触，所以传热效果比满液式差。优点是充液量少，润滑油容易返回压缩机。属于这类蒸发器的有干式壳管蒸发器、直接蒸发式空气冷却器和冷却排管等。

循环式蒸发器依靠泵强迫制冷剂在蒸发器中循环，制冷剂循环量是蒸发量的几倍。因此沸腾放热强度较高，并且润滑油不易在蒸发器内积存。缺点是设备费及运转费用较高，多用于大中型冷藏库。

淋激式蒸发器利用泵把制冷剂喷淋在传热面上，因此蒸发器中制冷剂充灌量很少，而且不会产生液柱高度对蒸发温度的影响。溴化锂吸收式制冷机中采用淋激式蒸发器。

按蒸发器中被冷却介质的种类，蒸发器可分为冷却液体载冷剂的蒸发器和冷却空气的蒸发器。

冷却液体载冷剂的蒸发器分为卧式壳管式蒸发器和干式壳管式蒸发器，在铀浓缩工厂的离心式冷水机组中普遍采用的是干式壳管式蒸发器。以下重点介绍干式壳管式蒸发器如图 2-10 所示是干式壳管式蒸发器的结构示意图（也称干式蒸发器），制冷剂在传热管中汽化吸热，水在管外流动。为了提高水的流速，在壳体内横跨管簇装设多块折流板。制冷机液体充注量很少，大约为管组内部容积 35%～40%。

干式壳管式蒸发器一般用铜管制造，可以是光管，也可以是具有纵向肋片的内肋片管。使用内肋片管时，传热系数较高，流程数少，但比光管加工困难，成本高。干式壳管式蒸发器管外空间的充水量较大，冷量损失较小，因此热稳定好，不会发生管子冻结而涨裂的现象。

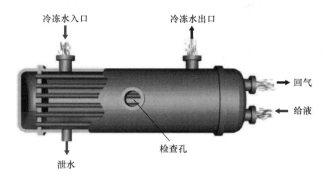

图 2-10 干式壳管式蒸发器

2. 蒸发器的传热分析

在蒸发器中，被冷却介质的热量是通过传热壁传给制冷剂，使液体制冷剂吸热汽化。制冷剂在蒸发器中发生的物态变化，实际上是沸腾过程，习惯称之为蒸发。蒸发器内的传热效果也像冷凝器一样，受到制冷剂侧的换热系数、传热表面污垢物的热阻以及被冷却介质的换热系数等因素影响。其中后两者的影响基本与冷凝器相同，但制冷剂侧液体换热系数与气体凝结时的换热系数却有着本质上的区别。蒸发器内的传热温差不大，因此制冷剂液体的沸腾总处于泡状沸腾。沸腾时在传热表面产生许多气泡，这些气泡逐渐变大、脱离表面并在液体中上升。它们上升后，在该处又连续产生一个个的气泡。沸腾换热系数与气泡的大小、气泡的速度等因素有关。这里主要分析影响制冷剂液体沸腾换热的因素。

（1）制冷剂液体物理性质的影响

制冷剂液体的热导率、密度、黏度和表面张力等有关物理性质，对沸腾换热系数有直接影响。

热导率较大的制冷剂，在传热方向的热阻就小，其沸腾换热系数就大。

蒸发器在正常工作条件下，蒸发器内制冷剂与传热壁面的温差，一般仅有 2～5 ℃，其对流换热的强烈程度，取决于制冷剂液体在汽化过程中的对流运动程度。沸腾过程中，气泡在液体内部的运动，使液体受到扰动，这就增加了液体各部分与传热壁面接触的可能性，使液体从传热壁面吸热更为容易，沸腾过程更为迅速。密度和粘度较小的制冷剂液体，受到这种扰动性较强，其对流换热系数就越大。

制冷剂液体的密度及表面张力越大，汽化过程中气泡的直径就越大，气泡从生成到离开传热壁面的时间就越长，单位时间内产生的气泡就少，换热系数就小。

（2）制冷剂液体润湿能力的影响

如果制冷剂液体对传热表面的润湿能力强，则沸腾过程中生成的气泡具有细小的根部，能够迅速脱离传热表面，换热系数也就较大。相反，若制冷剂液体不能很好地润湿传热表面，则形成的气泡根部很大，减少了汽化核心的数目，甚至沿着传热表面形成气膜，降低换热系数。常见的制冷剂液体均为润湿性的液体。

（3）制冷剂构造的影响

液体沸腾过程中，气泡只能在传热表面上产生，蒸发器的有效传热面是与制冷剂液体相接触的部分。所以沸腾换热系数的大小与蒸发器的构造有关。试验结果表面，肋片管上的沸腾换热系数大于光管，而且管束上的大于单管的。这是由于加肋片后，在饱和温度与单位面积热负荷相同的条件下，气泡生成与增长的条件，肋片管比光管有利。由于汽化核心数的增加和气泡增大速度的降低，使得气泡很容易脱离传热壁面。试验结果表明，肋片管束的沸腾换热系数大于光管管束的。

根据以上分析，蒸发器的结构应该保证制冷剂蒸气能很快地脱离传热表面。为了有效利用传热面，应将液体制冷剂节流后产生的蒸气，在进入蒸发器前就从液体中分离出来，而且在操作管理中，蒸发器应该保持合理的制冷剂液体流量。

此外，制冷剂中含油，对沸腾换热系数也有一定影响，而且其影响程度与含油浓度有关，一般说当制冷剂含油浓度不大于 6% 时，可暂不考虑这项影响，含油量更大时，会使沸腾换热系数降低。

2.4.1.4　节流机构

节流机构是制冷循环过程中重要部件之一，它的作用是将冷凝器或贮液器（直膨式空调机组中用）中冷凝压力下的饱和液体（或过冷液体），节流后降至蒸发压力和蒸发温度，同时根据负荷的变化，调节进入蒸发器制冷剂的流量。

节流机构向蒸发器的供液量，与蒸发器负荷相比过大，部分制冷剂液体会随着气态制冷剂一起进入压缩机，引起湿压缩或液击事故。相反若供液量与蒸发器热负荷相比太少，则蒸发器部分传热面积未能充分发挥作用，甚至造成蒸发压力降低，而且使系统的制冷量减小，制冷系数降低，压缩机的排气温度升高，影响压缩机的正常润滑。以下重点介绍离心式冷水机组常用的热力膨胀阀。

热力膨胀阀既是控制蒸发器供液量的调节阀，同时也是制冷装置的节流阀，所以热力膨胀阀也称热力调节阀。热力膨胀阀是利用蒸发器出口处制冷剂蒸气过热度的变化来调节供液量。

热力膨胀阀按照平衡方式不同，分内平衡式和外平衡式；外平衡式热力膨胀阀分 F 型和 H 型两种结构型式。

内平衡式膨胀阀结构和工作原理（如图 2-11（a）所示），感温包内充注制冷剂，放置在蒸发器出口管道上，感温包和膜片上部通过毛细管相连，感受蒸发器出口制冷剂温度，膜片下面感受到的是蒸发器入口压力。如果空调负荷增加，液压制冷剂在蒸发器提前蒸发完毕，则蒸发器出口制冷剂温度将升高，膜片上压力增大，推动阀杆使膨胀阀开度增大，进入到蒸发器中的制冷剂流量增加，制冷量增大；如果空调负荷减小，则蒸发器出口制冷剂温度减小，以同样的作用原理使得阀开度减小，从而控制制冷剂的流量。

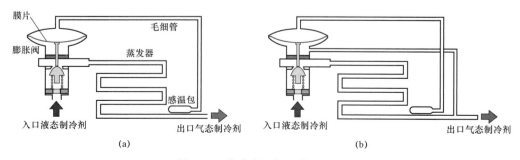

(a)　　　　　　　　　　　　　　　　　(b)

图 2-11　热力膨胀阀工作原理图

外平衡式膨胀阀结构和工作原理（如图 2-11（b）所示）与外平衡式膨胀阀原理基本相同，区别是：内平衡式膨胀阀膜片下面感受到的是蒸发器入口压力；而外平衡式膨胀阀膜片下面感受到的是蒸发器出口压力。

2.4.1.5 辅助设备

在离心式冷水机组中，除压缩机、冷凝器、蒸发器和节流机构等主要设备外，还包括一些辅助设备，如油分离器、制冷剂的储存和分离设备、制冷剂的净化及安全设备。这些辅助设备的作用是保证制冷机的正常运转、提高运行的经济性和保证操作的可靠性。

1. 油分离器

压缩机的排气中都带有润滑油，润滑油会随着高压排气一起进入排气管并有可能进入冷凝器和蒸发器内。对于氟利昂系统，由于润滑油在氟利昂中的溶解度大，虽然一般不会在传热表面形成油污，但会造成蒸发温度升高，所以需要设置油分离器，将压缩机排气中的润滑油分离出来，并利用自动回油装置，将其送回压缩机曲轴箱。

油分离器的工作原理，是借油滴与制冷剂蒸气的密度不同，使混合气体流经直径较大的油分离器时，利用突然扩大通道面积而使流速降低，同时改变其流动方向，或利用其他分油措施，使润滑油沉降而分离。

油分离器有洗涤式、离心式、填料式及过滤式等结构形式，其中以氟利昂为制冷剂的大、中型冷水机组或其他制冷装置，常采用离心式和过滤式油分离器，以下重点介绍上述两种油分离器。

（1）离心式油分离器

离心式油分离器的内部焊有螺旋状导向叶片，并在器内中间引出管的底部装设有多孔挡液板。压缩机排气进入分离器后，沿导向叶片呈螺旋状运动。由于离心力的作用，其中携带的润滑油被甩至筒体内壁，并沿内壁流聚在分离器底部，而蒸气则经多孔挡液板再次分油后，由出气管排出。分离器底部的油可定期排放，也可通过浮球阀控制自动回油。

（2）过滤式油分离器

工作时蒸气由上部进入，经金属丝网减速、过滤后，从侧面出气管排出。蒸气中携带的部分润滑油被分离出来，落入筒体下部。这种油分离器的回油管和压缩机的曲轴箱连接。当器内积聚的润滑油足以使浮球阀开启时，润滑油就被压入压缩机的曲轴箱中。当油面逐渐下降至使浮球下落到一定位置时，则浮球阀关闭。正常运行时，由于浮球阀的断续工作，使得回油管时冷时热。如果回油管一直冷或一直热，说明浮球阀已经失灵，必须进行检修。

2. 制冷剂的储存及分类设备

（1）贮液器

贮液器又称贮液筒，与冷凝器安装在一起，用以贮存由冷凝器来的高压液体，不致使液体淹没在冷凝器传热面，并适应工况变动而调节和稳定制冷剂的循环量。筒体由钢板卷制焊接而成，筒体上设有进液管、出液管、平衡管、压力表、安全阀、放空气管等许多管接头及液面指示器等。贮液器的液体充装量，一班不超过筒体容积的 70%～80%。

（2）气液分离器

结构有立式和卧式两种（图 2-12），这种气液分离器是具有许多管接头的钢筒。来自蒸发器的蒸气由筒体中部的进入管进入分离器，由于通道截面积的突然扩大，蒸气流速降低，同时由于流向的改变，蒸气中携带的液滴即被分离出来，落入下部液体中。而由于干饱和蒸气（包括节流产生的蒸气）则从上部的出气管被压缩机抽回。节流后的湿蒸气，由筒体侧面下部的进液管进入分离器筒体。气体在离开分离器之前经捕雾器除去小液滴后从出气口流出，液体从出液口流出，经底部的出液管向蒸发器供液，而气体则与来自蒸发器的蒸气被压缩机吸走，从上述工作过程可以看出，气液分离器时用来分离蒸发器出口的蒸气中的液体，保证压缩机干压缩；也可以用来分离进入蒸发器制冷剂液体的气体，提高蒸发器传热面积的有效利用程度。当有多台蒸发器、压缩机并联时，还可起到分液汇气的作用。

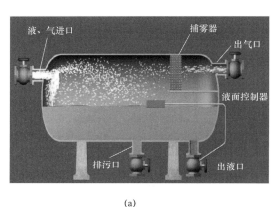 

（a）　　　　　　　　　　　　　　　　（b）

图 2-12　气液分离器
（a）卧式；（b）立式

3. 制冷剂的净化设备

制冷剂的净化设备是用来清除制冷剂中的不凝性气体、水分及机械杂质等的设备。

（1）不凝性气体分离器

制冷机在运转过程中，系统内有时会混有一些不凝性气体（主要是空气）。这些气体的来源是：安装或检修设备后，系统抽空不彻底，内部留有空气；补充润滑油、制冷剂或者更换干燥剂、清洗过滤器时，空气混入系统中；当蒸发压力低于大气压力时，空气从不严密处深入系统中；制冷剂机润滑油在高温下分解，产生不凝性气体；金属材料被腐蚀产生不凝性气体。

不凝性气体往往聚集在冷凝器、贮液器中，造成冷凝压力升高，既降低制冷量、又增加压缩机的功耗。在小型设备中，可以直接从冷凝器、贮液器或排气管的放气阀排放不凝性气体，在大型设备中，一般采用不凝性气体分离器来放出。

不凝性气体分离器也称空气分离器，它的工作原理是利用降温的方法，使混在不凝性气体中的制冷剂蒸气凝结成液体，然后将不凝性气体排出，使制冷剂损耗降低到较小程度。

（2）过滤器

过滤器用于清除制冷剂中的机械杂质、如金属屑、汉渣、氧化皮等。分气体过滤器和液体过滤器两种。气体过滤器装在压缩机的吸气管路上或压缩机的吸气腔，以防止机械杂质进入压缩机气缸。液体过滤器一般装在调节阀或自动控制阀前的液体管路上，以防止污物堵塞或损坏阀件。过滤器的原理很简单，即用金属丝网阻挡污物。如图 2-13 为氟利昂液体过滤器。由一段无缝钢管为壳体，壳体内装有铜丝网，两端有端盖用螺纹与壳体连接，再用锡焊焊接，以防泄漏。端盖上焊有进液和出液管接头，以便于管路连接。

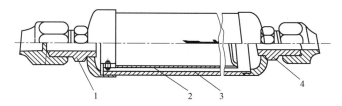

图 2-13　氟利昂液体过滤器
1—进液管接头；2—铜丝网；3—壳体；4—出液管接头

（3）干燥过滤器

因氟利昂不溶于水或仅有限地溶解，系统中制冷剂含水量过多，会引起制冷剂分解，金属腐蚀，并产生污垢和使润滑油乳化等。当系统在 0 ℃下运行时，会在膨胀阀处结冰，堵塞管道，即发生"冰塞"。故在贮液器出液管上的节流阀前，装设干燥器，用以吸附制冷剂液体中的水分。一般用硅胶作为干燥剂，近年来也有使用分子筛作为干燥剂的。

将干燥剂与过滤器结合在一起，称为干燥过滤器。实际上就是在过滤器中充装一些干燥剂，其结构如图 2-14 所示。为了严格防止干燥剂漏入系统，漏网的两端装有钢丝网或铜丝网、纱布、脱脂棉等。干燥过滤器一般装在冷凝器与热力膨胀阀之间的管路上，以除去进入电磁阀、膨胀阀等阀门前液体中的固体杂质及水分。避免引起阀门的堵塞或冰塞。

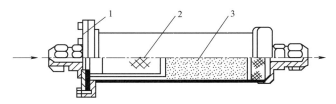

图 2-14　干燥过滤器
1—端盖；2—滤网；3—干燥剂

干燥过滤器使用一段时间后，干燥剂含水量增加，因而吸附水分的能力降低。此时需将干燥过滤器取下更换。

4. 安全及其他辅助设备

为了保证制冷机安全运行,避免事故的发生和扩大,在制冷系统常设有一些安全设备,其中最为常见的是安全阀。

安全阀是保证制冷机在规定压力下工作的一种安全设备。安全阀可以装在压缩机的进排气连通管上，当压缩机排气压力超过允许值，安全阀开启，使高低压两侧联通，保证压缩机的安全工作。安全阀也常装在冷凝器、贮液器等设备上，以避免容器内压力过高而发生事故[4]。

2.4.2 溴化锂吸收式冷水机组

2.4.2.1 溴化锂吸收式冷水机组的工作原理

溴化锂吸收式冷水机组（见图2-15），是利用溴化锂水溶液具有常温下强烈地吸收水蒸气，在高温下又能将所吸收地水分释放出来的特性，以及水在真空状态下蒸发时，具有较低的蒸发温度来实现制冷的。水为制冷剂、溴化锂为吸收剂。

图 2-15　溴化锂吸收式制冷机

溴化锂是一种具有强烈地吸水能力的无色粒状结晶物，其化学性质与食盐相似，性质稳定，在大气中不会变质分解或挥发，沸点为1 265 ℃。溴化锂吸收式冷水机组主要由发生器、冷凝器、膨胀阀、蒸发器以及吸收器等组成。如图2-16所示，工作原理如下：

溴化锂水溶液在发生器中被外来热源（如高温蒸汽）加热，使蒸发温度较低的水首先蒸发，形成一定压力和温度的水蒸气进入冷凝器，在冷凝器中被冷却水冷凝成压力较高的水，然后通过膨胀阀节流降压后，进入蒸发器，在蒸发器里吸收盘管内中冷媒水的热量而

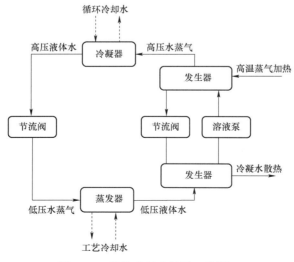

图 2-16　吸收式制冷装置工作原理

汽化称为低压水蒸气，盘管中的的冷媒水因失去热量而温度下降，被作为冷源使用。发生器中剩余的浓度较高的溴化锂水溶液通过减压阀降压后，送入吸收器喷淋，在喷淋过程中吸收从蒸发器引来的低压水蒸气而成为浓度较低的溴化锂水溶液，这种低浓度的稀溶液再被溶液泵送入发生器加热汽化分离出水蒸气，开始下一个循环过程。

　　吸收式制冷装置的优点是设备简单、造价低廉，其工质对大气环境无害，而且可以利用工业余热作为发生器热源，能耗较低；缺点是：腐蚀性强。溴化锂水溶液对普通碳钢有较强的腐蚀性，不仅影响到机组的性能与正常运行，而且影响到机组的寿命。因此对所用材料有较高的抗腐蚀性要求；对气密性的要求高。实践证明，即使漏入微量的空气也会影响机组的性能。这就对制造有严格的要求；只能制取 0 ℃以上的低温。

　　为了提高热效率，降低冷却水和蒸汽的消耗量，在有较高压力的加热蒸汽可供利用的情况下，铀浓缩工厂中曾经采用过双效溴化锂吸收式冷水机组。

2.4.2.2　双效溴化锂吸收式冷水机组的工作过程

　　双效溴化锂吸收式冷水机组，是在机组中设有高压和低压两个发生器。在高压发生器中，采用压力为 0.4～0.7 MPa 的蒸汽来加热，产生的冷剂水蒸气再作为低压发生器的热源。图为双效溴化锂吸收式冷水机组的工作原理。它由高压发生器、低压发生器、冷凝器、蒸发器、吸收器、高温热交换器、低温热交换器、屏蔽泵和抽气装置等组成。高压发生器单独在一个筒体内，低压发生器、冷凝器、蒸发器、吸收器一同组装在另一个筒体内。

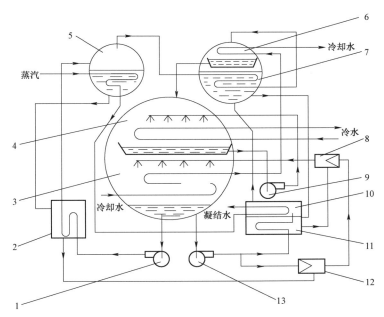

图 2-17　双效溴化锂吸收式冷水机组工作原理图

1—高压发生器泵；2—高温换热器；3—吸收器；4—蒸发器；5—高压发生器；6—冷凝器；

7—低压发生器；8、12—引射器；9—冷剂水泵；10—凝水换热器；11—低温换热器；13—溶液泵

　　吸收器出口的溴化锂稀溶液，由发生器泵输送，经低温、高温热交换器，吸收热介质的热量，温度升高后进入高压发生器。在高压发生器的管簇中，送入 0.4～0.7 MPa 的高

压蒸汽，使稀溶液第一次发生，产生高温冷剂水蒸气，溶液的温度和浓度也随之升高。由高压发生器出来的具有较高温度和浓度的溴化锂溶液，经高温热交换器降温后，进入低温发生器，在低温发生器中，被盘管内来自高压发生器的高温冷剂水蒸气加热，再次发生，产生二次冷剂水蒸气，溶液的浓度进一步提高。

高压发生器中产生的高温冷剂水蒸气，加热低压发生器中的溴化锂溶液后，放出潜热，凝结成冷剂水，经节流后与低压发生器中产生的二次冷剂水蒸气一起进入冷凝器，被冷凝器中管簇中的冷却水而成为冷剂水。冷剂水经 U 形管节流装置后，进入蒸发器的水盘中，并由蒸发器泵输送，喷淋在蒸发器的管簇外表面上，吸收了管簇内冷媒水的热量而汽化成为冷剂水蒸气。冷媒水因失去热量而温度降低，从而达到制冷的目的。

另一方面，由低压发生器出来的溴化锂浓溶液，经低温热交换其降温后，进入吸收器，与稀溶液混合后，由吸收器泵输送并喷淋在吸收器盘管管簇上，吸收蒸发器产生的冷剂水蒸气。喷淋溶液吸收冷剂水蒸气后浓度降低，重新生成稀溶液，又由发生器泵经低温、高温热交换器送往高压发生器。吸收过程中产生的冷凝热则由吸收器管簇内冷却水带走。

双效溴化锂吸收式冷水机组与单效制冷机相比，热效率提高了 50%，蒸汽消耗降低 30%，释放出的热量减少了 25%。因此，冷却水消耗量相应减少，装置的经济性大为提高。缺点是高低压温差较大，设备结构复杂，发生器溶液温度较高，高温下的防腐问题是一个值得注意的问题[5]。

2.5　制冷系统其他设备

在铀浓缩工厂中，制冷系统其他设备包括水泵、冷却塔、闭式冷却塔、板式换热器、电锅炉以及阀门等。以下一一介绍。

2.5.1　水泵

2.5.1.1　水泵的定义及主要参数

通常把提升液体、输送液体或使液体增加压力，即把动力机的机械能变为液体能量的机器统称为泵，相关参数如下：

（1）流量：水泵在单位时间内排出液体的体积。单位：m^3/h；表示符号：Q。

（2）额定流量：水泵工作性能参数最佳时的水泵流量。

（3）扬程：单位重量的液体通过泵后所获得的能量。单位：m；表示符号：H。

（4）压力：供水中的压力是指水的压强。单位：Pa。

（5）功率：原动机传给泵的功率，即输入功率。单位：kW。

（6）效率：把输出功率与输入功率比值的百分数叫做效率。单位：%。

在水泵上，上述参数一般记录在铭牌上，铭牌是一块记录水泵型号、性能参数和生产厂家及日期的金属标牌。这块标牌钉在水泵的外壳上，其上所示水泵性能参数是操作人员使用、保养和维护水泵的重要依据。

铭牌标明了这台单级双吸离心泵在标准测试条件下，即在一个标准大气压下输送 20 ℃的清水时的额定参数。这些数值是水泵机组在额定转速下，水泵效率最高时测得的。

在工艺冷却水系统中,水泵是最主要的流量输送设备,其中应用最多的是离心式水泵,以下主要介绍离心水泵。

2.5.1.2　离心水泵结构及工作原理

离心泵有很多种类,如立式泵、卧式泵,单级泵、多级泵,单吸泵、双吸泵,清水泵、污水泵。其结构基本相似,都由以下部件组成(如图 2-18):

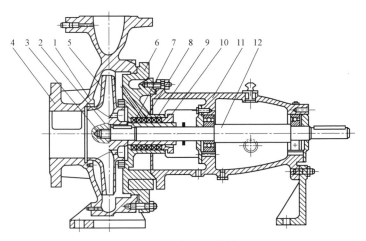

图 2-18　离心泵结构

1—密封环;2—外舌止退垫圈;3—叶轮螺母;4—泵体;5—叶轮;6—泵盖;

7—轴套;8—水封环;9—填料;10—填料压盖;11—轴承体;12—泵轴

(1)叶轮。叶轮是离心泵的核心部分,在运行中转速高,输出力大,所以其材质应具有高强度、抗气蚀、耐冲刷的性能,常用优质的铸铁、铸钢、不锈钢以及磷青铜等材质制成。叶轮的内外表面都很光滑,可以减少运行时水流的摩擦损失,其几何形状、尺寸、所用材料和加工工艺对泵的性能都有影响。

(2)泵壳。泵壳是水泵的主体,由泵体和泵盖两部分组成。泵体由吸入室、蜗壳形槽道和压出室组成。它把水流平稳、均匀地引向吸入室,并减慢水流从叶轮甩出的速度,把高速水流动能转换成压力能,增加水流的压力。对水泵整体而言,它起到支撑和固定作用,并与安装轴承的托架相连接。大多由铸铁制成。

(3)泵轴。泵轴通过联轴器和电动机的转轴相连接,将电动机的转矩传给叶轮,所以它是传递机械能的主要部件。泵轴一般采用优质碳素钢或不锈钢制成,它一端固定叶轮,另一端装有联轴器。

在泵轴易磨损或易被腐蚀的部位,常加装轴套保护。轴套选用高牌号的铸铁、青铜或合金钢制成,也起到固定叶轮的作用。

(4)轴承。轴承是套在泵轴上支撑泵轴的构件,它能支撑转动部件的重量并承受泵轴运行时的轴向力和径向力,同时减少泵轴转动时的摩擦力。轴承安装在轴承座内,组成轴承体。

(5)密封环。又称减漏环,叶轮进口与泵壳的间隙既不可过大,又不能太小。间隙过大,会造成泵内高压区的水经此间隙流到低压区,影响泵的出水量;间隙太小,会发生叶轮与泵壳的摩擦,造成磨损甚至发热,损坏水泵。所以,为了增加回流阻力减少内漏,延长叶轮与泵壳使用期限,在泵壳内缘与叶轮外缘结合处装有密封环,密封间隙为 0.25~1.1 mm。

(6)填料函。填料函是在一种常用的轴封装置,由填料、水封环、填料筒、填料压盖、水封管等组成。其作用是封闭泵壳和泵轴之间的空隙,不让泵内的水流到外面,也不让外部的空气进入泵内,始终保持水泵内的真空状态。当轴和填料摩擦发热时,水封管注水到水封环内,使填料冷却,保持水泵正常运行。除填料密封外,轴封装置也大量使用机械密封。

离心水泵的工作原理是:叶轮在充满水的蜗壳内高速旋转产生离心力,由于离心力的作用,使蜗壳内叶轮中心部位形成真空;吸水池内的水在大气压力的作用下,沿吸水管路,流入叶轮中心部位填补真空区域,流入叶轮的水又在高速旋转中受离心力的作用被甩出叶轮,经蜗形泵壳中的流道流入水泵的出水管路。

2.5.1.3 离心水泵的性能曲线和运行工况点

把泵的主要性能参数之间的相互关系和变化规律用曲线表示出来,这种曲线称为离心泵的性能曲线或特性曲线。离心泵的性能曲线是液体在泵内运动规律的外部表现形式。通常将 $H{\sim}Q$、$\eta{\sim}Q$ 和 $P{\sim}Q$ 三条曲线称为离心泵的特性曲线(如图 2-19)。

离心泵的性能曲线是通过流量调节得来的,从流量为 0 时,逐步增加的一个过程,流量—扬程、流量—功率、流量—效率,同时各自的一种变化过程,在调节过程中,必然有一个点是该泵的最佳性能点,这个流量调节点就是该机组单台运行时的最佳性能。

(1)流量—扬程曲线:双吸式离心泵的流量较小时,其扬程较高,当流量逐渐增加时,扬程却随之逐渐降低。所以扬程随着流量的增加而降低,曲线变化较平缓。

(2)流量—功率曲线:双吸式离心泵流量较小时,它的轴功率也较小,当流量逐渐增大时,轴功率曲线有所上升。但也有的泵型继续增加时,轴功率不但不再增加,反而慢慢下降,整个曲线变化比较平缓。此种曲线多发生在高比转速的离心泵型中。

(3)流量—效率曲线:双吸式离心泵的流量较小时,它的效率并不高,当流量逐渐增大时,它的效率也慢慢提高。当流量增加到一定数量后,再继续增大时,效率不但不再继续提高,反而慢慢降低。

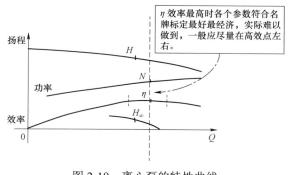

图 2-19 离心泵的特性曲线

通过对离心泵的性能曲线的分析可以看出,每台水泵都有它自己固有的性能曲线,图中曲线反映出该水泵本身的工作能力，在实际运行中，要发挥这种工作能力，还必须结合输水管路系统联合运行，才可能完成上述目的。

在此，提出一个水泵装置的实际工况点的问题。所谓工况点，就是指水泵在已确定的管路系统中，实际运行时所具有的流量、扬程、轴功率、效率等实际参数。

工况点的各项参数值，反映了水泵装置系统的工作状态和工作能力，它是水泵设计和实际运行中的一个重要问题。

在整个管路中，液体从吸水管口被吸进，一直到出水管口被压出，要克服阻力和摩擦，损失一定的能量，这就是水头损失。在固定的管路中，通过的流量愈大，损失的水头也就愈大，相反，通过的流量愈小，损失的水头就愈小。

管路特性是指流体流经管路系统时需要的扬程和流量之间的关系，这种流量和水头损失的关系，称为管路的特性。这种变化关系的规律，用曲线表示，就是管路的特性曲线。这也是需要能量的管路系统对提供能量的泵的要求。

管路特性方程，表示在给定管路系统中，在固定操作条件下，流体通过该管路系统时所需要的扬程和流量的关系。它说明流体从泵中获得的能量主要用于提高流体本身的位能、静压能和克服沿途所遇到的阻力损失。

管路特性曲线只表明生产上的具体要求，而与离心泵的性能无关。从管路的特性曲线看出（图 2-20），阻力损失项与流量有关：低阻管路系统的曲线较为平缓（曲线 a）高阻管路系统的曲线较为陡峭（曲线 b）。

离心泵实际输送的流量和提供的扬程受本身的性能与管路特性制约。在实际应用中，为了确定水泵装置工况点，常利用水泵管路特性曲线（图 2-21）。

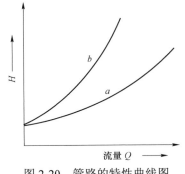

图 2-20　管路的特性曲线图

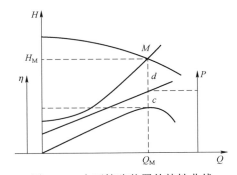

图 2-21　水泵管路装置的特性曲线

离心泵装置的工况点指的是，水泵供给水的总比能与管道所要求的总比能相等的那个点称为该水泵装置的平衡工况点。

工况相似水泵：两台水泵能满足几何相似和运动相似定律的条件，称为工况相似水泵。

把相似定律应用以不同转速运行的同一台叶片泵，有下式：

$$\frac{Q_1}{Q_2} = \frac{n_1}{n_2}$$

$$\frac{H_1}{H_2} = \left(\frac{n_1}{n_2}\right)^2$$

$$\frac{P_1}{P_2}=\left(\frac{n_1}{n_2}\right)^3 \qquad\qquad (2\text{-}25)$$

式中，n_1、n_2——水泵在工况 1、2 下的转速。

在生产中，有时需要将多台泵并联或串联在管路中运转（如图 2-22），目的在于增加系统中的流量或扬程。

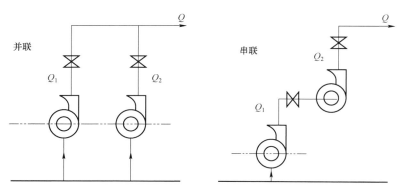

图 2-22　水泵并联与串联

（1）水泵的并联：两台以上水泵的出水管共同连接在同一管网时称为水泵并联，水泵并联常用于单台水泵不能满足流量要求时，或选择系统流量过大的单台水泵会造成运转费用增加时。并联可根据用水量的多少及用水高峰调节开启水泵的台数，降低运行成本。

当两台或两台以上水泵并联时扬程并无大的改变而流量叠加，同扬程水泵并联时（不计算损失）：$Q=Q_1+Q_2$，$H=H_1=H_2$。水泵并联运行后，可以通过开停泵的台数来调节总供水量；水泵并联运行后，如果其中有台水泵发生故障，其他几台水泵可继续供水，提高了供水的安全可靠性。

多台水泵的并联运行，一般是建立于各台泵的扬程范围比较接近的基础上，安装于管路中共同用于输送液体的方式（图 2-23）。并联运转泵的流量 Q 并与扬程 H 并与自然由管路特性曲线与两泵并联合成特性曲线的交点 d 确定。两泵并联后的流量 Q 与原单台泵的流量 Q 相比虽然有较大的增加，但只要管路存在阻力损失，就不会增加到两倍。两泵并联运转后的总效率与每台泵的流量 Q_1 所对应的单泵效率相同。

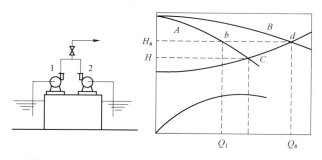

图 2-23　安装于管路中共同用于输送液体的方式图

（2）水泵的串联：第一台水泵的出水管连接在第二台泵的吸入管时称为两台水泵串联，

水泵的串联常用于给水管网加压，以满足于用户对压力的需求，当两台或两台以上水泵串联时流量并无大的改变而扬程叠加，一般室外给水管网的加压泵站常采用水泵串联方式，同流量水泵串联时（不计算损失）：$Q = Q_1 = Q_2$，$H = H_1 + H_2$。

2.5.1.4　离心水泵能量损失

离心泵的能量损失有：机械损失、容积损失、水力损失。

（1）机械损失：机械损失是指泵的轴封、轴承、叶轮圆盘摩擦等诸损失所消耗的功。

（2）容积损失：由高压区流到低压区的液体，虽然在流经叶轮时获得了能量，但是未经有效利用，而是在泵体内循环流动，因克服间隙阻力等又消耗了一部分能量，这部分能量损失称为容积损失。

（3）水力损失：在离心泵工作时，液体与流道壁面有摩擦损失，液体运动有内部摩擦损失，在液体运动速度的大小和方向变化时，有漩涡损失、冲击损失等，这些损失都消耗一部分能量，通常把这部分能量损失称为水力损失。

降低泵的能量损失，提高泵的效率，有着极其重要的意义。

2.5.1.5　汽蚀的危害及抗汽蚀措施

泵在运行中产生了噪声和振动，并伴随着流量、扬程和效率的降低，有时甚至不能工作，当检修这台泵时，常常可以发现在叶片入口边靠前盖板处和叶片进口边附近有麻点或蜂窝状破坏，严重时整个叶片和前后盖板都有这种现象，甚至叶片和盖板被穿透，这就是由于汽蚀所引起的破坏。

汽蚀或汽蚀过程就是流动的液体产生汽泡并随后发生破裂的过程。当流体的绝对速度增加，由于流体的静压力下降，对于一定温度下流体的某些特定质点来说，虽无热量自外部输入，但它们已达到了汽化压力，使得质点汽化，并产生汽泡。沿着流道，如果流体的静压力随之再次升高，大于汽化压力，汽泡就会迅速破裂，产生巨大的属于内向爆炸性质的冷凝冲击，若汽泡破裂不是发生在流动的液体里，而是发生在导流组件的壁面处，则汽蚀会导致壁面材料受到侵蚀。

当泵在汽蚀状况下操作时，即使没有发生壁面材料的侵蚀，也会发现此时泵的噪声增大，振动加剧，效率下降，以及扬程降低。

综上所述，叶片式水泵的吸水过程，是建立在水泵吸入口能够形成必要真空值的基础上。此真空值是个需要严格控制的条件值，在实际使用中，水泵的真空值太小，抽不上水，真空值太大，产生气蚀现象。因此，水泵装置正确的吸水条件，是以运行中不产生汽蚀现象为前提的。使用中应以水泵样本中给定的允许吸上真空度 Hs，或者以水泵样本中给定的必要汽蚀余量作为限度值来考虑。

提高离心泵抗汽蚀性能的措施有：

（1）改进叶轮几何形状。

1）采用双吸叶轮；

2）采用较低的叶轮入口速度；

3）增大叶片入口宽度；

4）适当选择叶片数；

（2）采用抗汽蚀材料制造水泵部件。

（3）采用诱导轮提高泵的抗汽蚀性能。

（4）在水泵过流部件内表面喷涂耐汽蚀性能。

简单的说，汽蚀主要就是由于压力下环境温度变量而产生的，如果流动的水将其热性带走汽蚀就不会发生了，所以当汽蚀发生后，最有效直接的办法就是将出口阀门关小，水流将这个汽蚀区域填充后带走，汽蚀现象就消失了。

2.5.1.6　水泵的其他异常现象

1. 窝气：由于一些特殊原因使大量的气体集中停留在设备的某一个部位。

2. 水锤：液体在获得能量后发生交替升降的剧烈冲击现象。

3. 震动：由于质量不平衡、不对中、机械松动摩擦和轴承故障及汽蚀现象的产生所引起设备不稳定的现象。

4. 过热：超过允许温升范围的温度。

5. 倒灌：液体向相反方向的流入。

2.5.2　冷却塔

制冷剂在冷凝器中进行冷却凝结过程中放出的热量，一般通过空气或水带走。以空气为冷却介质的冷凝器，多用于小型制冷系统及缺水地区。大中型制冷系统的冷凝器多以水为冷却介质。

制冷工程中常用的水冷却设备有两种类型：一种是自然通风式喷水冷却池，另一种是机械通风式冷却塔，前者只适用于空气温度较低，相对湿度较小的地区使用，而后者是目前应用极为广泛的一种水冷设备。

机械通风式冷却塔及其冷却水系统如图 2-24 所示，制冷机冷凝器的冷却回水，由冷却塔的上部喷向塔内的填充层上，以增大水与空气的接触面积及接触时间，被冷却后的水从填充层流至下部集水池，通过循环水泵再送回至制冷机冷凝器循环使用。冷却塔顶部装有通风机，使空气以一定的流速由下而上通过填料层，以加强水的蒸发冷却效果。

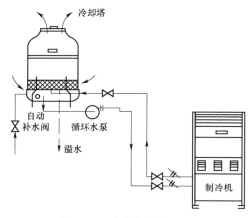

图 2-24　冷却塔水系统图

2.5.2.1　冷却塔的种类

根据水与空气在填料层中的流动方向不同，通常将机械通风冷却塔分为逆流式和横流式两种类型。

（1）逆流式冷却塔

逆流式机械通风冷却塔的结构如图 2-25 所示，塔内空气和水通过填料时的流动方向是互逆的；冷却水从上向下淋洒，而空气从下向上流动。这种冷却塔的冷却效果比较好，断面积相对较小，缺点是洒水不够均匀，而且塔身高度较大。

（2）横流式冷却塔

横流式机械通风冷却塔的结构如图 2-26 所示。横流式冷却塔是指空气通过填料层是横向流动的。这种冷却塔中空气和水的热交换不如逆流式冷却塔充分，所以其冷却效果差。但这种冷却塔不需要专门设置进风口，塔体的高度低，配水比较均匀，配水的高度也比较低，工作时水泵的扬程比较低，耗电量低。

图 2-25 逆流式机械通风冷却塔　　　　图 2-26 横流式机械通风冷却塔

2.5.2.2 冷却塔构造

冷却塔主要由淋水装置、配水系统、通风设备、塔体以及集水池等部分组成。

（1）淋水装置

淋水装置也叫冷却填料，进入冷却塔的水流经填料后，溅散成细小的水滴或形成水膜，以增加水和空气的接触面积及延长接触时间，使水和空气更充分地进行热湿交换，降低水温，淋水装置是冷却塔的重要组成部分，对冷却效果起决定性作用（图 2-27）。

根据水洒溅形式的不同，淋水装置分为点滴式和薄膜式两种。在铀浓缩工厂中应用较多的是将淋水分散成很薄水膜的填料。目前使用最多的薄膜式填料是 0.3～0.5 mm 厚波浪状硬塑料板制成的点波状填料。

（2）配水系统

配水系统是把水均匀分配到淋水装置的整个淋水面积上的设备（图 2-28），使用它的目的是为了提高冷却塔的冷却效果。常用的有固定管式布水系统、旋转管式布水系统以及槽式配水系统和池式配水系统。

固定管式布水系统的布水管一般布置成树枝状和环状，布水支管上装有喷头，喷头前的水压一般保持在 0.04～0.07 MPa。水压过低会使喷水不均匀，过高则耗能量过大。

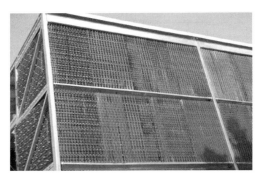

图 2-27　淋水填料　　　　　　　　　　图 2-28　配水系统

旋转管式布水系统的进水管从冷却塔底部伸至填料层，在进水管顶部安装旋转布水器。旋转布水器由旋转头、布水管等组成，布水管上开有直径不小于 1.6 mm 的小孔，开孔与水平方向呈 30°～40°角，靠喷水的反作用力来推动布水器绕着设在进水管顶部的芯子转动。调整布水管上的开孔角度，即可改变布水管的转速。旋转管式布水器布水均匀，因布水管距填料较近，水的吹散损失较小，很适宜在圆形塔中使用，但水不清洁时容易堵塞。

槽式配水系统由配水槽、溅水喷嘴、喷水管等组成。池式配水系统主要由配水池、溅水碟、溢流管等组成。

槽式和池式配水系统供水压力较低，水泵功耗小，且配水均匀，维护方便，但施工麻烦，容易生长藻类。

（3）挡水器

挡水器通常由塑料板、玻璃钢等材料制成，其作用是将空气和水滴分离，减少由冷却塔排出的湿空气带出的水滴，降低水的损耗量。

对于不同构造的冷却塔，挡水器在塔内的安装位置不同。对于机械通风逆流式冷却塔，如采用旋转管式布水器，挡水器一般安装在布水管上；对于机械通风横流式冷却塔，挡水器可倾斜安装在淋水装置与轴流风机之间。

（4）通风设备

通风设备由电机、减速机、风机组成（图 2-29），用以产生设计要求的空气流量，加强水和空气的热湿交换。风机采用风量大而风压小的轴流式风机，通常采用变频调速调节风机风量。风机的电动机通常采用鼠笼封闭式，接线端子应采取密封和防潮措施。

（5）空气分配装置

空气分配装置是冷却塔从进风口至喷水装置的部分。逆流式冷却塔是指进风口和导风板，横流式冷却塔只是指进风口（图 2-30）。

（6）集水池和其他附属设备

集水池用来收集从淋水装置上洒落下来的冷却水。一般的冷却塔都有专门修建的集水池。而玻璃钢冷却塔的下壳体就是集水池。集水池上除出水管之外，还设有排污管、溢流管以及布水管等。此外冷却塔还设有爬梯、观察窗、照明灯等附属设备。

图 2-29　冷却塔通风设备　　　　　图 2-30　冷却塔空气分配装置

2.5.2.3　冷却塔的工作过程

　　下面以玻璃钢冷却塔为例说明其工作过程。玻璃钢冷却塔是一种新型的冷却塔,它的塔体由玻璃钢制成,具有重量轻、耐腐蚀、安装方便等优点。目前在铀浓缩工厂应用最为广泛。

　　图 2-31 中是一种圆形逆流式玻璃钢冷却塔。它的淋水装置是薄膜式,通常用 0.3～0.5 mm 厚的硬质聚氯乙烯塑料板压制成波浪状分一层或数层放入塔体内,淋洒下来的冷却水,沿塑料板表面自上而下呈膜状流动。配水系统为一种旋转式的布水器,布水器各个布水管的侧面上开有许多小孔,冷却水由水泵压入布水器,当水从布水管的小孔中喷出时,所产生的反作用力使布水器旋转,从而达到均匀布水的目的。轴流式通风机布置在塔顶,空气由集水池上部四周的百叶窗吸入,经填料层后从塔体顶端排出,与冷却水逆向流动,水冷却后落入集水池,从出水管排往冷凝器循环使用。

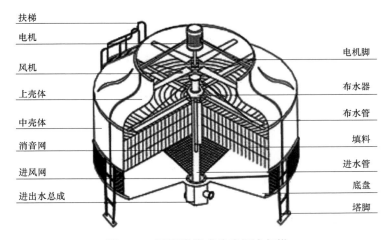

图 2-31　圆形逆流式玻璃钢冷却塔

　　图 2-32 中是一种方形横流式玻璃钢冷却塔。它的配水系统是一种池式配水系统。空气自塔体一侧的通风窗进入塔内,横向掠过淋水填料,与冷却水进行热湿交换后,从另一侧排出塔体[6]。

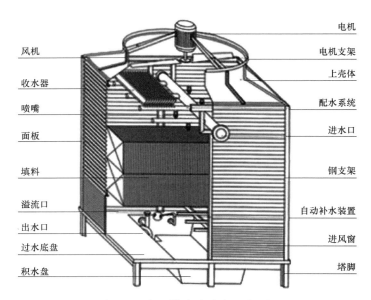

电机
电机支架
上壳体
配水系统
进水口
钢支架
自动补水装置
进风窗
塔脚

风机
收水器
喷嘴
面板
填料
溢流口
出水口
过水底盘
积水盘

图 2-32　方形横流式玻璃钢冷却塔

2.5.2.4　冷却塔性能参数

1. 名义冷却流量：标准设计工况下的进塔水量（m^3/h）。

2. 耗电比：电动机实际消耗的有功功率与冷却水流量的比值。国标规定：G 型塔的实际耗电比为不大于 0.05 $kw/m^3/h$，其他塔型不大于 0.035 $kw/m^3/h$。

3. 蒸发量：是冷却水与空气进行散热所必须的蒸发部分。一般为循环水量的 0.83%。

4. 飘水率：冷却水流经配水系统和填料时会产生许多细小的水滴，其中一些水滴会随空气被风机排出冷却塔，这一部分称为飘水。单位时间内，从风口飘出去的水量与进入冷却塔的循环水之比称飘水率。国标规定：飘水率不大于名义冷却流量的 0.015%。

5. 排污量：循环水因蒸发而浓缩，浓缩的循环水能使循环水的配管和接触循环水的金属部分被腐蚀，成为产生水藻和污垢的原因。为了防止发生此类问题，需要排放掉已经浓缩的循环水的一部分，这就称为排污，一般为循环水量的 0.4%。

6. 补水量：一般建议为循环水量的 1.5%。补水通常由浮球阀自动进行。

2.5.3　闭式冷却塔

2.5.3.1　闭式冷却塔工作原理

闭式冷却塔是利用蒸发冷却实现节能的设备，首先介绍蒸发冷却的工作原理。

蒸发冷却技术作为一种新型的冷却节能方式，其工作原理是利用冬季外界湿球温度较低的干空气，在设备内对高温冷却水进行强制对流，直接冷却降温。当冷空气和高温水在设备内接触时，一方面由于冷空气与高温水存在温差，降低水温，这部分释放的热量就是水的显热。另一方面，由于干空气和水蒸气表面之间存在水汽分压差，在压差的作用下，水会产生蒸发现象，由液态转化为气态，从而将水中的热量带走，蒸发传热，实现水温降低，这部分释放的热量就是水的潜热。

蒸发降温与空气的温度（干球温度）低或高无关，当与水接触的空气不饱和时，水分子不断地向空气中蒸发，只要水分子能不断地向空气中蒸发，水温就会降低。

蒸发降温主要受空气的湿球温度影响，当水气接触面上的空气达到饱和时，水分子就蒸发不出去，而是处于一种动平衡状态，蒸发出去的水分子等于从空气中返回到水中的水分子的数量，此时，水温保持不变，蒸发冷却技术所能达到的最低温度即空气的湿球温度。

闭式冷却塔由盘管、风机、管道泵、喷嘴、排管、挡水板、填料、集水槽等部分组成，如图 2-33 所示。其工作原理由内外两个循环组成，其中：

外循环工作原理：管道泵将冷却塔底集水槽中的水抽吸到喷淋管中，然后喷淋在冷却盘管的外表面上，吸取盘管内工艺冷却水的热量，从而使工艺冷却水的温度得以降低。顶部装有风机，使得空气分别由侧面设置的上，下进风口吸入。喷淋水和从上进风口吸入的空气经过盘管受热后，部分水蒸发，大量的蒸发潜热由空气带走。其余的水则通过填料区，被从下进风口吸入的空气冷却，温度降低后，进入集水槽中，再由管道泵送入喷淋水系统中，继续循环。

内循环工作原理：从泵出来的工艺冷却水，由水泵加压输送到闭式冷却塔的冷却盘管中，冷却水在管内自下而上流动，与盘管外的喷淋水和空气进行热交换，从而确保工艺水系统正常运行。

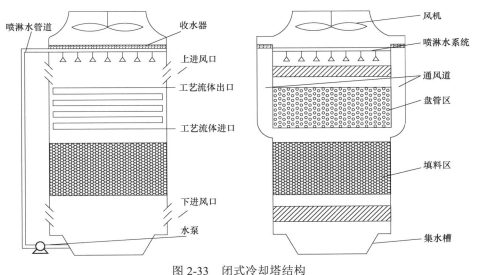

图 2-33　闭式冷却塔结构

2.5.3.2　闭式冷却塔附属部件

（1）塔体：要求冷却塔为密闭式镀锌钢冷却塔，冷却塔侧板、结构件、积水盆、顶板等均采用 Z700 以上材质镀锌钢以确保承重满足强度要求。闭式冷却塔应采用单元塔体组合结构型式，每个单元塔体应设计成由上下两个箱体组合而成的结构型式。闭式冷却塔应采用引风式汽水横向（逆流）流动结构。

（2）风机：闭式冷却塔冷却用风机应采用由铝合金整体拉伸而成的高效轴流式通风机，其叶片角度应该可以根据需要调节。轴流式通风机应采用防潮密闭型电动机，电机防护等级为 IP55、绝缘等级为 F 级。电机采用可调速控制的变频电机，同时电机与风机应为皮带传动。

（3）喷淋布水系统：闭式冷却塔采用重力喷头布水系统（横流），此系统应包括水过滤器、喷淋循环水泵、喷淋配水管网（或者布水槽）及喷头等。水泵电机应采用防潮密闭型电动机，并设有防雨罩，以免电机受风雨浸蚀。防雨罩应采取防腐措施。冷却塔应选择大口径直流式喷嘴或其他喷头，配水应均匀，配管与喷嘴的连接方式应便于维修、更换。

（4）冷却盘管：冷却塔的冷却盘管应由多组蛇形（多流程）钢管组合而成，然后整体热浸锌处理。冷却盘管的水侧阻力应不大于 60 kPa，冷却盘管承压能力应不低于 1.0 MPa，每组换热管应先经过预检和压力试验，合格后再组装，冷却盘管组装完成后应在水中进行不低于 1.5 MPa 的气压试验，确保无泄漏。

（5）填料：填料采用薄膜型阻燃聚氯乙烯（PVC），应由 PVC 材料真空吸塑而成，不能采用再生塑料。要求 PVC 原片材采用原生材料并提供货证明，防火性能为阻燃型，满足国家 B1 级标准，可承受水温达到 50 ℃。填料的安装方式为倾斜悬挂式，以方便检修，不得采用粘接方式。填料应采用单层安装以减少堵塞，不能采用多层填料。

2.5.4　板式换热器

2.5.4.1　板式换热器的结构

板式换热器简称板换，是由一系列具有一定波纹形状的金属片叠装而成的一种高效换热器。各种板片之间形成薄矩形通道，通过板片进行热量交换。板式换热器是液—液、液—汽进行热交换的理想设备

板式换热器具有换热效率高、热损失小、结构紧凑轻巧、占地面积小、应用广泛、使用寿命长等特点。在相同压力损失情况下，其传热系数比管式换热器高 3～5 倍，占地面积为管式换热器的三分之一，热回收率可高达90%以上。

板式换热器主要由板片和垫片、固定板、上横梁、下横梁、夹紧螺栓、活动板、角孔、支架等组成（见图 2-34）。

各部分的作用如下：

固定板——其不直接与流体接触，用夹紧螺栓副紧固后压紧板片及垫片保证密封；

支架——支撑换热器的重量，使整个换热器组成一体；

上横梁——承受换热器的重量并保证安装尺寸，使板片在其间滑动，横梁通常比板片组夹紧后长，以保证松开夹紧螺栓后组装、检查和清洗板片；

下横梁——保持板片底端对齐；

活动板——与固定板配对使用在横梁上自由滑动，以便于换热器的拆装；

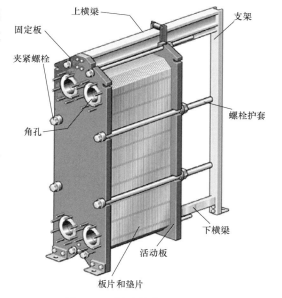

图 2-34　板式换热器结构图

（图中标注：上横梁、固定板、夹紧螺栓、角孔、支架、螺栓护套、下横梁、活动板、板片和垫片）

角孔——介质进入换热板片间的分配管与汇集管；

夹紧螺栓——压紧板片组使换热器整体保证密封，同时能够承受压力载荷；

板片——热量传递的元件，提供介质流道和换热表面；

垫片——防止介质混流或泄露，并使之在不同板片间分配；

中间隔板——在固定板和活动板中间的不同位置上设置中间隔板，可以使一台设备同时处理多种介质，执行多段操作。

2.5.4.2　板式换热器的工作原理

板式换热器工作原理：两种不同的介质（冷/热）通过相应的角孔实现热量传递，流于 A、B 两种不同通道实现冷介质加热或热介质降温的过程。

换热器的流程是由许多板片按一定工艺及需方技术工作要求组装而成的。组装时 A 板和 B 板交替排列，板片间形成网状通道、四个角孔形成分配管和汇合管，密封垫把冷热介质密封在换热器里，同时又合理的将冷热介质分开而不致混合。

在通道里面冷热流体间隔流动，可以逆流也可以顺流，在流动过程中冷热流体通过板壁进行热交换。板式换热器的流程组合形式很多，都是采用不同的换向板片和不同组装来实现的，流程组合形式可分为单流程、多流程和汽液交换流程形式。

2.5.5　电锅炉

在工艺冷却水系统中，电锅炉主要应用于加热系统，在气体离心机启动前真空干燥、冲击、试启动时运行，离心机正式投运后，电锅炉即停止运行。

2.5.5.1　电锅炉的工作原理

电锅炉也称电加热锅炉、电热锅炉（如图 2-35），它是以电力为能源并将其转化成为热能，从而经过锅炉转换，向外输出具有一定热能的蒸汽、高温水或有机热载体的供热设备。锅炉设备中，吸热的部分称为锅，产生热量的部分称为炉。例如水冷壁、过热器、省煤器等吸热的部分可以看成是锅；而炉膛、燃烧器、燃油泵，送、引风机可以看成是炉。

电锅炉运行时，根据用户要求设定蓄热时段、供热时段、蓄热温度、电锅炉出水温度、供水压力等参数。

图 2-35　电锅炉

2.5.5.2　电锅炉的分类

根据电压分为：低压电锅炉（220～380 V）、高压电锅炉（6～10 kV）；

根据加热方式分类为：直热式电锅炉和蓄热电锅炉；

根据加热元件分类：电容电锅炉、电阻电锅炉、电磁电锅炉、半导体电锅炉、石墨烯电锅炉、纳米管电锅炉、相变储热电锅炉等。

2.5.5.3 常见电锅炉

1. 热电阻电锅炉

这是在铀浓缩工厂中应用最多的电锅炉，它的加热元件主要为：热电阻加热管，材质为：不锈钢外壳、镍铬合金加热丝、氧化镁合金粉填充。优点：通用性强、加热效果稳定、性价比高、维护方便。缺点：能耗高、热效率低、损坏易漏电。如图 2-36。

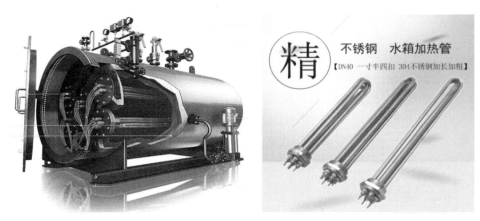

图 2-36 热电阻电锅炉及加热元件

2. 电磁电锅炉

加热元件主要为：变频器、逆变模块、电磁线圈。优点：加热部件小、效率高、防水质结构、升温快。缺点：性价比低、电磁辐射、维修复杂（如图 2-37）。

图 2-37 电磁电锅炉及加热元件

3. 纳米膜纳米管电锅炉

加热元件主要为：纳米膜、纳米涂层、纳米管、卤素发热管。优点：加热部件小、效率高、升温快、能耗优于同类产品；缺点：性价比低、维修复杂、通用性差、水质要求较高。如图 2-38。

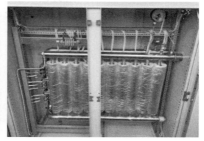

图 2-38　纳米膜、纳米管电锅炉及加热元件

4. 半导体电锅炉

加热元件主要为：元素半导体、无机化合物半导体、有机化合物半导体和非晶态与液态半导体。优点：模块式结构，能耗小，是传统电热管能耗的一半，运行安全、不结水垢、无易损易耗件，长效节能。缺点：性价比低、维修复杂、通用性差（如图 2-39）。

图 2-39　半导体电锅炉及加热元件

2.5.6　阀门

在工艺冷却水系统中，阀门是用于控制冷却水方向、压力、流量的装置。

2.5.6.1　阀门的分类

阀门的用途广泛，种类繁多，分类方法也比较多。总的可分两大类：

第一类自动阀门：依靠介质（液体、气体）本身的能力而自行动作的阀门。如止回阀、安全阀、调节阀、疏水阀、减压阀等。

第二类驱动阀门：借助手动、电动、液动、气动来操纵动作的阀门。如闸阀、截止阀、节流阀、碟阀、球阀、旋塞阀等。

此外，阀门的分类还有以下几种方法。

按结构特征，根据关闭件相对于阀座移动的方向可分：

（1）截门形：关闭件沿着阀座中心移动。

（2）闸门形：关闭件沿着垂直阀座中心移动。

（3）旋塞和球形：关闭件是柱塞或球，围绕本身的中心线旋转。

（4）旋启形：关闭件围绕阀座外的轴旋转。

（5）碟形：关闭件的圆盘，围绕阀座内的轴旋转。

（6）滑阀形：关闭件在垂直于通道的方向滑动。

按用途，根据阀门的不同用途可分：

（1）开断用：用来接通或切断管路介质。如截止阀、闸阀、球阀、蝶阀。

（2）止回用：用来防止介质倒流。如止回阀。

（3）调节用：用来调节介质的压力和流量。如调节阀、减压阀。

（4）分配用：用来改变介质流向、分配介质。如三通旋塞、分配阀、滑阀等。

（5）安全阀：在介质压力超过规定值时，用来排放多余的介质，保证管路系统及设备安全。如安全阀、事故阀。

（6）其他特殊用途：如疏水阀、放空阀、排污阀等。

按驱动方式，根据不同的驱动方式可分：

（1）手动：借助手轮、手柄、杠杆或链轮等，有人力驱动，传动较大力矩时，装有蜗轮、齿轮等减速装置。

（2）电动：借助电机或其他电气装置来驱动。

（3）液动：借助（水、油）来驱动。

（4）气动：借助压缩空气来驱动。

按压力，根据阀门的公称压力可分：

（1）真空阀：绝对压力＜0.1 MPa 的阀门。

（2）低压阀：公称压力 PN≤1.6 MPa 的阀门（包括 PN≤1.6 MPa 的钢阀）

（3）中压阀：公称压力 PN2.5～6.4 MPa 的阀门。

（4）高压阀：公称压力 PN10.0～80.0 MPa 的阀门。

（5）超高压阀：公称压力 PN≥100.0 MPa 的阀门。

按介质的温度分，根据阀门工作时的介质温度可分：

（1）普通阀门：适用于介质温度−40～425 ℃的阀门。

（2）高温阀门：适用于介质温度 425～600 ℃的阀门。

（3）耐热阀门：适用于介质温度 600 ℃以上的阀门。

（4）低温阀门：适用于介质温度−40～−150 ℃的阀门。

（5）超低温阀门：适用于介质温度−150 ℃以下的阀门。

按公称通径分，根据阀门的公称通径可分：

（1）小口径阀门：公称通径 DN＜40 mm 的阀门。

（2）中口径阀门：公称通径 DN50～300 mm 的阀门。

（3）大口径阀门：公称通径 DN350～1 200 mm 的阀门。

（4）特大口径阀门：公称通径 DN≥1 400 mm 的阀门。

按与管道连接方式分，根据阀门与管道连接方式可分：

（1）法兰连接阀门：阀体带有法兰，与管道采用法兰连接的阀门。

（2）螺纹连接阀门：阀体带有内螺纹或外螺纹，与管道采用螺纹连接的阀门。

（3）焊接连接阀门：阀体带有焊口，与管道采用焊接连接的阀门。

（4）夹箍连接阀门：阀体上带有夹口，与管道采用夹箍连接的阀门。

（5）卡套连接阀门：采用卡套与管道连接的阀门。

按阀体材料分类：

非金属阀门：如陶瓷阀门、玻璃钢阀门、塑料阀门。

金属材料阀门：如铸铁阀门、碳钢阀门、铸钢阀门、低合金钢阀门、高合金钢阀门及铜合金阀门等。

2.5.6.2　阀门的参数

1. 公称通径

用作参考的经过圆整的表示口径大小的参数，用"DN*"表示，如：DN100 是 4 寸阀门，DN200 为 8 寸阀门。

2. 公称压力

经过圆整过的表示与压力有关的数字标示代号，如：PN6.3 MPa 或 Class400（见下表 2-3）。

表 2-3　磅级与公称压力的对称关系

磅级 Class	150	300	400	600	800	900	1 500	2 500
工程压力 PN/MPa	1.6、2.0	2.5、4.0、5.0	6.3	10	—	15	25	4

2.5.6.3　阀门的型号编制方法

阀门的型号是用来表示阀类、驱动及连接形式、密封圈材料和公称压力等要素的。

由于阀门种类繁杂，为了制造和使用方便，国家对阀门产品型号的编制方法做了统一规定。阀门产品的型号是由七个单元组成，用来表明阀门类别、驱动种类、连接和结构形式、密封面或衬里材料、公称压力及阀体材料（见图 2-40）。各类阀门代号见表 2-4。

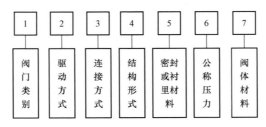

图 2-40　阀门标号示意图

表 2-4　常用阀门代号

阀门类型	代号	阀门类型	代号	阀门类型	代号
闸阀	Z	球阀	Q	疏水阀	S
截止阀	J	旋塞阀	X	安全阀	A
节流阀	L	液面指示器	M	减压阀	Y
隔膜阀	G	止回阀	H		
柱塞阀	U	蝶阀	D		

2.5.6.4 常用阀门的类型和用途

1. 闸阀

闸阀是指启闭体（阀板）由阀杆带动阀座密封面作升降运动的阀门，可接通或截断流体的通道。当阀门部分开启时，在闸板背面产生涡流，易引起闸板的侵蚀和震动，也易损坏阀座密封面，修理困难。闸阀通常适用于不需要经常启闭，而且保持闸板全开或全闭的工况，不适用于作为调节或节流使用。闸阀的形状及结构见图 2-41。

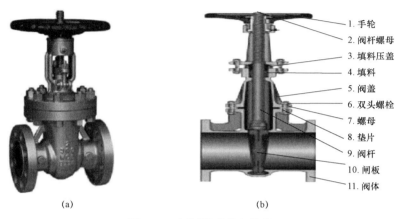

1. 手轮
2. 阀杆螺母
3. 填料压盖
4. 填料
5. 阀盖
6. 双头螺栓
7. 螺母
8. 垫片
9. 阀杆
10. 闸板
11. 阀体

(a)　　　　　(b)

图 2-41　闸阀的形状与结构

闸阀是使用很广的一种阀门，一般口径 DN≥50 mm 的切断装置都选用它，有时口径很小的切断装置也选用闸阀，闸阀有以下优点：

（1）流体阻力小。

（2）开闭所需外力较小。

（3）介质的流向不受限制。

（4）全开时，密封面受工作介质的冲蚀比截止阀小。

（5）体形比较简单，铸造工艺性较好。

闸阀也有不足之处：

（1）外形尺寸和开启高度都较大，安装所需空间较大。

（2）开闭过程中，密封面间有相对摩擦，容易引起擦伤现象。

（3）闸阀一般都有两个密封面，给加工、研磨和维修增加一些困难。

2. 截止阀、节流阀

截止阀和节流阀都是向下闭合式阀门，启闭件（阀瓣）由阀杆带动，沿阀座轴线作升降运动来启闭阀门。

截止阀与节流阀的结构基本相同，只是阀瓣的形状不同：截止阀的阀瓣为盘形在管路中主要作切断用一般公称通径都限制在 DN≤200 mm 以下。节流阀的阀瓣多为圆锥流线型，特别适用于节流，可以改变通道的截面积，用以调节介质的流量与压力。具体形状及结构见图 2-42。

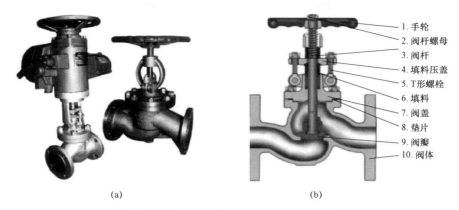

1. 手轮
2. 阀杆螺母
3. 阀杆
4. 填料压盖
5. T 形螺栓
6. 填料
7. 阀盖
8. 垫片
9. 阀瓣
10. 阀体

(a)　　　　　　　　　　　(b)

图 2-42　截止阀、节流阀的形状与结构

3. 球阀

球阀是指关闭件是个球体，通过球体绕阀体中心线作旋转来达到开启、关闭的一种阀门。球阀是由旋塞阀演变而来。它具有相同的启闭动作，不同的是阀芯旋转体不是塞子而是球体。当球旋转 90° 时，在进、出口处应全部呈现球面，从而截断流动。球阀在管路中主要用来做切断、分配和改变介质的流动方向（见图 2-43）。

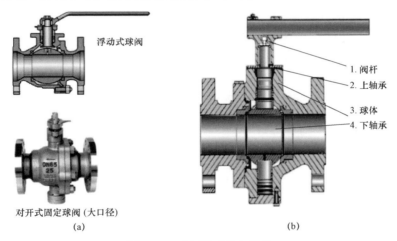

浮动式球阀

1. 阀杆
2. 上轴承
3. 球体
4. 下轴承

对开式固定球阀（大口径）
(a)　　　　　　　　　　　(b)

图 2-43　球阀的形状与结构

球阀是近年来被广泛采用的一种新型阀门，它具有以下优点：

（1）流体阻力小，其阻力系数与同长度的管段相等。

（2）结构简单、体积小、重量轻。

（3）紧密可靠，目前球阀的密封面材料广泛使用塑料。密封性好，在真空系统中也已广泛使用。

（4）操作方便，开闭迅速，从全开到全关只要旋转 90°，便于远距离的控制。

（5）维修方便，球阀结构简单，密封圈一般都是活动的，拆卸更换都比较方便。

（6）在全开或全闭时，球体和阀座的密封面与介质隔离，介质通过时，不会引起阀门密封面的侵蚀。

（7）适用范围广，通径从小到几毫米，大到几米，从高真空至高压力都可应用。球阀已广泛应用于石油、化工、发电、造纸、原子能、航空、火箭等各部门以及人们日常生活中。

4. 蝶阀

蝶板在阀体内绕固定轴旋转的阀门，由阀体、圆盘、阀杆、和手柄组成。它是采用圆盘式启闭件，圆盘式阀瓣固定于阀杆上，阀杆转动转动 90° 即可完成启闭作用。同时在阀瓣开启角度为 20°～75° 时，流量与开启角度成线性关系，有节流的特性。蝶阀广泛用于 2.0 MPa 以下的压力和温度不高于 200 ℃ 各种介质。蝶阀形状结构见图 2-44。

蝶阀作为一种节流阀。有以下优点：

（1）结构简单，外形尺寸小。由于结构紧凑，结构长度短，体积小，重量轻，适用于大口径的阀门。

（2）流体阻力小，全开时，阀座通道有效流通面积较大。

（3）启闭方便迅速，调节性能好，蝶板旋转 90° 既可完成启闭。通过改变蝶板的旋转角度可以分级控制流量。

（4）启闭力矩较小，由于转轴两侧蝶板受介质作用基本相等，而产生转矩的方向相反，因而启闭较省力。

（5）低压密封性能好，密封面材料一般采用橡胶、塑料、故密封性能好。受密封圈材料的限制，蝶阀的使用压力和工作温度范围较小。但硬密封蝶阀的使用压力和工作温度范围，都有了很大的提高。

5. 旋塞阀

旋塞阀在管路中主要用作切断、分配和改变介质流动方向。旋塞阀是历史上最早被人们采用的阀件。由于结构简单，开闭迅速（塞子旋转四分之一圈就能完成开闭动作），操作方便，流体阻力小，至今仍被广泛使用。目前主要用于低压，小口径和介质温度不高的情况下。

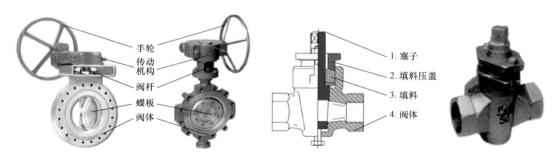

图 2-44　蝶阀的形状结构图　　　　图 2-45　旋塞阀的形状结构

6. 止回阀

止回阀是指依靠介质本身流动而自动打开关闭阀瓣的，用来防止介质倒流的阀门，又称逆止阀、单向阀、逆流阀和背压阀。止回阀属于一种自动阀门，其主要作用是防止介质倒流，防止泵及驱动电机反转，以及容器介质泄放。止回阀还可用于给其中的压力可能升至超过系统压力的辅助系统提供补给的管路上。

止回阀主要可分为旋启式止回阀（依靠重心旋转，图 2-46）与升降式止回阀（沿轴线移动，见图 2-47）。

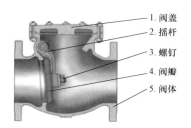

图 2-46　旋启式止回阀

1. 阀盖
2. 摇杆
3. 螺钉
4. 阀瓣
5. 阀体

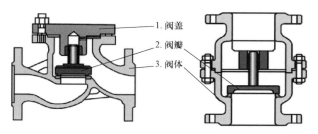

图 2-47　升降式止回阀

1. 阀盖
2. 阀瓣
3. 阀体

还有一种止回阀作为底阀，设置在水泵吸入口，在水泵开启时，防止水倒流（图 2-48）。

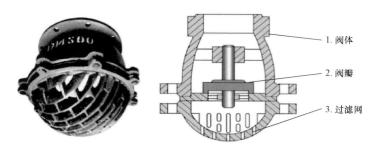

图 2-48　底阀形状结构

1. 阀体
2. 阀瓣
3. 过滤网

7. 减压阀

减压阀是靠膜片、弹簧、活塞等敏感元件改变阀瓣与阀座间的间隙，把进口压力减至需要的出口压力，并依靠介质本身的能量，使出口压力自动保持恒定。

常见的减压阀有弹簧薄膜式（图 2-49）和活塞式两种结构（图 2-50）。

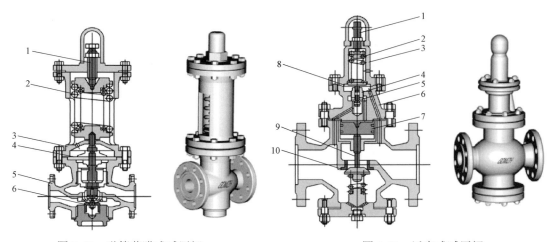

图 2-49　弹簧薄膜式减压阀

1—调节螺钉；2—调节弹簧；3—阀盖；4—薄膜；
5—阀体；6—阀瓣

图 2-50　活塞式减压阀

1—调整螺钉；2—调节弹簧；3—帽盖；4—副阀座；5—副阀瓣；
6—阀盖；7—活塞；8—膜片；9—主阀瓣；10—主阀座

8. 安全阀

安全阀是防止介质压力超过规定数值起安全作用的阀门。

安全阀是自动阀门，它不借助任何外力，利用介质本身的压力来排出一定量的流体，以防止系统内压力超过预定的安全值。在管路中，当介质工作压力超过规定数值时，阀门便自动开启，排放出多余介质；而当工作压力恢复到规定值时，又自动关闭。

安全阀主要由弹簧式（图 2-51）和脉冲式（图 2-52）两种结构。

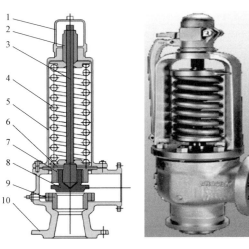

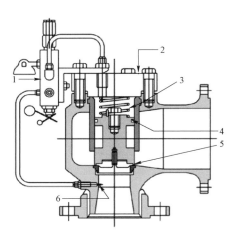

图 2-51　弹簧式安全阀结构图

1—保护罩；2—调整螺杆；3—阀杆；4—弹簧；
5—阀盖；6—导向套；7—阀瓣；8—反冲盘；
9—调节环；10—阀体

图 2-52　脉冲式安全阀结构图

1—导阀；2—主阀；3—圆顶气室；4—活塞密封圈；
5—阀座；6—压力传感嘴

2.5.6.5　电动阀

电动阀就是用电动执行器控制阀门，从而实现阀门的开和关。其可分为上下两部分，上半部分为电动执行器，下半部分为阀门。工作原理是：通过控制器接收信号，与阀位信号进行运算比较，输出相应的开关信号来控制电机的正反转，然后再通过减速器将电机的高转速小转矩的运动转化为低转速大转矩的输出，来驱动执行机构下连接的阀体。同时位移检测机构通过把执行机构输出轴的机械位置转变为反馈信号，用以观察与调节。

电动执行器一般由电机、减速箱、手操机构、机械位置指示机构等一些部件组成（如图 2-53）。与其他阀门驱动装置相比，电动驱动装置具有动力源广泛，操作迅速、方便等特点，并且容易满足各种控制要求。所以，在阀门驱动装置中，电动装置占主导地位。

电动阀按阀芯的动作形式，可分为直行程式和角行程式两大类。

其中，阀杆带动阀芯沿直线运动的电动阀属于直行程类。主要用作输出直线位移，用来推动单座、双座、套筒、三通等调节阀。阀芯按转角运动的电动阀属于角行程类。主要用作输出角位移，用来推动蝶阀、球阀、偏心旋转阀等。角行程阀一般用的都是 90°的行程，因为阀体内的构造决定了它必须走 90°。如球阀、蝶阀等，均是从 0°走到 90°时，相应阀体从全关走到全开。如有特殊要求则可以调节行程的大小，也有 60°的甚至 15°的。

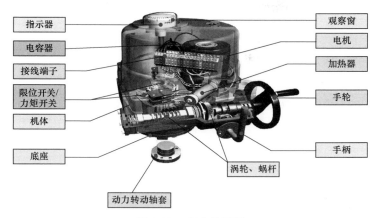

图 2-53　电动执行器

电动阀按其功能，可分为开关阀和调节阀。

其中调节阀又名控制阀，在工业自动化过程控制领域中，通过接受调节控制单元输出的控制信号，借助动力操作去改变介质流量、压力、温度、液位等工艺参数的最终控制元件。它一般通过调整 4～20 mA 的电流信号来控制执行机构中微型电机的工作状态，从而改变阀门开度的，是组成工业自动化系统的重要环节，被称之为生产过程自动化的"手脚"。在生产中，通过电流输出信号来驱动调节阀门的开度，从而改变影响各种工艺介质参数和环境，来控制整个生产过程。

开关阀与调节阀不同，其接收的不是 4～20 mA 信号，而是电压信号。区分电动开关阀和电动调节阀最简单的办法是：看其铭牌，铭牌上的输入信号一项若标注为 4～20 mA 则为调节阀，若标注为 220 V AC 则为开关阀。

2.6　空调系统冷热源设备

在铀浓缩工厂中，最常见的空调系统是集中式全空气系统，空气处理设备都集中布置在专用的空调机房内，各空调房间的冷（热）、湿负荷全部由经过处理的空气来承担。特点是服务面积大，处理空气量多，便于集中管理。

集中式空调系统主要由冷热源设备、空调处理设备、空气输送设备、空气分配设备等组成。从本节开始以下四节对上述设备一一进行介绍，本节主要介绍空调系统的冷热源设备。

传统的空调系统冷源是冷却水、热源是蒸汽，因此冷源设备为水冷冷水机组+水泵+冷却塔，热源设备为燃煤或燃气锅炉。近年来随着热泵技术的发展，具有制冷、制热双重功能的热泵机组越来越多地作为空调系统的冷热源。

传统的水冷冷水机组+水泵+冷却塔的冷源设备上面两节中已经介绍，不再赘述。本节空调系统的冷热源设备重点介绍风冷热泵直膨式机组。

2.6.1　风冷热泵直膨式机组的构造和工作原理

风冷热泵直膨式空调机组的主要构造由压缩机、风冷冷凝器、蒸发器、制冷膨胀阀、制热膨胀阀、四通阀、贮液器、气液分离器、干燥过滤器等。

风冷热泵直膨式机组的工作原理为：由压缩机排出的高温高压制冷剂气体进入冷凝器被冷凝成中温过冷液体，经膨胀阀节流降压变成低温低压的汽液两相混和物进入蒸发器，在其内蒸发并吸收通过蒸发器的空气的热量，使流经蒸发器的空气得以降温，汽化后蒸汽再被压缩机吸入，这样不断循环，从而达到降温目的。制热原理与制冷相同，但此时通过四通换向阀，蒸发器变成了冷凝器吸热（工作原理图见图 2-54），处理合格后的空气通过风机送入各用户。

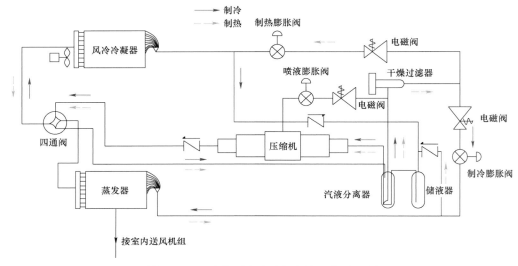

图 2-54　风冷热泵直膨式机组的工作原理图

2.6.2　压缩机

风冷热泵直膨式机组的压缩机常见有螺杆式制冷压缩机和涡旋式制冷压缩机，以下一一介绍。

2.6.2.1　螺杆式制冷压缩机

1. 螺杆式压缩机的结构及工作原理

螺杆式压缩机属于容积式压缩机，结构如图 2-55 所示。它由转子、机体、吸排气端座、滑阀、主轴承、轴封、平衡活塞等主要零件组成。机体内部（气缸）制成∞字型，其中水平配置两个按一定传动比反向旋转的螺旋形转子，一个由凸齿，称阳转子，一个由齿槽，称阴转子。

转子的两端安放在主轴承（滑动轴承）中，径向载荷由滑动轴承承受，轴向载荷大部分由设在阳转子一端的平衡活塞所承受，剩余的载荷由转子另一端的推力轴承承受。

机体气缸的前后端盖上设置有吸排气管和吸排气口，在阳转子伸出端的端盖处，设置有轴封，机体下部设置有排气量调节机构滑阀，还设有向气缸喷油用的喷油孔，该孔一般开在滑阀上。

螺杆式压缩机因阳转子与气缸壁及端盖形成的一对齿槽容积，称为基元容积。基元容积的大小和位置，随转子的旋转而变化。工作原理所图 2-56 所示，当基元容积与吸气口相通时，压缩机开始吸气，直至基元容积达到最大时，吸气终了。随着转子旋转，基元容积与吸气口隔开，又因齿与槽的相互挤入，使基元容积内气体进行压缩。转子继续旋转，在某一特定位置，基元容积与排气口相通时，压缩终了。此刻排气开始，直至排尽。随着转子的不断旋转，上述过程将连续、重复的进行，制冷剂就不断地从螺杆式压缩机的一端连续吸入，从另一端排出。

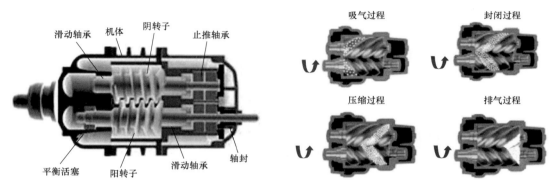

图 2-55　螺杆式制冷压缩机的结构　　　　图 2-56　螺杆式制冷压缩机工作原理

从上述分析可知，阳转子的齿周期性地侵入阴转子的齿槽，而且空间接触线不断向排气端移动，使转子的基元面积缩小而提高气体的压力，从而把低压制冷剂蒸气变为高压蒸气。

螺杆式压缩机需要向气缸内喷油的目的：

（1）带走压缩过程中产生的压缩热，使压缩过程接近等温压缩，降低排气温度，从而防止机器受热变形。

（2）向气缸喷入的润滑油，可使转子之间及转子与气缸之间得到密封，减少内部的泄露。

（3）对螺杆式压缩机的运动部件起润滑作用，提高零部件的寿命，达到长期经济运行。

（4）喷油使螺杆式压缩机的结构简化，降低运行噪声。

2. 螺杆式制冷压缩机的能量调节

螺杆式制冷压缩机的能量调节，通过调节排气量来调节制冷量。螺杆式制冷机组均带有能量调节机构。能量调节一般依靠滑阀来实现，滑阀的结构如图 2-57 所示，它安装在排气一侧的气缸两内圆交点处，并且能沿气缸轴线平行方向来回移动。滑阀靠近转子的一面，与气缸内表面的形状一致。滑阀由活塞带动。油缸中的压力来自压缩机润滑油系统。

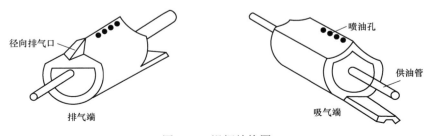

图 2-57　滑阀结构图

当活塞右边进油、左边回油时，它带动滑阀向左移动，打开回气口，从而使排气量减少。当进出油路均被关闭时，油活塞被润滑油锁住，滑阀停在某一排气量工作。

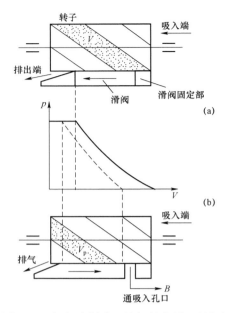

图 2-58 螺杆式制冷压缩机的能量调节机构

螺杆式制冷压缩机的能量调节，主要与转子有效的工作长度有关。图 2-58 为滑阀的移动与能量调节的原理图。全负荷时滑阀前缘与滑阀固定部紧密接触；部分负荷时，滑阀向排出端移动，滑阀与其固定部位将产生与吸气端相通的间隙，使基元容积的实际吸气量减少，此时相当于转子有效的工作长度减小了。滑阀向排出端移动的距离越大，转子的有效工作长度越小，压缩机实际吸气量越少，导致制冷量也越小。由于滑阀可以无极连续移动，所以螺杆式压缩机可在 10%～100%范围内实现无极能量调节。滑阀移动可以通过电动或液动，根据吸气压力或温度的变化达到自动能量调节。

但压缩机运行特性表明，当制冷量在 50%以上时，压缩机功耗与制冷量成正比变化；而当小于 50%时，因摩擦功耗几乎不变，使得单位功耗的制冷量偏小。因此，从经济性考虑，螺杆机宜在 50%以上的负荷情况下运行。

3. 螺杆式制冷压缩机的特点

螺杆式制冷压缩机有如下优点：

（1）结构紧凑、重量轻、易损件少，运行安全可靠，检修周期长，一般运行 30 000～50 000 小时检修一次；

（2）气体没有脉动，运行平稳；

（3）对湿行程不敏感，少量液体湿压缩没有液击的危险；

（4）压缩机排气温度低。螺杆式压缩机的排气温度几乎与吸气温度无关，而主要与喷入的油温有关，其排温可控制在 100 ℃以下；

（5）容积效率较高，可在高压比下工作。单级压缩时，蒸发温度可达–40 ℃。因此除了常温制冷中采用，也适用低温制冷系统。

螺杆式制冷压缩机的缺点是：

（1）单位功率制冷量比离心式少；

（2）油处理设备复杂，要求分离效果很好地油分离器及油冷却器等设备；

（3）噪声比较大，需要专门的隔音措施。

2.6.2.2 涡旋式制冷压缩机

涡旋式制冷压缩机是最近这些年发展起来的新型压缩机，属于回转式压缩机。构造如图 2-59 所示。

涡旋式制冷压缩机主要由固定涡旋盘和旋转涡旋盘组成。当压缩机工作时，来自蒸发器的低压制冷剂蒸气，从固定涡旋盘上的进气口吸入，在固定涡旋盘与旋转涡旋盘所形成的空间中被压缩。被压缩后的高压气态制冷剂，从固定涡旋盘的排气口排出。旋转涡旋盘绕偏心轴公转，如图所示回旋半径为 ε。为了防止旋回的螺旋板自转，设有防自转环。该环上部和下部的突肋，分别嵌在旋转涡旋盘下面和壳体的键槽内。

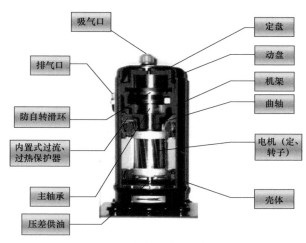

吸气口
定盘
排气口
动盘
机架
防自转滑环
曲轴
内置式过流、过热保护器
电机（定、转子）
主轴承
壳体
压差供油

图 2-59　涡旋式制冷压缩机构造图

涡旋式制冷压缩机的工作原理如图 2-60 所示。旋转涡旋盘的中心位于固定涡旋盘的中心右侧，涡旋盘密封啮合线在左右两侧，此时吸气过程结束，涡旋盘间的四条啮合线形成两个封闭空间（即压缩室），从而开始压缩过程。当旋转涡旋盘顺时针方向公转 90° 时，涡旋盘间的密封啮合线也顺时针移动 90°，处于上下位置，两个密封空间内的气态制冷剂被压缩，同时，涡旋盘外侧进行吸气过程，内侧进行排气过程。当旋转涡旋盘顺时针公转 180°，涡旋盘外、中、内三个部位分别进行吸气、压缩和排气过程。旋转涡旋盘进一步顺时针方向公转 90°，内侧部位的排气过程结束，中间部位的两个封闭空间的气体压缩过程告终，即将进行排气过程；而外侧部位的吸气过程仍在继续。旋转涡旋盘再转动，回到最初位置，这样周而复始。可以看出涡旋式压缩机的工作也分为吸气、压缩、排气三个过程，但是在两个涡旋盘所组成的空间不同，进行着不同的过程，外侧空间与吸气口相通，始终进行着吸气过程；中心部位与排气口相通，始终进行排气过程。上述两空间之间的两个半月牙形封闭空间内，则一直在进行压缩过程。因此，涡旋式制冷压缩机基本上连续进气和排气，转矩均衡、振动小并有利于电动机在高效率点工作，而且封闭啮合线两侧的压力差较小，仅有进排气压力差的一部分[6]。

作为一种回转机械，与往复机械比较，涡旋式压缩机具有如下优点：

（1）结构简单，体积小，重量轻，易损件少，可靠性高；

（2）无余隙气体膨胀，吸气过热很小，泄漏小（相邻容积之间压差小），容积效率高；

（3）无气阀，流动损失小；动盘运转速度低，整个机器摩擦损失相对较小，机械效率高。

（4）多个工作腔同时工作，转矩均匀，运转平稳。

（5）吸排气过程连续，进排气的压力脉动小，故振动小，噪声低。

（6）吸气过程主轴转角可到达 360°，理论上涡旋压缩机的容积（进气）系数可大到

100%。排气过程主轴转角为360°，这也是其他回转压缩机无法比拟的。因此，排气比较均匀，阻力损失相对较小。

涡旋式压缩机的缺点是：

（1）对零部件的精度要求很高工作腔无法实施外冷却；

（2）受涡旋体高度的限制，流量大时涡盘直径必须增大，要求更大的平衡重；

（3）受工作腔密封与零部件强度的限制，排气压力不宜过高。

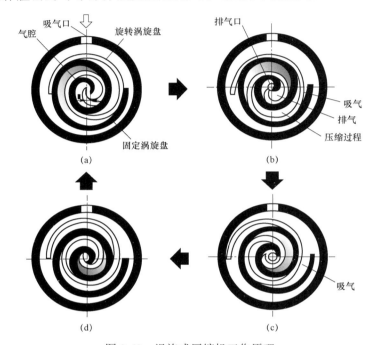

图 2-60　涡旋式压缩机工作原理

2.6.3　风冷冷凝器

风冷冷凝器又称为空气冷却式冷凝器，在这种冷凝器中，制冷剂冷却凝结放出的热量被空气带走。

空气冷却式冷凝器多为蛇管式，制冷剂蒸气在管内冷凝，空气在管外流过。根据空气流动的方式，分为自然对流式和强迫对流式两种形式。

自然对流空气冷却式冷凝器依靠空气受热后产生的自然对流，将制冷剂冷凝放出的热量带走，冷凝器多为铜管或表面镀铜的钢管，管外外径一般为 5～8 mm。这种冷凝器的传热系数很小，约为 5～10 W/（$m^2 \cdot K$），主要用于家用冰箱和微型制冷机组。

图 2-61 为强迫对流空气冷却式冷凝器的结构图，它是有几组蛇形盘管组成。在盘管外加肋片，以增大

图 2-61　强迫对流空气冷却式冷凝器

空气侧传热面积，同时采用风机加速空气的流动。氟利昂蒸气从上部的分配集管进入每根蛇管中，凝结成液体沿蛇管流下，汇于液体集管中，然后流出冷凝器，空气在风机的作用下从管外流过。

这种冷凝器的传热系数不高，当迎面风速为 2～3 m/s 时，按全部外表面计算的传热系数为 24～29 W/（m² · K）。

空气冷却式冷凝器的最大优点是不需要冷却水，目前铀浓缩工厂中运行的风冷热泵直膨式空调机组的冷凝器即为强迫对流空气冷却式冷凝器。

2.6.4　蒸发器

风冷热泵直膨式机组的蒸发器是以制冷剂在管内蒸发直接冷却空气的，制冷剂在管内蒸发，管外空气自然对流，主要形式是冷却排管。冷却排管多用铜管，传热系数很小，通常光管管组的传热系数约为 6～12 W/（m² · K），肋片管组约为 3.5～6 W/（m² · K）[7]。

冷凝器与蒸发器的传热分析具体可见上节，不再赘述。

2.6.5　膨胀阀

风冷热泵直膨式机组的节流结构是毛细管（如图 2-62），毛细管是一种最简单的节流机构，它是一种管径很细的空心管，它利用细管的流动阻力起节流降压作用。

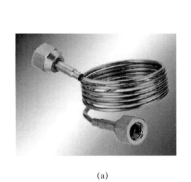
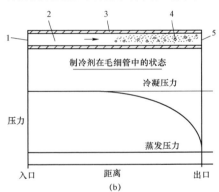

图 2-62　毛细管工作原理图
（a）毛细管外观；（b）毛细管的节流原理
1—冷凝器出口；2—液态；3—毛细管；4—液态+气态；5—蒸发器入口

毛细管通常为内径 0.5～2.5 mm 的紫铜管，一般长度为 0.6～6.0 m。只要毛细管的管径和长度选择适当，就可使冷凝器和蒸发器之间产生需要的压力差，并使制冷系统获得所需的制冷剂流量。

优点：结构简单、制造方便、价格便宜和不易发生故障等，而且压缩机停机后，冷凝器和蒸发器的压力可以自动达到平衡，减轻了再次启动电动机时的负荷。

缺点：调节性能差，当蒸发器的负荷变化时，不能很好地适应。

2.6.6　四通换向阀

四通换向阀主要由四通气动换向阀（主阀）、电磁换向阀（控制阀）及毛细管组成。

主阀内由滑块、活塞组成活动阀芯。主阀阀体两端有通孔，可使两端的毛细管与阀体内空间相连通。滑块两端分别固定有活塞，活塞两边的空间可通过活塞上的排气孔相通。控制阀由阀体和电磁线圈组成。阀体内有针型阀芯。主阀与控制阀之间有三根（或四根）毛细管相连，形成四通换向阀的整体（如下图 2-63 所示）。

图 2-63　四通换向阀结构图

四通换向阀的工作原理图如下：主阀的管口（4）连接于压缩机高压排气口，管口（2）连接于压缩机低压吸气口。（1）、（3）两个管口分别连接蒸发器的出气口和冷凝器的进气口。按图所示，（3）接冷凝器进气口，（1）接蒸发器出气口。

空调处在制冷状态时，四通阀不通电，四通阀处于 AD 连通，BC 连通的状态，制冷剂通过压缩机压缩转变为高温高压的气体，通过四通阀的 A 口，由 D 口排出，进入室外热交换器（冷凝器），在冷凝器吸冷放热后变成中温高压的液体，经膨胀阀后，变成低温低压的液体，经过室内热交换器（蒸发器）吸热放冷作用后，变成低温低压的气体，经过四通阀 B 口，由 C 口回到压缩机，然后继续循环〔图 2-64（a）〕。

空调处在制热状态时，四通阀通电，活塞向右移动，使 AB 连通，CD 连通，制冷剂通过压缩机压缩转变为高温高压的气体，通过四通阀的 A 口，由 B 口排出，进入室内热交换器（冷凝器），在冷凝器吸冷放热后变成中温高压的液体，经膨胀阀后变成低温低压的液体，经过室外热交换器（蒸发器）吸热放冷作用后，变成低温低压的气体，经过四通阀 D 口，由 C 口回到压缩机，然后继续循环〔如图 2-64（b）〕。

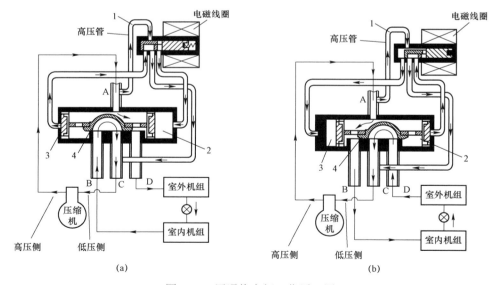

图 2-64　四通换向阀工作原理图

其余辅助设备如贮液器、气液分离器、油分离器、干燥过滤器等与水冷离心式冷水机组相同，不再详述。

2.7　空调系统空气处理设备

在空气调节系统中，为了满足空调房间对送风状态的要求而对空气进行净化和热、湿处理的设备称为空气处理设备。常用的空气处理设备有空气过滤器、空气加热器、空气冷却器以及空气加湿和除湿设备。

2.7.1　空气过滤器

对空气进行净化处理的设备，称为空气过滤器。空气过滤器大都采用过滤的方法除去由室外新风、室内回风以及人或工件设备带入室内的灰尘，使空气的洁净度达到规定的要求。

2.7.1.1　室内空气的净化标准

根据空调房间对洁净度的不同要求，空气的净化标准分为：

（1）一般净化。对于以温、湿度要求为主的空调系统来说，通常对净化不提具体要求，一般只需采用初效过滤器一次滤尘即可。

（2）中等净化。对室内空气含尘量有一定指标要求，通常用质量浓度表示。一般规定室内含尘浓度为 $0.15 \sim 0.25 \ \mathrm{mg/m^3}$，并规定应滤掉 $\geq 10 \ \mu m$ 的尘粒。这类净化一般除采用粗效过滤器外，还应采用中效过滤器。

（3）超净净化。这类空调系统净化要求甚高，一般须经过初效、中效、高效三级过滤器滤尘，室内空气的含尘浓度均以颗粒计数浓度表示。不同超净净化的级别标准如表 2-5 所示。

表 2-5　空气洁净度等级

等级	1 m³（1 L）空气中≥0.5 μm 尘粒数	1 m³（1 L）空气中≥5 μm 尘粒数
100 级	≤35×100（3.5）	
1 000 级	≤35×1 000（35）	≤250（0.25）
10 000 级	≤35×10 000（350）	≤2 500（2.5）
100 000 级	≤35×100 000（3 500）	≤2 500（25）

2.7.1.2　空气过滤器过滤原理

1. 惯性效应

较大的灰尘粒子在气流中做惯性运动，因惯性来不及绕过而直接撞到纤维上。气流速度越高，灰尘粒径越大，纤维越细，纤维数量越多，灰尘因惯性力撞击纤维的可能性越大 [如图 2-65（a）]。

2. 拦截效应

小而轻的灰尘随气流运动，当气流擦到纤维表面的灰尘被拦截下来。拦截效应与气流速度无关。灰尘粒径越大，纤维越细，纤维越密，拦截效应越强。为了获得好的拦截效应，必须增加滤料中的纤维数量 [如图 2-65（b）]。

3. 扩散效应

小于 1 μm 的灰尘因受空气分子的撞击，通常做无规则扩散运动，也称"布朗运动"。如果撞到纤维上就会被捕获。灰尘粒径越小，纤维越细，气流速度越小，扩散运动就越剧烈，灰尘撞击纤维的机会越多［如图 2-65（c）］。

4. 筛滤效应

灰尘的直径如果大于纤维之间的间隙，就会被拦住，要使空气过滤器对小灰尘粒子过滤效果好，其过滤材料中必须含有数量足够多的细纤维［如图 2-65（d）］。

5. 静电效应

过滤器纤维和空气尘粒由于多种原因可能带上静电，尘粒会吸引到纤维上。纤维很粗的化纤过滤器往往因自带静电而有较高的初始效率，但在实际使用中过滤效果骤减［如图 2-65（e）］。

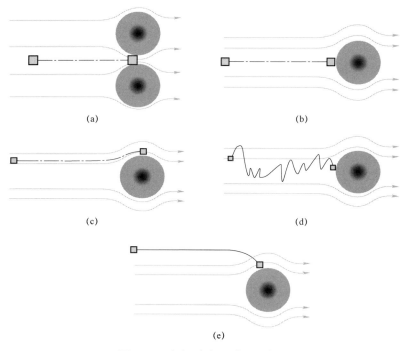

图 2-65　空气过滤器原理示意图

随着捕集的灰尘越来越多，滤层的过滤效率也随之下降，阻力也随之增大；当达到一定的阻力值或效率降到某值时，过滤器就需及时更换，以保证高洁净度的要求。

2.7.1.3　常用的空气过滤器

目前空调工程中使用的过滤器，主要有金属网格浸油过滤器、干式纤维过滤器和静电过滤器三种。它们的滤尘机理不完全相同，其过滤作用如下所述。

1. 金属网格浸油过滤器

金属网格浸油过滤器是由十几层波形金属网格叠置而成的，金属网格的波纹互相垂直，沿气流运动方向网格孔径逐渐缩小。金属网格浸油过滤器使用前要浸油（用 10#或 20#

机油），当含尘空气流过波形网格结构时，由于气流经多次曲折运动，因而灰尘在惯性作用下，偏离气流运动方向而碰到粘性物质（油）上被粘住。使用到一定时间后，可用含碱10%的 60～70 ℃热水清洗，晾干后再浸油，可继续使用。

自动清洗油过滤器虽然清洗、浸油方便，但也有过滤效率低、空气带油雾及价格较贵等缺点，因此也只能满足一般净化要求。

2. 干式纤维过滤器

目前，在铀浓缩工厂空调系统使用最多的过滤器是干式纤维过滤器。干式纤维过滤器的滤料有玻璃纤维、合成纤维、石棉纤维以及由这些纤维制成的滤纸或滤布等。干式纤维过滤器的结构有两种，一种是外形和结构均与金属网格浸油过滤器类似，只是内部填装的不是金属网而是纤维滤料。另一种呈袋式结构，如图 2-66 所示，它是由金属框架和纤维滤袋组成的若干个过滤器单体组成的。

纤维过滤器的滤尘机理比较复杂。含尘空气通过过滤层时，因筛滤作用以及尘粒运动时的惯性作用、扩散作用和静电作用等因素而被阻留下来。

与纤维过滤器的滤尘机理相似的过滤器还有泡沫塑料过滤器、无纺布过滤器等，其外形结构如图 2-67、图 2-68 所示。

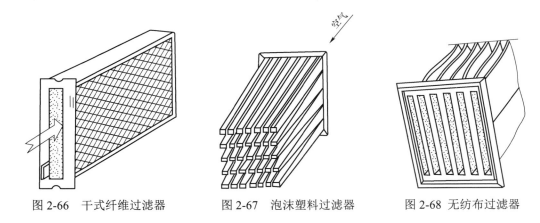

图 2-66　干式纤维过滤器　　　图 2-67　泡沫塑料过滤器　　　图 2-68　无纺布过滤器

3. 静电过滤器

静电过滤器的滤尘原理，是在高压直流电场中，空气首先被电离，并使悬浮于其中的尘粒带上电荷，然后在电场的作用下，带电的尘粒就向与其电荷相反的电极价移动，并沉积在该电极上。

静电过滤器的主要特点是过滤效率高，空气阻力小，耗电量低。但是，由于静电过滤器极间需要通过直流电，且电压较高、需要专门的变压和整流设备，价格较贵。因此静电过滤器主要用于回收贵重灰尘和有超净要求的地方，一般空调系统中用得不多。

2.7.1.4　空气过滤器的分类

按照过滤器的过滤效率不同，空气过滤器可分为初效过滤器、中效过滤器和高效过滤器（含亚高效过滤器）三类。

（1）初效过滤器。主要用于过滤 10～100 μm 的灰尘。一般采用金属网格浸油过滤器、自动清洗油过滤器以及粗、中孔泡沫塑料和无纺布过滤器。

（2）中效过滤器。主要用于过滤 $1\sim10\ \mu m$ 的灰尘。一般采用玻璃纤维过滤器、无纺布过滤器（滤料直径约 $10\ \mu m$ 左右）和中、细孔泡沫塑料过滤器

（3）高效过滤器（含亚高效过滤器）。主要用于过滤小颗粒灰尘，常采用超细玻璃纤维、超细石棉纤维或合成纤维滤纸（滤料纤维直径一般小于 $1\ \mu m$）多次折叠而组成的过滤器以及采用静电过滤器。

2.7.1.5　空气过滤器的安装位置

在进行空气调节系统设计时，要注意过滤器的安装位置是否合适。一般初效过滤器应安装在空气处理室的新风口后面、预热器之前，以防预热器上积尘太多而降低传热效率。如果空调系统的回风也要过滤的话，则初效过滤器应装在新风与回风混合室的后面。中效过滤器应设置在送风机之前，系统的正压段，使经过中效过滤器的洁净空气不再被处理室外面的空气污染。高效过滤器的安装位置则应尽量靠近洁净室的送风口，这样才能保证过滤以后的空气没有再被灰尘污染的可能。中效过滤器之前，必须设置初效过滤器；高效过滤器之前必须设置初效、中效二级过滤器。

2.7.2　空气加热器

对空气进行加热处理的设备,称为空气加热器。空调工程中常用的空气加热器有两种，一种是表面式空气加热器，另一种是电加热器。

2.7.2.1　表面式空气加热器

表面式空气加热器以热水或蒸汽为热媒，分为光管式和肋管式两大类。肋管式空气加热器是空调工程中最常见的一种加热器，它主要由肋管、联箱以及护板组成。热媒进入联箱后，均匀地流过肋管，然后汇集入另一联箱流出。空气则在肋管外侧流过，同时与热媒进行热量交换。根据处理空气的要求不同，可选用不同的肋管排数。

2.7.2.2　电加热器

电加热器是让电流通过电阻丝发热来加热空气的设备，有裸线式和管式两种。

裸线式电加热器是由绕成螺旋形的裸电阻丝构成的，电阻丝直接暴露在风道中，流过电阻丝的空气被灼热的电阻丝加热。在定型产品中，常把这种电加热器做成抽屉式，以使安装、检修更为方便。

裸线式电加热器结构简单，热惰性小，但安全性差，在使用中会发生电阻丝断落并有引起火灾的可能。所以安装时应有可靠的接地装置，并应与通风机连锁运行。

管式电加热器由管状电热元件组成。这种电热元件是将螺旋状电阻丝装在特制的金属套管中，中间填充结晶氧化镁做绝缘材料，管式电加热器加热均匀，热量稳定，寿命较长，而且比较安全。它的缺点是热惰性大，结构复杂。

电加热器同样可以实现对空气的等湿加热过程。由于其具有供热量稳定、效率高、体积小、反应灵敏、控制方便等优点，因此在小型空调系统和小型空调装置中应用较为广泛。对于温、湿度控制精度要求较高的大型空调系统，常将电加热器设置在每个空调房间的送风支管上，作为末端调节装置，灵敏而准确地控制各空调房间的温、湿度。

2.7.3　空气冷却器

对空气进行冷却处理的设备，称为空气冷却器。空调工程中常用的空气冷却器有表面式空气冷却器、喷水室和直接蒸发式空气冷却器三种。

2.7.3.1　表面式空气冷却器

表面式空气冷却器简称表冷器，其结构与表面式空气加热器一样，也由肋管组成，只是在管中流通的不是热水或蒸汽，而是由制冷设备提供的冷媒水而已。当空气在肋管外流过的时候，与肋管内的冷媒水进行热量交换。此时，如果表冷器表面温度低于空气的干球温度，而等于或高于空气的露点温度时，可以实现对空气的等湿冷却过程。如果表冷器表面温度低于空气的露点温度时，空气中的水蒸气将被凝结出来，同时实现对空气的降温减湿处理过程。

与空气加热器一样，表面式空气冷却器可以垂直安装，也可以水平安装。值得注意的是，以蒸汽为热媒的空气加热器水平安装时应有 1/100 的坡度，以利冷凝水排出；而表冷器垂直安装时，应使肋片垂直，以利空气中的冷凝水从肋片上顺利排出。

表冷器与空气加热器一样，可以单独使用，也可以按气流流动方向并联或串联使用。一般说来，当处理空气量大时，宜采用并联；当要求空气温升（或温降）大时，宜采用串联。不过，并联的表冷器，冷水管路也应并联；串联的表冷器，冷水管路也应串联。而以蒸汽为热媒的空气加热器，其蒸汽管路与各台换热器之间只能用并联，不能串联。为了提高表冷器的冷却能力，冷媒水应与空气呈逆向流动，如图 2-69 所示。

在表冷器的下部应设滴水盘和泄水管。当表冷器并联叠装时，应在上、下层表冷器之间设置中间滴水盘和泄水管，以便能及时排走上层表冷器上的凝结水。为了保证表冷器的正常工作，在联接管路或表冷器的最高点应设置排气阀，而在最低点设置泄水和排污阀。

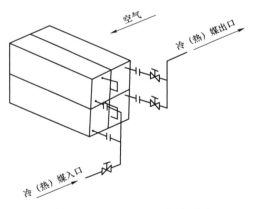

图 2-69　表面式换热器管路联结

2.7.3.2　喷水室

喷水室又称淋水室，是空调工程中主要的空气处理设备之一。

喷水室由喷咀、喷咀排管、挡水板、底池与管路系统及喷水室外壳等组成。

被处理的空气以一定的速度经前挡水板进入喷水空间。在那里，空气与喷咀喷射出来的雾状水滴直接接触，由于水滴与空气的温度不同。它们之间进行着复杂的热湿交换过程。由喷水空间出来的空气，经后挡水板分离出所携带的水滴后，再经其他处理，最后被通风机送入空调房间。喷咀安装在专门的排管上，喷水室通常设置 1～3 排喷咀排管。喷水方向根据与空气流动方向的相对状况分为顺喷、逆喷和对喷 3 种。

由喷咀喷射出来的水滴与空气进行热湿交换后，在重力的作用下落入底池。落入底池的水一部分经溢水管返回到制冷系统的蒸发水箱，另一部分则经滤水器流至三通混合阀，与从蒸发器水箱来的冷媒水混合后，再经喷咀喷出。为了维护底池水位恒定，底池需设置补水管，并由浮球阀门自动补水。此外，底池底部还需设置泄水管，以便检修清洗时泄水之用。

　　为了便于检修和观察，在喷水室侧壁上还装有可以进入的密闭检查门，并在喷水室的上部装有防水照明灯。

　　喷水室有卧式和立式之分。被处理空气沿水平方向流动的，称为卧式喷水室，如图 2-70（a）所示；若空气沿垂直方向流动，则称为立式喷水室，如图 2-70（b）所示。卧式喷水室的最大特点是处理空气量大；立式喷水室的特点是占地面积小，被处理空气与水逆向流动，换热效果好，因而常用于小型空调系统之中。

　　在上面介绍的喷水室中，空气与喷淋水只进行一次热湿交换，称为单级喷水室。如果被处理空气在喷水室里与不同温度的喷淋水连续进行两次热湿交换，则称为双级喷水室，如图 2-71 所示。

　　双级喷水室能够使水重复使用，从而加大了水的温升，节省了水量，同时可使空气得到较大的焓降，因此适合于应用天然冷源以及要求处理空气焓降较大的场合。

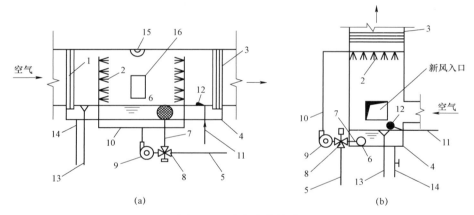

图 2-70　喷水室的构造

（a）卧式；（b）立式

1—前挡水板；2—喷咀与排管；3—后挡水板；4—底池；5—冷水管；6—滤水器；
7—循环管；8—三通混合阀；9—水泵；10—供水管；11—补水管；12—浮球阀；
13—溢水管；14—泄水管；15—防水灯；16—检查门

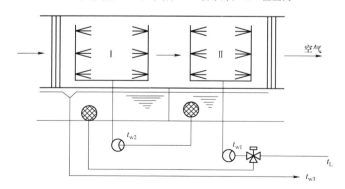

图 2-71　双级喷水室原理图

喷水室与表冷器相比较,能实现多种空气处理过程,并且对空气具有一定的净化能力,在结构上易于现场加工制造,且金属耗量少,因而在空调工程中得以广泛使用。但它却存在着对水质卫生要求较高、占地面积大、水系统复杂、运行费用较高等缺点。

以制冷剂为冷媒的表面式空气冷却器,称为直接蒸发式空气冷却器,直接蒸发式空气冷却器,实际上就是制冷态制冷剂循环中的蒸发器,其功能与水冷式表冷器一样。当空气从蒸发器排管之间穿过的时候,与直接蒸发式空气冷却器蒸发器排管内的制冷剂液体发生热量交换,制冷剂液体因吸收了空气的热量而蒸发为制冷剂蒸气,空气则因失去热量而温度下降。

2.7.4　空气加湿和除湿设备

表面式空气冷却器可以对空气进行除湿处理,喷水室可以对空气进行加湿和除湿处理,但它们都有一定的局限性和不同的适用范围。下面介绍用于空气加湿和除湿的其他一些方法。

2.7.4.1　空气加湿设备

通常用来对空气加湿的设备很多,除喷水室外,还有蒸汽喷管加湿器及电加湿器等。蒸汽喷管加湿器和电加湿器都属于蒸汽加湿设备,在使用表面式换热器作为冷、热交换设备的空调系统中,可以采用蒸汽加湿设备直接向空气中喷进蒸汽来实现空气的加湿。

在这种加湿过程中,空气的显热变化甚少,温度只有少量变化,所以可以近似地看成等温加湿过程。

1. 蒸汽喷管加湿器

蒸汽喷管加湿器是最简单的蒸汽加湿装置。在长度不超过 1 m 的管道上,按照需要开出一定数目孔径为 2～3 mm 的小孔,使自锅炉房引来的蒸汽从小孔中喷出,与流过喷管外面的空气相混合,从而达到加湿空气的目的。这种喷管构造简单,容易加工,但喷出的水雾中常夹带冷凝水滴,影响加湿效果。

为了避免蒸汽喷管内产生冷凝水滴,现在广泛采用一种叫做“干式蒸汽加湿器”的设备,它由一个蒸汽喷管和设在喷管外的蒸汽保温外套以及干燥蒸汽用的筒体组成。蒸汽首先进入喷管外套,加热喷管外壁,再导流板进、加湿器筒体,产生的冷凝水由此可以分离出去。然后,蒸汽通过导流箱、导流管而进入加湿器内筒。在这个过程中,由于夹带的冷凝水再次蒸发,便得到了供给喷管的干燥蒸汽。

2. 电加湿器

电加湿器是直接用电能产生蒸汽,就地混入空气中去的加湿设备。根据工作原理不同,电加湿器又分为电热式和电极式两种。

电热式加湿器是用管状电热元件置于水中做成的,电热元件通电之后,便能将水加热而产生蒸汽。为了防止发生断水空烧现象,补水靠浮球阀控制。

电极式加湿器是利用 3 根铜棒或不锈钢棒插入盛水的容器中做电极,将电极与三相电源接通之后,就有电流从水中通过。在这里,水是电阻,因而能被加热蒸发成蒸汽。由于水位越高,导电面积越大,通过电流也越强,因而发生热量也越大,所以,产生的蒸汽量多少可以用水位来控制，而水位的高低可以用改变溢水管高度的方法来调节。

电极式加湿器结构紧凑，加湿量容易控制，所以应用较为广泛。但由于它具有耗电量较大、电极上易积水垢和易腐蚀等缺点，因此，宜用于小型空调系统中。

3. 局部补充加湿设备

局部补充加湿常用于余热量较大、余湿量较小，而室内又要求保持较高相对湿度的地方。这是直接向房间里喷水雾，使水雾又很快地蒸发成水蒸气的一种加湿方法。为了进行局部补充加湿，可以采用压缩空气喷雾装置或电动喷雾机等。

2.7.4.2 空气除湿设备

空气的除湿方法也很多，但概括起来可以分为 4 种，即加热通风法除湿、冷却除湿、液体吸湿剂吸收除湿和固体吸湿剂吸附除湿。

1. 加热通风法除湿

如果室外空气含湿量低于室内空气的含湿量，则可以将经过加热，使其相对含湿量降低了的空气送入室内，同时从室内排除同样数量的潮湿空气，从而达到减湿的目的。这种方法的特点是设备简单、投资少、运行费用低，但受自然条件的限制，不能确保室内除湿效果，因而多用于人工隧洞、地道及室内存在散湿源的场合。

2. 冷却除湿

除了使用制冷设备供给的冷媒水供喷水室或表冷器来冷却干燥空气之外，空调工程中常常使用一种专门的冷却除湿设备——冷冻减湿机来进行空气的除湿处理。

冷冻减湿机又称除湿机或降湿机，是由制冷系统和风机等组成的，其工作原理和一般制冷机一样。需要减湿的空气首先流经制冷系统的蒸发器，由于蒸发器表面温度低于空气的露点温度，因此空气被冷却减湿，其含湿量降低，但相对湿度却有所提高，然后再流经冷凝器，由于冷凝器里是来自压缩机的高温气态制冷剂，因此空气又被等湿加热，相对湿度得以减小，但温度和焓值却都比空气初状态有所提高。所以，空气经过这类减湿设备处理后，含湿量和相对湿度是下降了，达到了减湿的目的，但温度和焓值却都提高了。由此可见，这类除湿设备只适合于既要除湿又需加热的地方，如地下建筑物。对于室内余湿量大、余热量也大的地方，则满足不了空调房间温、湿度的要求。

3. 液体吸湿剂吸收除湿

某些盐类的水溶液中，由于混有盐类分子，使水分子的浓度降低，盐水表面饱和空气层中的水蒸气分子数也相应减少，因此，盐水表面饱和空气层中的水蒸气分压力将低于同温度下水表面饱和空气层中的水蒸气分压力。所以当空气中水蒸气分压力大于盐水表面水蒸气分压力时，空气中的水蒸气分子将向盐水转移，或者说被盐水吸收，这就是盐水溶液的吸湿原理。这类盐水溶液又称为液体吸湿剂。

液体吸湿剂是用盐水喷淋空气来实现的。盐水溶液吸收了空气中的水分后，其浓度逐渐降低，吸湿能力也逐渐下降。因此，在温度一定时，盐水溶液浓度愈高，其表面水蒸气分压力愈低，吸湿能力也就愈强。所以，为了重复使用稀释了的盐水溶液，需要将其再生处理，除去其中的部分水分，提高溶液的浓度。

在空气调节工程中，目前使用的液体吸湿剂有氯化钙（$CaCl_2$）、氯化锂（$LiCl$）和三甘醇（$C_6H_{14}O_4$）等。其中氯化钙溶液对金属有较强的腐蚀作用，但因其价格便宜，所以有时也采用。氯化锂溶液虽然对金属也有一定的腐蚀作用,但因其吸湿性能较好,所以在国外用得较多。三甘醇的主要优点是没有腐蚀性,而且吸湿能力较强,因而有一定发展前途。

4. 固体吸湿剂吸附除湿

固体吸湿剂的吸湿原理,对不同的吸湿材料来说并不相同。有一类固体吸湿材料如硅胶和活性炭等,它们本身具有大量的微小孔隙,形成大量的吸附表面,而且这些表面上的水蒸气分压力比周围空气中水蒸气分压力低很多,因此就能够从空气中吸附水分。这类材料的吸湿过程是纯物理作用。另一类固体吸湿材料如氯化钙、氢氧化钠等,其表面水蒸气分压力也比空气的水蒸气分压力低很多,所以也能吸收空气中的水分,但是它们吸收水分后,本身变成了含有更多结晶水的水,如果继续吸收水分,它们还会由固态变成液态,而使吸湿能力降低。这类材料的吸湿过程是物理化学作用。

在空调工程中,常用的固体吸湿剂是硅胶和氯化钙。

硅胶是一种无毒、无臭、无腐蚀性的多孔晶体物质,不溶于水,但溶于苛性钠溶液。目前国产的硅胶有粗孔、细孔、原色、变色之分。粗孔硅胶吸湿时间短,易饱和;细孔硅胶使用时间较长,因而应用广泛。原色硅胶在吸湿过程中不变色;而变色硅胶原为蓝色,吸湿后能变为红色。硅胶失去吸湿能力后需要再生,再生的方法是用 150～180 ℃的热风加热,将硅胶吸附的水分蒸发出去。再生后的硅胶仍能重复使用,但吸湿能力有所下降,所以应及时补充或更换新硅胶。

氯化钙是白色多孔结晶体物质,略有苦咸味,吸湿能力较强,吸湿后潮解,最后变为氯化钙水溶液。氯化钙对金属有强烈的腐蚀作用,使用起来不如硅胶方便,但它价格便宜,也能再生还原后重复使用,所以应用也比较广泛。

固体吸湿剂的吸湿方法分静态和动态两种。静态吸湿是让潮湿空气呈自然状态与吸湿剂接触;而动态吸湿则是在风机的强制作用下,使潮湿空气通过吸湿材料层达到减湿目的。当然,在同样的条件下,动态吸湿速度比静态大得多。

硅胶吸湿常用于静态方法。这种吸湿方法简单,吸湿速度慢,所以常用于局部空调,如仪器箱、密闭工作箱内。可将硅胶平铺在玻璃器皿内或置于纱布口袋中,一般 1 m³ 空间放 1～1.2 kg 硅胶就可使密闭箱内空气的相对湿度由 60%降至 20%左右。

氯化钙既可用于静态吸湿,也可用于动态吸湿,这种装置可直接放在需要除湿的房间内室内潮湿空气在风机的作用下,由进风口进入吸湿装置,通过吸湿材料层后,变成干燥空气再回到房间。

氯化锂转轮除湿机利用一种特制的吸湿纸来吸收空气中的水分。吸湿纸是以玻璃纤维滤纸为载体,将氯化锂等吸湿剂和保护加强剂等液体均匀地吸附在滤纸上烘干而成。存在于吸湿纸内的氯化锂等晶体吸收水分后生成结晶水而不变成盐水溶液。常温时吸湿纸上水蒸气分压力比空气中水蒸气分压力低,所以能够从空气中吸收水蒸气;而高温时吸湿纸上水蒸气分压力高于空气的水蒸气分压力,因此又可将吸收的水蒸气放出来。如此反复循环使用便可达到连续除湿的目的[8]。

2.8　空调系统空气输送设备

空气的输送设备指的是输送空气的动力装置——通风机、送回风管道及风量调节阀等，它是空调风系统的重要组成部分。

2.8.1　通风机

空调系统中常用的通风机，按照工作原理不同分为离心式、轴流式和贯流式 3 种。贯流式风机主要用于空气幕、壁挂式风机盘管机组和分体式房间空调器的室内机等。铀浓缩工厂中大量使用的是离心式通风机和轴流式通风机，其中离心式风机主要用于组合式空调机组，轴流式风机多用于排风机。

按照制造风机的材质不同可分为钢制通风机、铝制通风机、玻璃钢通风机和塑料通风机。有防爆要求的场合必须采用铝制通风机，目前大量使用的是钢制通风机，在屋顶排风机中也有用到玻璃钢材质的。塑料通风机适宜输送有腐蚀性气体的场合。

2.8.1.1　离心式通风机

1. 离心式通风机的结构和工作原理

离心式通风机的主要结构如图 2-72 所示，它主要由叶轮、机壳、进风口、风机轴、出风口和电动机等组成。叶轮上装有一定数量的叶片，根据气流出口角度的不同，叶轮有叶片向前弯的、向后弯的和径向几种形式。装在机壳内的叶轮被固定在由电动机驱动的风机轴上，机壳为一个对数螺旋线形的蜗壳。

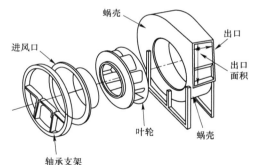

图 2-72　离心式通风机外观及结构图

当叶轮旋转时，空气由进气口被吸入，先为轴向运动，然后折转 90° 流经叶轮叶片构成的流道，变为垂直于风机轴的径向运动。在离心力的作用下，空气不断地流向叶片，叶片将外力传递给空气而作功，空气因而获得压能和动能。获得能量后的空气，沿着蜗壳的流道从风机出风口排出，而在叶轮的进风口一侧则形成负压。外部空气在大气压力作用下立即补入。由于叶轮不停地旋转，空气便不断地排出和吸入，从而达到了离心风机连续不断输送空气的目的。蜗壳的作用是收集被叶轮甩出的空气，并有效地导向出风口，同时还要最大限度地提高风机的静压，故而采用面积渐扩的对数螺旋线形。

离心式风机有单侧进风和双侧进风之分，用于各类空调机组的风机大多采用双侧进风。

2．离心式通风机的传动方式

离心式通风机的传动方式有 6 种，在轴浓缩工厂中主要由皮带传动，其中一种皮带传动，叶轮悬臂，皮带轮在两轴承之间；另外一种皮带传动，叶轮在两轴承中间，皮带轮悬臂传动。

3．出风口位置

离心式风机的旋转方向，分左旋和右旋两种型式。从主轴槽轮或电动机位置看叶轮的旋转方向，顺时针方向转动的为右旋风机，逆时针方向转动的为左旋风机。

4．通风机的性能参数

通风机的性能参数主要有风量、风压、功率、效率和转速。这些参数在厂家提供的风机铭牌上均可查到。

（1）风量。单位时间内流过风机进口处的空气体积流量，也就是风机输送出的空气量，用符号 L 表示，它的单位是 m^3/s 或 m^3/h。

（2）风压。空气通过风机叶轮所获得能量，表现为风机全压的升高。具体地说，是指风机出口截面上空气全压与进口截面上空气全压之差（或者风机出口截面上空气全压与进口截面上空气全压的绝对值之和）。用符号 P 表示，单位为 Pa。

（3）功率。风机在单位时间内传给空气的能量，称为风机的有效功率，用符号 N_y 表示，单位 kW，并按下式计算：

$$N_y = LP \tag{2-25}$$

（4）效率。风机的有效功率 N_y 与风机的输入功率（轴功率）N 之比，称为风机的全压效率，用符号 η 表示。

$$\eta = \frac{N_y}{N} \tag{2-26}$$

风机实际消耗的功率，还应考虑电机与风机机械传动的能量损失及电机的安全系数。

（5）转速。风机的风量、风压、功率等参数都随风机转速的改变而改变，所以风机转速也是一个性能参数，用符号 n 表示，单位是 r/min。

5．风机定律

对于同一类型的风机，风量 L、风压 P、功率 N、转速 n、叶轮直径 D、空气密度 ρ 之间存在一定的关系，这些关系式称为风机定律，并表述如下。

$$\frac{L_1}{L_2} = \frac{n_1}{n_2}\left(\frac{D_1}{D_2}\right)^3$$

$$\frac{p_1}{p_2} = \left(\frac{n_1}{n_2}\right)^2\left(\frac{D_1}{D_2}\right)^2\frac{\rho_1}{\rho_2}$$

$$\frac{N_1}{N_2} = \left(\frac{n_1}{n_2}\right)^3\left(\frac{D_1}{D_2}\right)^5\frac{\rho_1}{\rho_2}$$

$$\eta_1 = \eta_2 \qquad\qquad (2\text{-}27)$$

在上述公式中，凡下标为"1"的各种参数代表第 1 种工况，下标为"2"的各种参数代表第 2 种工况。

6. 风机在管网中的工作过程

当空气通过集中式全空气系统的组合式组合机组、送回风风管和其他设备（如消声器）及从送风口送出、从回风口吸回到空调机组时，都需要克服空气流程上所遇到的摩擦阻力、局部阻力和为达到一定送风速度所需消耗的能量统称管网的阻力或压力损失，它的数值都与通过的空气流速平方成正比。由于风量等于流速与风管截面积的乘积，因此管网的压力损失（P）与风量（L）的关系可表示为：

$$P = KL^2 \qquad\qquad (2\text{-}28)$$

K——根据空调系统内部结构所确定的管网水力特性系数

只要管网已定，K 值即为定值，管网的压力损失，即由风机提供的空调系统所需要的风压，与风量的平方成正比。

7. 风机的并联和串联

在空调系统中，当要求的风量很大而一台风机的风量不够时，可以采用两台或多台风机并联使用。当要求的风压较高而一台风机的风压无法满足时，可以采用两台风机串联使用。

应当指出，风机联合工作时的效果要比每台风机单独使用时要差，这是因为风机联合使用时，破坏了风机的经济使用条件，在技术上、经济上都难以做到合理。

（1）风机的并联工况分析

风机并联使用，主要为了增加风量。两台型号不同的风机并联使用时，要想获得较大的风量，只有在阻力较小的管网上工作才能比较有利。因为两台风机并联时的总风量必然大于只有一台风机工作时。如果管网阻力再增大，并联后的总风量会随着管网压力的增大而减小。

要是将两台型号相同的风机并联使用，情况会有所改观，当管网阻力不大时，并联后的总风量虽然不等于单台时风量的 2 倍，但增加还是比较多的。如果管网阻力较大，并联后的总风量比单台风机的风量增加并不多，失去了并联的意义。

（2）风机的串联工况分析

风机串联使用，主要是风量不变的条件下提高空调系统的风压。风机串联使用时，要想显著提高风机风压，必须在阻力较大的管网中工作才比较有利。若是采用两台型号相同的风机串联使用，并在阻力较大的管网中工作，其总风压会有较多增加。风量越小，所增加的风压就越多。

8. 风机的工况调节

风机在空调系统中工作时，其性能调节大体上有改变管网特性曲线和改变通风机特性曲线两种方法。

（1）改变管网特性曲线的调节方法

改变管网特性曲线的调节方法就是在风机转速不变的情况下，通过开大（或关小）设在空调机组上送风总管上的风阀，使整个管网的阻力减小（或增大），风机的工作点位置移动，从而使系统的风量发生变化。

在空调系统运行过程中，当空调机组内的空气过滤器逐渐积尘后，因阻力增加会导致风量较少。当从机组内卸走过滤器进行清洗时，如临时需要启动风机，则应在关闭送风总管上风阀后，再进行启动。否则由于阻力减少，导致风量骤增，有可能在启动时烧坏电机。

（2）改变通风机特性曲线的调节方法

改变通风机特性曲线的调节方法可通过改变风机转速和改变设在进风口处的导流器叶片角度等途径来实现。

改变风机转速，实际上是通过改变电机的转速来实现的，目前常见的有自耦变压器调压调速控制和变频调速控制。

1）自耦变压器调压调速控制　通过调节三相自耦变压器的 3 种不同电压抽头 270 V、325 V、380 V 来达到 60%、80%、100% 等 3 种不同的风量。风量调节分为自动调节和手动调节。自动调节由温度传感器、电脑控制器及带电压抽头的三相自耦变压器等组成。电脑控制器按照实测温度和设定温度之差，能自动调节自耦变压器的电压抽头，从而实现风量调节。手动调节则是通过选择不同按钮来调节自耦变压器的电压抽头来改变风机风量的。厂家提供的控制柜除了调节风量外，还具有缺相保护、过载保护、防护联锁、远距离自动启停等功能。

2）变频调速控制是由温度传感器、温度控制器和变频调速等组成。温度控制器内部带有电脑芯片，可根据温度传感器的检测值和设定值之差，采用 PI（比例积分）调节方式，自动地调节变频器的输出频率，从而改变电机转速，达到改变风机风量的目的。温控器具有液晶显示功能，风量连续可调，它比用自耦变压器调压器调压调速方式具有更显著的节能效果。

设在风机进口处的导流器，有轴向式和径向式两种，调节时可使气流进入叶轮前的旋转速度发生变化，达到调节风机性能的目的。

2.8.1.2　轴流式通风机

轴流式风机的结构见图 2-73，它是由集流器、叶轮、圆筒形外壳、电动机、扩压器和机架等组成。叶轮由轮毂和铆在上面的叶片构成，叶片与轮毂平面安装成一定的角度。轴流风机的叶片有板型和机翼型等多种，而每种叶片有扭曲和不扭曲之分，叶片的安装角度是可以调整的，通过调整安装角度来改变风机的性能。

当叶轮转动时，由于叶轮升力的作用，空气从集流器被吸入，流过叶轮时获得能量，并在出口与进口截面之间产生压力差，促使空气不断地被压出。扩压器的作用是将气流的部分动能转变成压力能。由于空气的吸入和压出是沿风机轴线方向进行的，故称为轴流式风机。

轴流式风机产生的风压没有离心式风机那样高，启动功率不像离心式风机那样小，但可以在低压大量的空气，所以具有大风量、小风压的特点。目前轴流式风机主要用于厂房和公共建筑的通风换气。

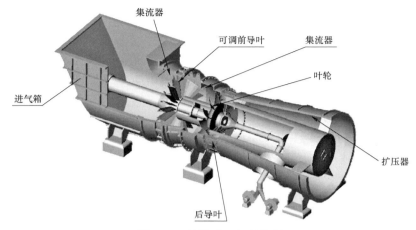

图 2-73　轴流式风机结构图

2.8.2　风管

空调工程中输送空气的风管包括：送回风风管、新风风管、排风风管、机械加压送风风道和机械排烟风管等。

按照制作风管的材质不同，可分为金属风管和非金属风管两大类。金属风管有薄钢管、不锈钢板风管、铝板风管和金属柔性风管等。其中以薄钢管风管用的最多。非金属风管有钢筋混凝土或砖砌风道、硬聚氯乙烯板风管、玻璃钢风管和复合材料风管，例如：铝箔复合玻纤板风管、铝箔聚氨酯保温风管、铝箔聚酯膜玻纤柔性风管等。

按照风管系统输送空气的工作压力不同，可分为：

（1）低压系统，工作压力低于 500 Pa，强度要求一般，咬口缝及连接处无孔洞及缝隙，适用于一般空调系统和排风系统。

（2）中压系统，工作压力在 500～1 500 Pa，强度要求局部增强，风管连接面及四角咬缝处增加密封措施，适用于 1 000 级以下洁净空调和空调排烟系统等。

（3）高压系统，工作压力在 1 500 Pa 以上，强度要求特殊加固，不得用按扣式咬缝，所有咬缝连接面及固定件四周均采用密封措施，适用于 1 000 级以上的洁净空调和生物工程等系统。

风管的断面形状主要有圆形和矩形两种，其中在铀浓缩工厂应用最多的是矩形风管，以下介绍的各种材质的风管都为矩形风管。

2.8.2.1　薄钢板风管

薄钢管风管主要有普通薄钢板风管、镀锌薄钢板风管和塑料复合钢板风管，其中以镀锌钢板风管应用最多。这种风管具有内部光滑、防火不燃烧、易加工制作、承压高、气密性好等优点。

2.8.2.2　铝箔聚氨酯保温风管

铝箔聚氨酯保温风管是以内外壁均为铝箔的聚氨酯夹心泡沫板（或苯酚泡沫板），经直接切割、粘结，并采用隐性法兰结构或加置铝合金构件补强制作而成。

该风管的保温性能好，内壁为铝箔层，表面光滑，气流阻力小并可防止湿气侵入。外表面覆盖铝箔或同时涂刷防护漆，对泡沫板起到保护作用。采用隐性法兰结构制成的风管，加之采用特殊粘合剂和密封胶带及整体无损的内外壁铝箔，使得风管整体严密，漏风量小于 1%。

2.8.2.3　铝箔复合玻纤板风管

铝箔复合玻纤板风管，是由离心玻璃纤维板外壁贴敷铝箔丝布、内壁贴阻燃玻纤布和风管特型加强框架及不燃等级为 A 级的粘结剂，在高温高压条件下粘合而成。该风管集保温、消声和防火、防潮于一体，具有整体质量轻、加工安装方便、占用建筑空间小和外形美观等优点。若在风管表层喷刷两道特殊配方的彩色密封胶，不仅提高风管的气密性和防潮性能，而且能使风管的颜色和建筑物内的色彩相协调，适用于明露安装。

2.8.2.4　柔性风管

柔性风管又称伸缩软管，质量轻而柔软，运输方便，安装时可用手方便地进行弯曲和伸直，可绕过大梁和其他管道，灵活性好，并有减震和消声的作用，主要用于连接主干风管与送回风口的支风管或机组与送风口、送风阀之间的连接管等。

目前空调系统应用较多的柔性风管是铝箔、化纤织物柔性风管，属于难燃、近似不燃材料。

2.8.2.5　砖砌、钢筋混凝土风道

在铀浓缩工厂中，常利用砖砌、混凝土或钢筋混凝土构筑的建筑空间，作为送风或回风风道。这类风道在施工时，务必做到内表面光滑、严密而不漏风。

2.8.2.6　风管保温

全空气空调系统的送回风管道和空气-水系统的新风管道等需要做保温，保温的作用是为了减少空气沿风管输送过程中的冷热量损失，防止温度较低的风管表面在温度较高的空调房间内结露，以及防止风管穿越空调房间时，对室内的空调参数产生影响，如恒温恒湿房间，风管保温后，可确保温湿度调节精度。

以往使用的风管保温材料有岩棉板、玻璃纤维板、聚苯乙烯泡沫塑料、聚乙烯泡沫塑料、蛭石板等，将保温材料粘贴在风管表面上，外面要用玻璃丝布包扎，施工较麻烦。

现在，可将铝箔（或增强铝箔）贴面的玻璃棉板（用无机玻璃纤维和热固树脂压制而成），用专用胶水直接粘贴在风管表面，接头处再用专用胶带密封即可。

2.8.3　风量调节阀

风量调节阀，简称风阀，是风管系统调节或关断风量的配件。主要由叶片、连杆、框架及执行机构组成，有的风阀还有温度感应元件，即温度传感器（简称温感器），如图 2-74 所示。

按用途不同，风阀可分为一次性调节阀、

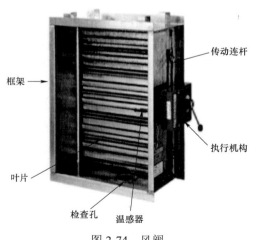

图 2-74　风阀

（框架　传动连杆　执行机构　叶片　检查孔　温感器）

经常开关调节阀、自动调节阀和防火阀。按操作风阀的方式分为手动和电动两种。

（1）一次性调节阀。是为达到所需风量而设在送风口处、各分支管风管上及组合式空调机组送风出口处的风阀。供进行空调风系统风量测定和调整时用，一旦风量调试完毕，达到设计要求后，将风阀的手柄位置予以固定，以后不再动它。

（2）经常开关的调节阀，对于集中式全空气系统主要有新风阀、一次回风阀、二次回风阀及排风阀等。其中新风阀和排风阀要求在系统停止运行时关闭，以防止夏季热湿空气侵入，造成金属表面和墙面结露，也防止冬季时冷风侵入，加热器冻结和室温降低。二次回风阀在夏季按最大送风温差送风时，要关闭严密。手动的一次回风阀要求调节方便、灵活。新风阀和排风阀最好采用电动风阀，并与送风机联锁，以防止误操作。过滤季节按全新风运行时，则关闭一二次回风阀，打开新风阀和排风阀。

（3）自动调节阀 主要用在新风、一次回风和二次回风的自动调节上，除了应符合经常性开关调节阀的要求外，还应有良好的线性调节特性。

（4）防火阀设在需要防火隔断下的风管上，兼当一次调节的防火阀，应采用防火调节阀。

目前，常用的风量调节阀有四种类型。

（1）蝶阀。它是风管内绕轴线转动的单板式风量调节阀，有圆形蝶阀和矩形蝶阀两种。按开关的方式不同，有手柄式和拉链式。通常用于断面尺寸较小的风管上，对于断面大的风管，需用尺寸大的阀板（叶片），开启、关闭很费劲，应采用多叶调节阀。

（2）多叶调节阀。它有平行式多叶阀和对开式多叶阀两种。前者由平行叶片组成的按同一方向旋转的多叶联动风量调节阀；后者是由相邻叶片按相反方向旋转的多叶联动风量调节阀。这两种阀风阀主要用于断面尺寸大的风管上。按操作方式有手动和电动两种。图 2-75 为手动对开式多叶调节阀的一种，转动手轮带动调节杆使相邻叶片按相反方向旋转，实现对开。阀体外设有开启角度指针，指针位置转到 90° 为全开，0° 为全闭。

（3）矩形风管三通调节阀。有拉杆式和手柄式两种，主要设在直通三通管的分支节点上。用来调节支风管的风量。它适用于总风管高度等于支风管、总风管高度大于支风管及有异形管件的情况。调节阀的安装位置，在拉杆一侧必须满足拉杆伸出及操作方便地要求。

（4）菱形风阀。全称为自张式菱形可变叶片风量调节阀，分手动和电动两类。它的工作原理是由手动或电动来启动推拉装置做往复运动,借阀片的体形变化改变气流通道截面来实现风量调节。图 2-76 为菱形风阀的结构示意图，一般应水平或垂直安装，而不应侧装。这种风阀的主要优点是：

1）结构灵活可靠，调节范围大。

2）叶片刚性好，可用于高速风管，且能自锁。

3）气流均匀平稳，阻力较小，全闭时漏风量一般不大于 5%。

4）电动菱形风阀安装有限位开关、阀门开、闭至极限时会自动关闭电机。

5）具有较理想的线性调节特性。

除了上述介绍的风量调节阀外，在空调系统中还要用到止回阀，它是特指气流只能按一个方向流动的风阀，其作用是，当风机停止运转时，阀板自动关闭，防止气体倒流；当风机开动时，阀板在风压作用下自启。

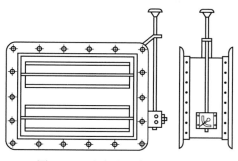
图 2-75　手动对开式多叶调节阀

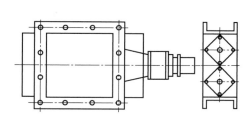
图 2-76　电动菱形风阀结构图

2.8.4　平衡风阀

平衡风阀（图 2-77）是一种具有特殊功能的阀门，它具有良好的流量特性，设有阀门开启度指示和用于风量测定的测压环。利用与其配套的专用智能仪表，输入平衡风阀型号和开启度值，再根据测压环测得的压差信号，就可以直接显示出流经平衡风阀的风量值。

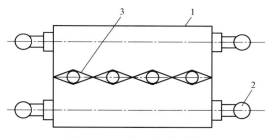
图 2-77　平衡风阀构造图
1—外壳；2—测压环；3—叶片

工程应用时，只要在空调风系统中各支路及风口前装上适当规格的平衡风阀，并用专用智能仪表进行认真细致的一次性调试，就可以完全实现风系统的风量平衡。同时，通过安装平衡风阀，还能将系统的总风量控制在合理范围内，实现风机的节能运行。

采用平衡风阀进行风系统调试，与以往的方法相比，在现场不用打测孔，不破坏风管的保温结构，不用带皮托管、微压计和风速计而且不必采用繁琐的反复性的调试方法，只需通过一次性的调整就可以实现风量平衡[9]。

2.9　空调系统空气分配设备

空调的分布设备是指设在空调房间的各种类型的送风口、回风口（或排风口）及风量调节部件，它是空调风系统的末端装置。

2.9.1　空调房（空）间的气流分布

空调房（空）间的气流分布又称气流组织，它的任务在于，在空调房间合理地布置送风口和回风口，使得经过净化和热湿处理后的空气，由送风口送入室内后，在扩散和与室内空气混合并进行热湿交换的过程中，均匀地消除室内的余热和余湿，从而使空调区域内形成比较均匀而稳定的温度、湿度、气流速度和洁净度，以满足生产工艺和人体舒适的要求，同时还要由回风口抽走室内空气，其中大部分返回空调机组，小部分排至室外，这样就在空调房间内形成有组织的气流流动。气流组织的好坏，是将温湿度基数及其允许的波动范围（空调精度）、区域温差、气流速度和洁净度和人们的舒适度等能否满足要求的重要因素。

影响空调房间内空气分布的因素有：送风口的形式和位置、回风口的位置、送风射流的参数、房间的几何形状及热源在室内的位置等。其中，送回风口的形状和位置、送风射流的参数是主要影响因素等。

空调工程上常见的送风口有百叶风口、散流器、条缝风口、喷口和旋流风口等；回风口则有格栅风口、蓖孔风口、网板风口和蘑菇型风口等。

2.9.1.1　房间气流组织形式

根据送风口、回风口在室内布置的位置不同，气流分布形式有五种，分别为侧送侧回、上送下回、上送上回、下送上回、中送风，这四种气流组织形式在铀浓缩工厂都有应用，以下分别介绍。

1. 上送下回

上送下回是指将送风口设在房间的上部（如顶棚或侧墙）、回风口设在下部（如地板或侧墙），气流从上部送出，由下部排出的一种方式。如图 2-78 所示，其中（a）、（b）分别为百叶风口单侧或双侧送风，送风口和回风口处于同一侧；（c）为顶棚散流器送风、下部两侧回风；（d）顶棚孔板送风、下侧回风。

这种气流组织形式，适用于有恒温要求和洁净度要求的工艺性空调，以及冬季以热送风为主且空调房间层高较高的舒适性空调系统。

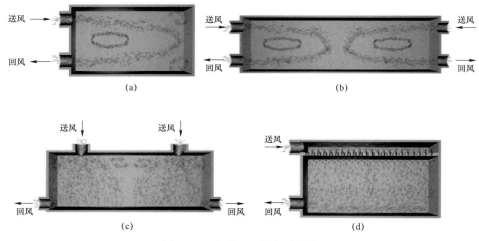

图 2-78　上送下回的气流分布

2. 上送上回

上送上回是指将送风口和回风口均设在房间上部（顶棚或侧墙等处），气流从上部送出，进入工作区域后再从上部回风口排出。如图 2-79 所示，其中（a）属于侧送，将送回风风管上下重叠布置，实现单侧送风、单侧回风；（b）是送风管与回风管不在同一侧的上送上回形式。

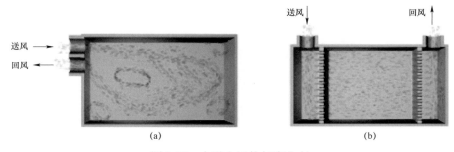

图 2-79 上送上回的气流分布

这种气流组织形式，主要适用于以夏季降温为主且房间层高较低的舒适性空调。对冬夏均要使用的空调系统，由于下部空间无法布置回风口（如百货商场、层高较低的会议厅等），也采用这种形式。对有恒温要求的工艺型空调，精度不高时也可采用上送上回的气流分布形式。

3. 下送上回

下送上回是指将送风口设在房间下部（如地板上或下部侧墙处），回风口设在上部（如顶棚上）的一种气流分布形式，如图 2-80（a）所示。这种形式主要适用于大型电子计算机房，从地板上送出冷气流，将计算机产生的热量带走，然后从顶部回风口排出。利用下送风在同样的余热、余湿条件下可以节省送风量，有利于改善工作区的空气品质，但送风温差和送风速度不宜过大，否则让人有吹风感。

图 2-80（b）是设在窗台下的立式风机盘管机组，垂直向上送风、下部回风的气流分布形式。

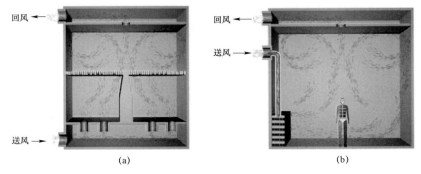

图 2-80 下送上回的气流分布

4. 中送风

对于某些高大空间，实际的空调工作区处在房间的下部，没有必要将整个空间作为控制调节的对象，因此可采用中送风的方式，下部和上部同时排风，形成两个气流区，保证下部工作区达到空调设计要求，而上部气流区负担排走非空调区的余热量。（上部不需要空调，节能），如图 2-81。

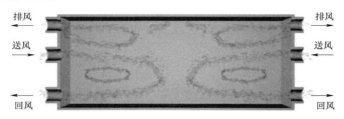

图 2-81　中送风下回风的气流分布

这种送风方式在满足工作区空调要求的前提下，有明显的节能效果，但就竖向空间而言，存在着温度"分层"的现象。主要适用于高大的空间，如需设空调的工艺厂房等，通常称为"分层空调"。

2.9.1.2　空调房间的送风方式

根据所采用的送风口的类型和布置方式不同，空调房间的送风方式可采用以下五种。

1. 侧向送风

单侧送风方式，送、回风口分别布置在房间同一侧的上部和下部，送风射流到达对面的墙壁处，然后下降回流，使整个工作区全部处于回流之中。为避免射流中途下落，常采用贴附射流，以增大射流的射程。

侧向送风是最常用的一种空调送风方式，它具有布置方便、结构简单和节省投资等优点，适用于一般空调及空调精度 $\Delta t \pm 1$ ℃和 $\Delta t \leqslant \pm 0.5$ ℃的工艺性空调。侧向送风设计参考数据如下：

（1）送风温差一般在 6～10 ℃以下。

（2）送风口速度在 2～5 m/s 之间。

（3）送风射程在 3～8 m 之间。

（4）送风口每隔 2～5 m 设置一个。

（5）房间高度一般在 3 m 以上，进深为 6 m 左右。

（6）送风口应尽量靠近顶棚，或设置向上倾斜 15°～20°的导流叶片，以形成贴附射流。

2. 散流器送风

散流器是装在顶棚上的一种送风口，它具有诱导室内空气使之与送风射流迅速混合的特性。这种送风方式可用于一般空调，也可用于空调精度 $\Delta t = 1$ ℃和 $\Delta t \leqslant \pm 0.5$ ℃的工艺性空调。

散流器送风气流有两种方式。一种称为散流器平送，这种送风方式使气流沿顶棚横向流动，形成贴附射流，射流扩散好，工作区总是处于回流区。要求较高的恒温车间，如果房间较低、面积不大，而且有吊顶或技术夹层可以利用时，常采用这种气流组织方式，一般送风温差不超过 6～10 ℃，散流器喉部风速为 2～5 m/s。如果房间面积较大，可采用几个散流器对称布置，散流器中心轴线距墙不宜小于 1 m。各散流器的间距一般在 3～6 m 之间。

散流器送风的另一种气流方式成为散流器下送。这种送风方式使房间里的气流分成两段，上段叫做混合层，下段是比较稳定的平行流，整个工作区全部处于送风气流之中。这种气流组织主要用于有高度净化要求的空调房间，房间净空高度以 3.5～4.0 m 为宜，散流器的间距一般不超过 3 m，喉部送风为 2～3 m/s。

3. 孔板送风

当空调房间的高度小于 5 m，空调精度为 ±1 ℃ 或小于等于 ±0.5 ℃，且单位面积送风量大，工作区要求风速较小时，宜采用孔板送风。

孔板送风是将空气送入顶棚上面的稳压层中，在稳压层静压力的作用下，通过顶棚上的大量小孔均匀地进入房间。可以利用顶棚上面的整个空间作为稳压层，也可以另外设置稳压箱。稳压层的净高应不小于 0.2 m。孔板宜选用镀锌钢板、不锈钢板、铝板及硬质塑料板等材料制作，孔径一般为 4～6 mm，孔间距为 40～100 mm。当孔板面积与整个顶棚面积之比大于 50% 时，称为全面孔板；否则，当孔板面积与整个顶棚面积之比小于或等于 50% 时，称为局部孔板。

对于全面孔板，当孔口的气流速度大于 3 m/s，送风温差不小于 3 ℃，单位面积送风量大于 60 m³/（m·h）并且是均匀送风时，在孔板下面将会形成下送平行流的气流流型，这种流型主要用于有高度净化要求的空调房间。如果送风的速度较小，送风温差也比较小，将会在孔板下面形成不稳定的流型，不稳定流由于送风气流与室内空气充分混合，区域温差很小，适用于高精度和低流速要求的空调工程。

局部孔板送风一般为不稳定流，这种流型适用于有局部热源的空调房间以及仅在局部地区要求较高的空调精度和较小气流速度的空调房间。

4. 喷口送风

喷口送风又称集中送风。一般采用上送下回式，将送、回风口布置在同侧，出风速度一般为 4～10 m/s，具有较大风量的高速射流行至一定路程后折回，工作区一般处于回流区域。

喷口送风速度高，射程长，沿途卷吸大量的室内空气进行强烈的混合，保证了大面积工作区新鲜空气以及温度场和速度场的均匀。这种送风方式具有送风口少、系统简单、投资省、一般能满足工作区舒适条件要求等特点，适用于空间较大的公共建筑如体育馆、礼堂、影剧院及高大厂房等空调精度大于或等于 1 ℃ 的一般性空调。

5. 地板送风

地板送风是一种下送风方式，常将送风管道和送风口布置在夹层地板内，采用下送上回的气流组织形式，这种送风方式使新鲜空气首先通过工作区，有利于改善工作区的空气品质。为了满足人体舒适感要求，送风温差不可过大，一般以 2～3 ℃ 为宜，送风速度也不能过大，一般不超过 0.5～0.7 m/s，这就必须增大送风口的面积或数量。但是由于是顶部排风，因而房间上部因照明、围护结构传热等形成的余热可以不进入工作区而被直接排走，排风温度与工作区温度允许有较大的温差，故有一定的节能效果。

地板送风常采用旋流式送风口，这种送风方式虽然送风温差小，却能起到温差较大的效果，这就为提高送风温度，使用天然冷源如深井水、地道风等创造了条件。

2.9.2 空气分布器

在空调系统中，通常将各种类型的送风口、回风口统称为空气分布器，空气分布器的材质主要有钢制和铝合金两类。在铀浓缩工厂中，应用较多的空气分布器有散流器、百叶风口、旋流风口等，以下逐一介绍。

2.9.2.1 散流器

按照形状分，散流器有方形、矩形和圆形 3 类（如图 2-82）；按送风气流的流型分，有平送贴附型和下送扩散型；按功能分有普通型和送回两用型。

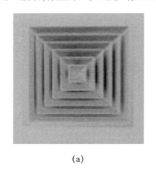 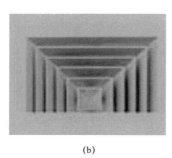 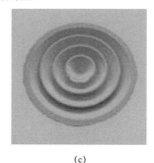

(a)　　　　　　　　　　(b)　　　　　　　　　　(c)

图 2-82　三种不同形状散流器

1. 方形散流器

方形散流器安装在建筑房间的顶棚上，送出气流呈平送贴附型，广泛应用于各类工业与公用建筑的空调工程中。

按照送风方向的多少，可分为单面送风、双面送风、三面送风和四面送风等，其中以四面送风的散流器用的最多，铀浓缩工厂的散流器全部为四面送风。

需要调节风量时，可在散流器上加装对开式多叶风量调节阀，散流器装多叶调节阀后，不仅能调节风量，而且有助于进入散流器的气流分布更加均匀，保证了气流流型。与不带多叶调节阀的散流器相比，基本上不增加阻力。散流器与多叶调节阀之间采用承插连接，铆钉固定。只要将散流器的内扩散圈卸下后，就方便地调整调节阀阀片的开启度。

2. 矩形散流器

矩形散流器的安装、气流流型和应用场合与方形散流器相同。由于散流片向各个方向切斜，使散流器被分割部分面积所占比例不同，因而能按要求的比例向各个送风方向分配风量。

3. 圆形散流器

圆型散流器为多层锥体结构，其吹出气流属贴附型，具有内部诱导性佳、送风温差大、吹出气流均匀、能抑制体感气流等特点。内层叶片可根据冬夏季节不同送风工况进行上下两档调节，夏季吹出气流呈水平，冬季吹出气流呈垂直。叶片与外框为分离式结构，可方便拆卸和安装。采用优质铝板旋压成形工艺，整体强度高、外形美观，表面可配合装饰要求进行静电喷塑。

圆形散流器双开板式（或单开板式）风量调节阀，供调节风量用。只要卸下多层锥面扩散圈（或圆盘），用螺丝刀来调整阀板的开启度，就可达到调节风量的目的。

与圆形散流器颈部直径相匹配的圆形风管尺寸，应比颈部尺寸大 3～5 mm。安装方式有两种：一是采用自攻螺钉将散流器与风管相连接；二是采用螺栓连接。

4.送回两用型散流器。

送回两用型散流器兼有送风和回风的双重功能，散流器的外圈为送风，中间为回风，送风气流为下送流型（如图2-83）。

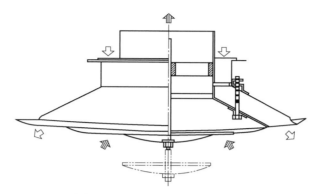

图2-83　送回两用散流器结构图

这种散流器通常安装在层高较高的空调房间顶棚上，并分别用柔性风管将散流器与送回风风管连接即可。

5.散流器送风方式

散流器送风的气流流型有平送和下送两种。

（1）散流器平送

散流器平送是指气流从散流器吹出后，贴附着平顶以辐射状向四周扩散进入室内，使射流与空气很好混合后进入空调区，这样整个空调区处于回流区，可获得较为均匀的温度场和速度场。

散流器平送时，宜按对称均布或梅花形布置。散流器中心与侧墙间的距离不宜小于1 000 mm；圆形或方形散流器布置时，其相应送风范围的长宽比不宜大于 1:1.5，送风水平射程（也称扩散半径）与垂直射程（平顶与工作区上边界的距离）的比值，宜保持在0.5～1.5之间。

散流器平送方式，一般用于对室温允许波动范围有一定要求，房间高度较低，但有高度足够的吊顶或技术夹层可利用时的工艺性空调，也可用于一般公用建筑的舒适性空调。

（2）散流器下送

散流器下送是指气流从散流器吹出后，一直向下扩散进入室内，形成稳定的下送直流气流，可以使空调区被笼罩在送风气流中。这种在空调区内形成的单向直流流型，能满足净化要求较高的空调房间的洁净度。对此必须采用流线型散流器在顶棚上密集布置，并使送出射流的扩散角为20°～30°时，才能在散流器下面形成直流流型。

流线型散流器的下送方式，主要用于房间净空较高的净化空调工程。采用散流器送风均需设置吊顶或技术夹层，风管暗装工作量大，投资比侧面送风高。

2.9.2.2　百叶风口

1.单层百叶风口

单层百叶风口可以作为侧送风口使用，但其空气动力性能比双层百叶风口差一些。工程上经常作为回风口，有时与铝合金网式过滤器或尼龙过滤网配套使用［如图 2-84（a）］。

2. 双层百叶风口

双层百叶风口由双层叶片组成，前面一层叶片是可调的，后面一层叶片是固定的，根据需要可配置对开式多叶风量调节阀，用来调节风口风量。

通过改变叶片的安装角度，可调整气流的扩散角。根据供冷和供暖的不同要求，通过改变横向叶片的安装角度，可调整气流的仰角和俯角。例如，送冷风时若空调区风速太大，可将横叶片调成仰角。送热风时若热气流浮在房间上部，可将横叶片调成俯角，把热气流压下来。

双层百叶风口用于全空气系统的侧送风口，既可以用于公用建筑的舒适性空调，也可以用于精度较高的工艺性空调［如图 2-84（b）］。

3. 侧壁格栅风口

侧壁格栅风口为固定斜叶片的侧壁格栅式风口，如图 2-84（c）。常用于侧墙上回风口，储藏室、仓库等建筑物外墙上的通风口，也可用于通风空调系统中新风口。当用于新风口时，如有必要可加装单层铝板网或无纺布过滤层，对新风进行预过滤。

4. 可开式侧壁格栅风口

可开式侧壁格栅风口是将侧壁格栅风口放在一个边框内，整个风口呈活门形式，活门与边框间开关自如，有利于安装和与过滤器的配套使用，常用于客房的回风［如图 2-84（d）］。

5. 固定叶片斜百叶式送风口

固定叶片斜百叶式送风口是由倾斜角为 24° 的固定叶片组成的斜送风风口，主要安装在顶棚上，并且与顶棚平齐或者安装在静压箱上，形成向下的斜送气流，多用于公用建筑［如图 2-84（e）］。

6. 自垂式百叶风口

自垂式百叶风口靠百叶自重而自然下垂，封闭空气通路，隔绝两个不同空间的空气进行交换。当一个空间的气压大于另一空间时，在余压作用下将百叶吹开向另一空间排气，反之气流不能通过该风口而反向流入，具有单向止回作用，结构如图 2-84（f）所示。自垂式百叶风口常用于具有正压空调房间的自动排气，也可设在排风机的出口上[10]。

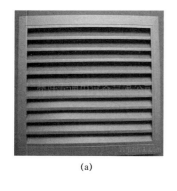
(a)

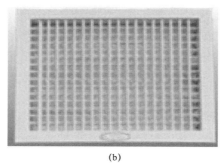
(b)

(c)

图 2-84 百叶风口

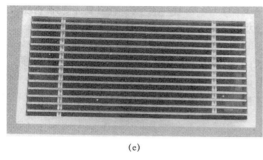

(d)　　　　　　　　　　(e)　　　　　　　　　　(f)

图 2-84　百叶风口（续）

2.9.2.3　旋流风口

旋流风口是依靠起旋器或旋流叶片等部件，使轴向气流起旋，由于旋转射流的中心处于负压区，它能诱导周围大量空气与之相混合，然后送至工作区。

旋流风口（如图 2-85）送出的旋转射流，具有诱导比大，风速衰减快的特点，在空调通风系统中可用作大风量，大温差送风以减少风口数量，安装在天花板或顶棚上，可用 3 m 以内低空间，也可用二种高度大面积送风，高度甚至可达 10 m 以上。

可分为手动旋流风口，电动旋流风口两种。手动旋流风口：必须人为手动调制相应角度才能送风。电动执行机

图 2-85　旋流风口

构型：电动旋流风口可用开关控制，220 V 电动控制调节叶片来调节风量大小，随意调至送风角度。

2.9.3　组合式空调机组

在空调工程，除了冷热源设备及送回风管道、风阀、送回风口等，其余设备均可按若干功能段组成一套整体的空气处理机组，安装在空调机房中，称为组合式空调机组（图 2-86）。

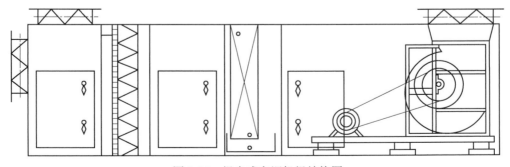

图 2-86　组合式空调机组结构图

按空气流动方向，组合式空调机组一般可设置的功能段有空气混合、过滤（还可细分为初效过滤、中效过滤等几段）、表冷器（或蒸发器）、送风机、回风机等基本组合单元。如图 2-87 所示。

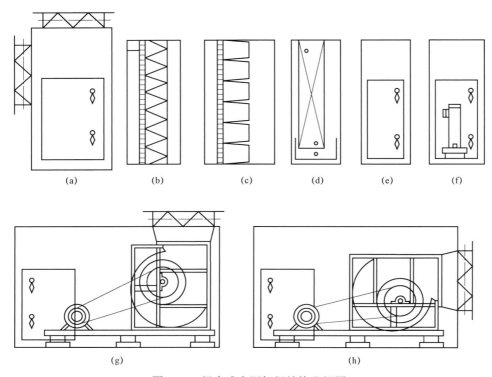

图 2-87　组合式空调机组结构分解图

（a）新回风混合段；（b）粗效过滤段；（c）中效过滤段；（d）表冷段；
（e）中间段；（f）中间加湿段；（g）风机段（向上）；（h）风机段（水平）

组合式空调机组自身不带冷（热）源，而是以冷（热）水、蒸气、制冷剂为媒质来对空气处理的设备。下面以一个二次回风系统混合式空气处理机组（见图 2-88）为例来介绍其工作流程。

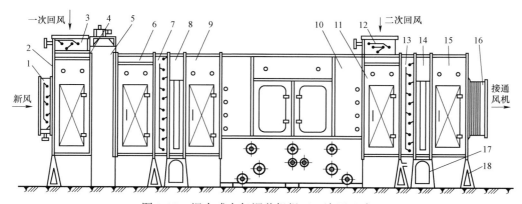

图 2-88　混合式空气调节机组（二次回风式）

新风通过新风阀进入空调机箱,与室内来的一次回风在一次回风段中进行混合。然后,经过滤器,滤去尘埃和杂物,再经中间室进行热湿处理,降温除湿后与二次回风进行混合,混合后的空气由送风机送入工艺大厅。

由大厅排出的空气经回风管道由回风机将一部分空气排出系统,其余部分作为回风加以利用。一次回风量和二次回风量的多少由回风阀的开度来控制。

2.9.4　电动机

在制冷空调系统中,通风机、水泵、压缩机都使用三相异步电动机作为动力装置,因此在本节中对电动机做简要介绍。

2.9.4.1　电动机的用途和分类

电动机是一种将电能转换成机械能,同时输出机械转矩的动力设备。电动机是电力拖动系统中的原动机,它是工农业生产、人民生活乃至国防科技中不可或缺的动力设备。泵站中的各类水泵也都是由三相异步电动机作为原动机拖动的。

通常电动机的分类如下:

(1) 按电源不同,电动机可分为直流电动机和交流电动机两大类。

(2) 按相数不同,交流电动机可分为单相电动机和三相电动机。

(3) 三相电动机可分为同步电动机和异步电动机。

(4) 异步电动机按转子绕组结构不同,可分为笼型和线绕型两种。

(5) 异步电动机按定子绕组工作电压不同,可分为高压和低压两种。

2.9.4.2　三相异步电动机

1. 三相异步电动机工作原理

当电动机的三相定子绕组(各相差 120 度电角度),通入三相对称交流电后,将产生一个旋转磁场,该旋转磁场切割转子绕组,从而在转子绕组中产生感应电流(转子绕组是闭合通路),载流的转子导体在定子旋转磁场作用下将产生电磁力,从而在电机转轴上形成电磁转矩,驱动电动机旋转,并且电机旋转方向与旋转磁场方向相同。由于三相异步电机的转子与定子旋转磁场以相同的方向、不同的转速成旋转,存在转差率,所以叫三相异步电机。

2. 三相异步电动机结构

三相异步电动机是使用最为广泛的一种动力设备,主要由两大部分组成。一部分是静止不动的部分,称为定子;另一部分是旋转部分,称为转子(见图 2-89)。

(1) 定子

定子部分由定子铁芯、定子绕组和机座组成。

1) 定子铁芯。定子铁芯是电动机磁路的一部分,其作用是导磁。

2) 定子绕组。定子绕组是电动机的电路部分,当向定子绕组通入三相交流电时,在定子和转子之间的气隙中就产生了旋转磁场,带动转子转动。

3) 机座。机座是电动机的外壳和支架,作用是固定和保护定子铁芯与定子绕组并支撑端盖,方便电动机的安装和固定。

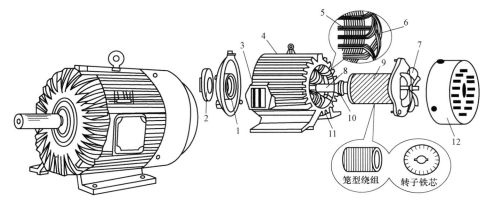

图 2-89　三相笼型异步电动机外形及结构

1—轴承盖；2—端盖；3—接线盒；4—散热筒；5—定子铁芯；6—定子绕组；
7—风扇；8—转轴；9—转子；10—轴承；11—机座；12—罩盖

（2）转子

转子是电动机的转动部分，由转子铁芯、转子绕组和转轴组成。

1）转子铁芯。转子铁芯是电动机磁路的一部分，是把相互绝缘的硅钢片压装在转子轴上的圆柱体，在硅钢片的外圆上冲有均匀的凹槽。转子铁芯与定子铁芯之间有一定的间隙，称为气隙，旋转磁场就是在气隙中产生的。

2）转子绕组。笼型转子绕组（导线槽）供嵌放转子绕组用，是在转子导线槽内嵌放铜（铝）条，并用铜（铝）环（短路环）将铜（铝）条焊接成笼型，形成一个回路，如图 2-90 所示。

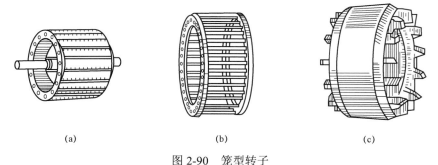

(a)　　　　　　　　　　　(b)　　　　　　　　　　　(c)

图 2-90　笼型转子

（a）笼型转子；（b）笼型转子绕组；（c）笼型铸铝转子

3）转轴。转轴是用来支撑转子铁芯和绕组，并传递电动机输出的机械转矩的。它保证了定子与转子之间均匀的气隙。

（3）其他部件

1）端盖。端盖是起支撑转子和防护作用的，分上、下或左、右端盖，端盖内装有轴承。

2）接线盒。接线盒是用来连接定子绕组的引出线和电源引入线的。

2.9.4.3　电动机铭牌和额定数据

1. 三相异步电动机的铭牌

每台机器上都会有一块小金属牌，上面标示着生产厂家、生产日期以及一系列技术参数，这块小金属牌即铭牌。

电动机也不例外，每台电动机上都钉有一块铭牌，铭牌上标明了这台电动机的型号和各种技术数据。操作人员在使用电动机前应先了解其型号、熟悉技术参数，才能根据生产厂家的技术要求使用，否则会降低电动机的使用性能、工作效率和寿命。

2．电动机的型号

电动机的型号标示了电动机类型、机座大小、磁极数和保护形式等。电动机型号一般由产品代号、规格代号和特殊环境代号三部分组成。

（1）产品代号。产品代号表示电动机的类型、性能和用途等，如某电动机型号为Y-132-S1-2，"Y"表示异步电动机。

（2）规格代号。规格代号包括用字母表示的机座长短，用数字表示的机座中心高度、铁心长短以及定子绕组磁极数。

（3）特殊环境代号用于特殊环境的电动机通常在型号的最后用字母表示特殊环境。电动机型号很多，可查阅相关手册或产品说明书了解具体情况。

3．电动机的额定数据

铭牌上除了型号，更多标示的是这台电动机的技术参数，这些数据是操作人员使用和维护电动机的重要依据。

（1）额定功率（P_N）。额定功率指电动机在额定条件下运行时，转轴上输出的机械功率。通常用千瓦（kW）作为单位。

（2）额定电压（U_N）。额定电压指加在电动机定子绕组上的电源电压。通常用伏（V）或千伏（kV）作为单位。如果铭牌上出现的 UN 为 220/380 V，则表示这台电动机的定子绕组可有星形联结和三角形联结，额定电压值分别为 220 V 和 380 V。

（3）额定电流（I_N）。额定电流指电动机在额定条件下运行时机子绕组的线电流强度。单位为安培（A）。

（4）额定频率。我国工业用电频率为 50 Hz，所以三相异步电动机的额定频率都是 50 Hz。

（5）额定转速（n_N）。额定转速指电动机在额定条件下运行时的转速，额定转速是转子转速，总是略低于旋转磁场转速。额定转速的单位为 rad/min。

（6）额定效率（η）。额定效率指电动机在额定条件下运行，满载时转轴的输出功率P_N）与输入电动机定子绕组的电功率 P_1 的比值，即 $\eta = P_N / P_1$。

4．铭牌上的其他内容

（1）温升。温升指电动机运行时发热，其温度高出环境温度的数值，通常环境温度定为 40～45 ℃，电动机允许温升指在额定条件下运行时的允许升高的温度。电动机各部分的允许温升略有不同，一般不超过 60 ℃。

（2）绝缘等级。电动机的绝缘等级是指内部所采用绝缘材料的耐热等级。绝缘等级与温升是密切相关的，如电动机绝缘等级为 A 级，表示所用绝缘材料容许温度为 105 ℃，允许温升为 60 ℃；如电动机的绝缘等级为 E 级，表示绝缘材料容许的最高温度为 120 ℃，允许温升为 75 ℃。

（3）接线方式。电动机的接线方式指定三相绕组接入额定电压时的连接方式，一般有星形（Y）联结和三角形（△）联结。

（4）防护等级。电动机的防护等级是为了适应不同的使用环境而对外壳所作的不同要求。电动机的主要防护对象是固体异物、人体和水。防护等级的标志是 IP+2 位数字，如 IP44 等。两位数字各表示一种防护性能，其意义可查阅相关手册或产品说明书。

（5）工作方式。电动机的工作方式可分为连续工作方式、短暂工作方式和周期断续工作方式。一般都用长期连续工作方式，表示为 S1。

（6）技术条件。技术条件是指电动机制造和检验所依据的技术标准的编号，如"GB"表示国家标准，后面的数字表示技术标准的编号。

2.9.4.4　三相异步电动机变频调速原理

目前在铀浓缩工厂中，制冷空调系统中的水泵、风机等大部分采用变频调速实现系统节能，以下对三相异步电动机的变频调速原理进行介绍。

（1）同步转速　即旋转磁场的转速，计算公式如下：

$$n_0 = \frac{60f}{p} \tag{2-29}$$

式中，n_0——同步转速，r/min；

f——电流的频率，Hz；

p——磁极对数。

从上式可以看出，当电动机的磁极对数一定时，同步转速与电流的频率成正比。

（2）转差　即转子转速与同步转速之差

$$\Delta n = n_0 - n_M \tag{2-30}$$

式中，Δn——转速差，r/min；

n_M——磁极对数。

（3）转差率 s　即转差与同步转速之比。

$$S = \frac{\Delta n}{n_0} = \frac{n_0 - n_M}{n_0} \tag{2-31}$$

（4）转子转速 n_M

$$n_M = \frac{60f}{p}(1-s) \tag{2-32}$$

从式（2-22）知，改变电流的频率 f，就改变了旋转磁场的转速，也就改变了电动机输出轴的转速：

$$f\downarrow \to n_0\downarrow \to n_M \tag{2-33}$$

所以，调节频率可以调节调速，并且可以无极调速，如图 2-91 所示。以下介绍实现电动机无极调速的设备——变频器[11]。

2.9.4.5　变频器

变频器是一种可以任意调节其输出电压频率，使三相交流异步电动机实现无极调速的装置（如图 2-92）。通常由主电路、控制电路及配套设备等组成。其中主电路（IGBT、GTECT0 晶丽管做逆变器件）给异步电动机提供调压调频电面。电源整出电压或输出电流及频率，由控制电路的控制指令进行控制，而控制指令则根据外部的运转指令进行运算获得。对于需更精密速度或快速响应的场合，运算还应包含由变频器主电路传动系统检测出来的信号。保护电路的构成，除应防止因变频主电路的过电压、过电流引起的损坏外，还应保护异步电动机传动系统等等。

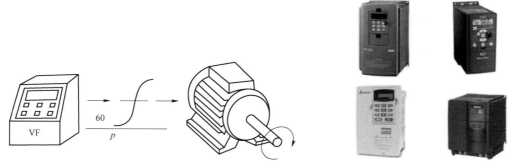

图 2-91　变频可以调速示意图　　　　　　图 2-92　变频器

1. 主电路

给异步电动机提供调压调频电源的电力变换部分，称为主路。主电路由 3 部分构成，将工频电源变换为直流功率的"整流器"，吸收在变流器和逆变器产生的电压脉动的"平波电路"，以及将直流功率变换为交流功率的"逆变器"。另外，异步电动机需要制动时，有时要附加"制动电路"。

（1）整流器　一般大量使用的是二极管的整流器，它把工频电源变换为直流电源。也可用两组晶体管整流器构成可逆变整流器，由于其功率方向可逆，可以进行再生运转。

（2）平波电路　在整流器部整流后的直流电压中，含有电源 6 倍频率的脉动电压，此外逆变器产生的脉动电流也使直流电压变动。为了抑制电压波动，采用直流电抗和电容吸收脉动电压（电流）。装置容量小时，如果电源和主电路构成器件有余量，可以省去直流电抗采用简单的平波电路。

（3）逆变器同整流器相反，逆变器是将直流功率变换为所要求频率的交流功率，以所确定的时间使 6 个开关器件导通、关断就可以得到三相交流输出。

（4）制动电路　异步电动机在再生制动区域使用时（转差率为负），再生能量贮存于平波电路的电容器中，使直流电压升高。一般说来，由机械系统（含电动机）惯量积蓄的能量比电容能贮存的能量大，需要快速制动时，可用可逆变流器向电源反馈或设置制动电路（开关和电阻）把再生功率消耗掉，以免直流电路电压上升。

2. 控制电路

给异步电动机供电（电压、频率可调）的主电路提供控制信号的电路，称为控制回路。控制电路由以下电路组成：频率、电压的"运算电路"，主电路的"电压、电流检测线路"，电动机的"速度检测线路"，将运算电路的控制信号进行放大的"驱动电路"以及逆变器和电动机的"保护电路"。

（1）运算电路　将外部的速度、转矩等指令同检测电路的电流、电压信号进行比较，按变频器对电动机控制方式提供的数学模型进行运算，根据调制方式调节逆变器的输出电压、频率。

（2）电压、电流检测电路　采用光电等耦合隔离装置与主电路电位隔离检测电压、电流等。

（3）驱动电路　根据不同逆变器件选择不同的驱动电路驱动主电路的逆变器件。它与控制电路隔离使主电路器件导通、关断。

（4）速度检测电路　以装在异步电动机轴上的速度检测器（TG、PLG 等）的信号为速度信号，送入运算电路，根据指令和运算可使电动机按指令速度运转。

（5）保护电路　检测主电路的电压、电流等，当发生过载或过电压等异常时，为了防止逆变器和异步电动机损坏，使逆变器停止工作或抑制电压、电流值。

逆变器控制电路中的保护电路，可分为逆变器保护和异步电动机保护两种，表 2-6 为保护功能一览。

表 2-6　保护功能一览

保护对象	保护功能
逆变器保护	瞬时过电流保护 过载保护 再生过电压保护 瞬时停电保护 接地过电流保护 冷却风机异常保护
异步电动机保护	过载保护 超频（超速）保护
其他保护	防止失速过电流 防止失速再生过电压

1）逆变器保护

a. 瞬时过电流保护　由于逆变器负载侧短路等，流过逆变器器件的电流达到异常值（超过容许值）时，瞬时停止逆变器运转，切断电流。变流器的输出电流达到异常值时，也同样停止逆变器运转。

b. 过载保护逆变器输出电流超过额定值，且持续流通达规定的时间以上，为了防止逆变器器件、电线等损坏要停止运转。恰当的保护需要反时限特性，采用热继电器或者电子热保护（使用电子电路）。过负载是由于负载的转动惯量过大或因负载过大使电动机堵转而产生。

c. 再生过电压保护　采用逆变器使电动机快速减速时，由于再生功率直流电路电压将升高，有时超过容许值。可以采取停止逆变器运转或停止快速减速的办法，防止过电压。

d. 瞬时停电保护对于数毫秒以内的瞬时停电，控制电路工作正常。但瞬时停电如果达数 10 ms 以上时，通常不仅控制电路误动作，主电路也不能供电，所以检出后使逆变器停止运转。

e. 接地过电流保护逆变器负载侧接地时，为了保护逆变器有时要有接地过电流保护功能。但为了确保人身安全，需要装设漏电断电器。

f. 冷却风机异常保护　有冷却风机的装置，当风机异常时装置内温度将上升，因此采用风机热继电器或器件散热片温度传感器，检出异常后停止逆变器运转。在温度上升很小对运转动碍的场合，可以省略。

2）异步电动机的保护

a. 过载保护　过载检出装置与逆变器保护共用，但考虑低速运转的过热时，在异步电动机内埋入温度检出器，或者利用装在逆变器内的电子热保护来检出过热。动作频繁时，可以考虑减轻电动机负载、增加电动机及逆变器容量等。

b. 超频（超速）保护逆变器的输出频率或者异步电动机的速度超过规定值时，停止逆变器运转。

3）其他保护

a. 防止失速过电流急加速时，如果异步电动机跟踪迟缓，则过电流保护电路动作，运转就不能继续进行（失速）。所以，在负载电流减小之前要进行控制，抑制频率上升或使频率下降。对于恒速运转中的过电流，有时也进行同样的控制。

b. 防止失速再生过电压　减速时产生的再生能量使主电路直流电压上升，为了防止再生过电压保护电路动作，在直流电压下降之前要进行控制，抑制频率下降，防止不能运转（失速）。

3. 配套设备

根据变频器电压等级、功率大小、使用场合，要采用不同的配套设备和安装方式[12]。

2.9.4.6　水泵、风机的变频调速

离心式水泵、风机属于二次方律负载，这种负载的特点是负载的阻转矩与转速的二次方成正比，负载的功率与转速的三次方成正比。

1. 风机变频调速设置

（1）最高频率　不超过电动机的额定频率。

（2）上限频率　根据实际需要进行设置。

（3）下限频率　风机在频率太低时，风量太小，实际意义不大，故下限频率常设置为 25 Hz。

（4）升降速时间　风机的惯性较大，且连续运行，启动和停机的次数有限，启动和制动时间的长短并不影响生产运行，所以升降速时间可以预置的长一些，以起动和停机过程中不跳闸为原则。

2. 水泵变频调速设置

（1）最高频率　不超过电动机的额定频率。

（2）上限频率　水泵的上限频率通常设置为 50 Hz，但因为在变频 50 Hz 下运行，与工频相比，增加了变频器本身的功耗。所以从节能角度出发，上限频率可以设置为 49.50 Hz 或 49 Hz。如流量不足，可切换至工频运行。

（3）下限频率　由于水泵的扬程特性与转速有关，转速太低，供水系统有可能因达不到实际扬程而不能供水。因此下限频率要根据实际扬程来设置。

（4）升降速时间　水泵升降速太快，水压的变化十分剧烈，容易产生水锤效应。所以水泵的升降速时间应设置的长一些，主要为了预防水锤效应[13]。

2.10　制冷空调系统安装要求

在铀浓缩工厂中，辅助系统的安装调试运行顺序为：空调系统应在离心机安装之前调试完成，保证离心机安装时工艺大厅的温湿度参数；水处理系统、离心机加热系统应在机组真空干燥前完成调试，保证真空干燥时的水温及水质符合要求，其中水处理系统调试应在加热系统前。离心机冷却水系统、变频冷却水系统、循环冷却水系统在机组冲击启动之前调试完成。

本节及下节主要介绍制冷空调系统的安装、调试相关要求，本节介绍安装部分，下节介绍调试部分。

2.10.1　制冷空调系统设备安装

2.10.1.1　冷水机组、风冷热泵直膨式机组安装

（1）冷水机组安装位置应满足设备操作及维修的空间要求，四周应有排水设施；纵、横向水平度的允许偏差应为 1‰，当采用垫铁调整机组水平度时，应接触紧密并相对固定。

（2）风冷热泵直膨式机组室外机组应安装在设计专用平台上，并应采取减振与防止紧固螺栓松动的措施；室外机的通风应通畅，不应有短路现象，运行时不应有异常噪声，当多台机组集中安装时，不应影响相邻机组的正常运行；室内外机组间制冷剂管道的布置应采用合理的短捷路线，并应排列整齐；冷却器的表面应保持清洁、完整，空气与制冷剂应呈逆向流动；冷却器四周的缝隙应堵严，冷凝水排放应畅通。

（3）制冷循环系统的液管不得向上装成形；除特殊回油管外，气管不得向下装成 "6" 形；液体支管引出时，必须从干管底部或侧面接出；气体支管引出时，应从干管顶部或侧面接出；有两根以上的支管从干管引出时，连接部位应错开，间距不应小于 2 倍支管直径，且不应小于 200 mm。

2.10.1.2　水泵安装

水泵安装应符合以下要求

（1）水泵的平面位置和标高允许偏差应为 ±10 mm，安装的地脚螺栓应垂直，且与设备底座应紧密固定；

（2）垫铁组放置位置应正确、平稳，接触应紧密，每组不应大于 3 块；

（3）整体安装的泵的纵向水平偏差不应大于 0.1‰，横向水平偏差不应大于 0.2‰。组合安装的水泵的纵、横向安装水平偏差不应大于 0.05‰，水泵与电机采用联轴器连接时，联轴器两轴芯的轴向倾斜不应大于 0.2‰，径向位移不应大于 0.05 mm，整体安装的小型管道水泵目测应水平，不应有偏斜；

（4）减振器与水泵及水泵基础的连接，应牢固平稳、接触紧密。

2.10.1.3　冷却塔安装

冷却塔安装应符合以下要求：

（1）基础的位置、标高应符合设计要求，允许误差应为 ±20 mm，进风侧距建筑物应大于 1 m，冷却塔部件与基座的连接应采用镀锌或不锈钢螺栓，固定应牢固。

（2）冷却塔安装应水平，单台冷却塔的水平度和垂直度允许偏差应为 2‰，多台冷却塔安装时，排列应整齐，各台开式冷却塔的水面高度应一致，高度偏差值不应大于 30 mm，当采用共用集管并联运行时，冷却塔集水盘（槽）之间的连通管应符合设计要求。

（3）冷却塔的集水盘应严密、无渗漏，进、出水口的方向和位置应正确，静止分水器的布水应均匀；转动布水器喷水出口方向应一致，转动应灵活、水量应符合设计或产品技术文件的要求。

（4）冷却塔风机叶片端部与塔身周边的径向间隙应均匀，可调整角度的叶片，角度应一致，并应符合产品技术文件要求。

（5）有水冻结危险的地区，冬季使用的冷却塔及管道应采取防冻与保温措施。

2.10.1.4 通风机安装

通风机安装应符合如下要求：

（1）产品的性能、技术参数应符合设计要求，出口方向应正确；通风机安装允许偏差应符合表 2-7 的规定，叶轮转子与机壳的组装位置应正确，叶轮进风口插入风机机壳进风口或密封圈的深度，应符合设备技术文件要求或应为叶轮直径的 1/100，叶轮旋转应平稳，每次停转后不应停留在同一位置上。

（2）轴流风机的叶轮与筒体之间的间隙应均匀，安装水平偏差 和垂直度偏差均不应大于 1‰。

（3）落地安装时，应设置减振装置，减振器的安装位置应正确，各组或各个减振器承受荷载的压缩量应均匀一致，偏差应小于 2 mm。

（4）悬挂安装时，吊架及减振装置应符合设计及产品技术文件。

（5）风机的减振钢支、吊架，结构形式和外形尺寸应符合设计或设备技术文件的要求，焊接应牢固。

（6）固定设备的地脚螺栓应紧固，并应采取防松动措施。

表 2-7 通风机安装允许误差

序号	项目		允许偏差
1	中心线的平面位移		10 mm
2	标高		±10 mm
3	皮带轮轮宽中心平面偏移		1 mm
4	传动轴水平度		纵向 0.1/1 000 横向 0.3/1 000
5	联轴器	两轴芯径向位移	0.04 mm
		两轴线倾斜	0.2/1 000

2.10.1.5 组合式空调机组安装

1. 组合式空调机组安装

组合式空调机组安装应符合以下要求：

（1）组合式空调机组各功能段的组装应符合设计的顺序和要求，各功能段之间的连接应严密，整体外观应平整。

（2）供、回水管与机组的连接应正确，机组下部冷凝水管的水封高度应符合设计或设备技术文件的要求。

（3）机组与风管采用柔性短管连接时，柔性短管的绝热性能应符合风管系统的要求。

（4）机组应清扫干净，箱体内不应有杂物、垃圾和积尘。

（5）机组内空气过滤器（网）和空气热交换器翅片应清洁、完好，安装位置应便于维护和清理。

2. 空气过滤器安装

空气过滤器安装应符合以下要求：

（1）过滤器框架安装应平整牢固，方向应正确，框架与围护结构之间应严密。

（2）初效、中效袋式空气过滤器的四周与框架应均匀压紧，不应有可见缝隙，并应便于拆卸和更换滤料。

（3）卷绕式空气过滤器的框架应平整，上、下筒体应平行，展开松紧适度。

3. 电加热器安装

电加热器的安装必须符合下列要求：

（1）电加热器与钢构架间的绝热层必须采用不燃材料，外露的接线柱应加设安全防护罩。

（2）电加热器的外露可导电部分必须与 PE 线可靠连接。

（3）连接电加热器的风管的法兰垫片，应采用耐热不燃材料。

2.10.2　风管系统安装

2.10.2.1　风管安装要求

1. 风管安装的一般要求

风管安装应该符合以下要求：

（1）风管应保持清洁，管内不应有杂物和积尘；

（2）风管安装的位置、标高、走向应符合设计要求，现场风管接口的配置应合理，不得缩小其有效截面；

（3）法兰的连接螺栓应均匀拧紧，螺母宜在同一侧；

（4）风管接口的连接应严密牢固，风管法兰的垫片材质应符合系统功能的要求，厚度不应小于 3 mm，垫片不应凸入管内，且不宜突出法兰外；垫片接口交叉长度不应小于 30 mm；

（5）风管与砖、混凝土风道的连接接口，应顺着气流方向插入，并应采取密封措施，风管穿出屋面处应设置防雨装置，且不得渗漏；

（6）外保温风管必需穿越封闭的墙体时，应加设套管；

（7）风管的连接应平直，明装风管水平安装时，水平度的允许偏差应为 3‰，总偏差不应大于 20 mm；明装风管垂直安装时，垂直度的允许偏差应为 2‰，总偏差不应大于 20 mm。暗装风管安装的位置应正确，不应有侵占其他管线安装位置的现象。

2. 金属无法兰连接风管的安装要求

金属无法兰连接风管的安装应符合下列规定：

（1）风管连接处应完整，表面应平整；

（2）承插式风管的四周缝隙应一致，不应有折叠状褶，内涂的密封胶应完整，外粘的密封胶带应粘贴牢固；

（3）矩形薄钢板法兰风管可采用弹性插条、弹簧夹或 U 型紧固螺栓连接，连接固定的间隔不应大于 150 mm，净化空调系统风管的间隔不应大于 100 mm，且分布应均匀，当采用弹簧夹连接时，宜采用正反交叉固定方式，且不应松动；

（4）采用平插条连接的矩形风管，连接后板面应平整；

（5）置于室外与屋顶的风管，应采取与支架相固定的措施；

3. 非金属风管的安装要求

非金属风管的安装应符合下列规定：

（1）风管连接应严密，法兰螺栓两侧应加镀锌垫圈；

（2）风管垂直安装时，支架间距不应大于 3 m；

（3）硬聚氯乙烯风管的安装尚应符合下列规定：采用承插连接的圆形风管，直径小于或等于 200 mm 时，插口深度宜为 40～80 mm，粘接处应严密牢固；采用套管连接时，套管厚度不应小于风管壁厚，长度宜为 150～250 mm；采用法兰连接时，宜采用 3～5 mm 软聚氯乙烯板或耐酸橡胶板；风管直管连续长度大于 20 m 时，应按设计要求设置伸缩节，支管的重量不得由干管承受；风管所用的金属附件和部件，均应进行防腐处理。

其中复合材料风管的安装除了符合上述要求外，还应符合下列规定：

（1）复合材料风管的连接处，接缝应牢固，不应有孔洞和开裂。当采用插接连接时，接口应匹配，不应松动，端口缝隙不应大于 5 mm；

（2）复合材料风管采用金属法兰连接时，应采取防冷桥的措施；

（3）酚醛铝箔复合板风管与聚氨酯铝箔复合板风管的安装，应符合下列规定：插接连接法兰的不平整度应小于或等于 2 mm，插接连接条的长度应与连接法兰齐平，允许偏差应为 −2～0 mm；插接连接法兰四角的插条端头与护角应有密封胶封堵；中压风管的插接连接法兰之间应加密封垫，或采取其他密封措施。

玻璃纤维复合风管安装符合：

（1）风管的铝箔复合面与丙烯酸等树脂涂层不得损坏，风管的内角接缝处应采用密封胶勾缝；

（2）榫连接风管的连接应在榫口处涂胶粘剂，连接后在外接缝处应采用扒钉加固，间距不宜大于 50 mm，并宜采用宽度大于或等于 50 mm 的热敏胶带粘贴密封；

（3）采用槽形插接等连接构件时，风管端切口应采用铝箔胶带或刷密封胶封堵；

（4）采用槽型钢制法兰或插条式构件连接的风管，风管外壁钢抱箍与内壁金属内套，应采用镀锌螺栓固定，螺孔间距不应大于 120 mm，螺母应安装在风管外侧，螺栓穿过的管壁处应进行密封处理；

（5）风管垂直安装宜采用"井"字形支架，连接应牢固。

2.10.2.2 风阀安装要求

风阀安装应符合以下要求：

（1）风阀应安装在便于操作及检修的部位安装后，手动或电动操作装置应灵活可靠，阀板关闭应严密；

（2）直径或长边尺寸大于或等于 630 mm 的防火阀，应设独立设置支吊架；

（3）排烟阀（排烟口）及手控装置（包括钢索预埋套管）的位置应符合设计要求，钢索预埋套管弯管不应大于 2 个，且不得有死弯及瘪陷；安装完毕后应操控自如，无阻涩等现象；

（4）除尘系统吸入管段的调节阀，宜安装在垂直管段上；

（5）防爆波悬摆活门、防爆超压排气活门和自动排气活门安装时，位置的允许偏差应为 10 mm，标高的允许偏差应为 ±5 mm，框正、侧面与平衡锤连杆的垂直度允许偏差应为 5 mm。

2.10.2.3 风口安装要求

风口安装应符合以下要求：

（1）风口表面应平整、不变形，调节应灵活、可靠，同一厅室、房间内的相同风口的安装高度应一致，排列应整齐；

（2）明装无吊顶的风口，安装位置和标高允许偏差应为 10 mm；

（3）风口水平安装，水平度的允许偏差应为 3‰；

（4）风口垂直安装，垂直度的允许偏差应为 2‰。

2.10.2.4 柔性短管安装要求

柔性短管的安装，应松紧适度，目测平顺、不应有强制性的扭曲，可伸缩金属或非金属柔性风管的长度不宜大于 2 m，柔性风管支、吊架的间距不应大于 1 500 mm，承托的座或箍的宽度不应小于 25 mm，两支架间风道的最大允许下垂应为 100 mm，且不应有死弯或塌凹。

2.10.2.5 风管支吊架安装要求

（1）金属风管水平安装，直径或边长小于等于 400 mm 时，支、吊架间距不应大于 4 m；大于 400 mm 时，间距不应大于 3 m，螺旋风管的支、吊架的间距可为 5 m 与 3.75 m；薄钢板法兰风管的支、吊架间距不应大于 3 m，垂直安装时，应设置至少 2 个固定点，支架间距不应大于 4 m；

（2）支、吊架的设置不应影响阀门、自控机构的正常动作，且不应设置在风口、检查门处，离风口和分支管的距离不宜小于 200 mm；

（3）悬吊的水平主、干风管直线长度大于 20 m 时，应设置防晃支架或防止摆动的固定点；

（4）矩形风管的抱箍支架，折角应平直，抱箍应紧贴风管，圆形风管的支架应设托座或抱箍，圆弧应均匀，且应与风管外径一致；

（5）风管或空调设备使用的可调节减振支、吊架，拉伸或压缩量应符合设计要求；

（6）不锈钢板、铝板风管与碳素钢支架的接触处，应采取隔绝或防腐绝缘措施；

（7）边长（直径）大于 1 250 mm 的弯头、三通等部位应设置单独的支吊架。

2.10.3　水系统安装

2.10.3.1　水管安装

1. 水管安装一般要求

（1）隐蔽安装部位的管道安装完成后，应在水压试验合格后方能交付隐蔽工程的施工；

（2）并联水泵的出口管道进入总管，应采用顺水流斜向插接的连接形式，夹角不应大于 60°；

（3）系统管道与设备的连接应在设备安装完毕后进行，管道与水泵、制冷机组的接口应为柔性接管，且不得强行对口连接，与其连接的管道应设置独立支架；

（4）判定水系统管路冲洗、排污合格的条件是，目测排出口的水色和透明度与入口的水对比应相近，且无可见杂物，当系统继续运行 2 h 以上，水质保持稳定后，方可与设备相贯通；

（5）固定在建筑结构上的管道支、吊架，不得影响结构体的安全，管道穿越墙体或楼板处应设钢制套管，管道接口不得置于套管内，钢制套管应与墙体饰面或楼板底部平齐，上部应高出楼层地面 20～50 mm，且不得将套管作为管道支撑，当穿越防火分区时，应采用不燃材料进行防火封堵；保温管道与套管四周的缝隙应使用不燃绝热材料填塞紧。

2. 钢制管道的安装要求

（1）管道和管件安装前，应将其内、外壁的污物和锈蚀清除干净，管道安装后应保持管内清洁；

（2）热弯时，弯制弯管的弯曲半径不应小于管道外径的 3.5 倍；冷弯时，不应小于管道外径的 4 倍；焊接弯管不应小于管道外径的 1.5 倍；冲压弯管不应小于管道外径的 1 倍；弯管的最大外径与最小外径之差，不应大于管道外径的 8%，管壁减薄率不应大于 15%。

（3）冷（热）水管道与支、吊架之间，应设置衬垫；衬垫的承压强度应满足管道全重，且应采用不燃与难燃硬质绝热材料或经防腐处理的木衬垫；衬垫的厚度不应小于绝热层厚度，宽度应大于等于支吊架支撑面的宽度。衬垫的表面应平整、上下两衬垫接合面的空隙应填实；

（4）管道安装允许偏差和检验方法应符合表 2-8 的规定；

（5）安装在吊顶内等暗装区域的管道，位置应正确，且不应有侵占其他管线安装位置的现象。

表 2-8　管道安装允许偏差

序号	项目			允许偏差/mm
1	坐标	架空及地沟	室外	25
			室内	15
		埋地		60
2	标高	架空及地沟	室外	±20
			室内	±15
		埋地		±25

续表

序号	项目		允许偏差/mm
3	水平管道平直度	DN≤100 mm	2L‰，最大 40
		DN>100 mm	3L‰，最大 60
4	立管垂直度		5L‰，最大 25
5	成排管段间距		15
6	成排管段或成排阀门在同一平面上		3
7	交叉管的外壁或绝热层的最小间距		20

注：L为管道的有效长度（mm）。

3. 建筑塑料管道安装要求

采用建筑塑料管道的空调水系统，管道材质及连接方法应符合设计和产品技术的要求，管道安装尚应符合下列规定：

（1）采用法兰连接时，两法兰面应平行，误差不得大于 2 mm，密封垫为与法兰密封面相配套的平垫圈，不得突入管内或突出法兰之外，法兰连接螺栓应采用两次紧固，紧固后的螺母应与螺栓齐平或略低于螺栓；

（2）电熔连接或热熔连接的工作环境温度不应低于 5 ℃环境，插口外表面与承口内表面应作小于 0.2 mm 的刮削，连接后同心度的允许误差应为 2%；热熔熔接接口圆周翻边应饱满、匀称，不应有缺口状缺陷、海绵状的浮渣与目测气孔，接口处的错边应小于 10% 的管壁厚，承插接口的插入深度应符合设计要求，熔融的包浆在承、插件间形成均匀的凸缘，不得有裂纹凹陷等缺陷；

（3）采用密封圈承插连接的胶圈应位于密封槽内，不应有皱折扭曲，插入深度应符合产品要求，插管与承口周边的偏差不得大于 2 mm。

4. 法兰安装要求

法兰连接管道的法兰面应与管道中心线垂直，且应同心，法兰对接应平行，偏差不应大于管道外径的 1.5‰，且不得大于 2 mm，连接螺栓长度应一致，螺母应在同一侧，并应均匀拧紧。紧固后的螺母应与螺栓端部平齐或略低于螺栓，法兰衬垫的材料、规格与厚度应符合设计要求。

5. 管道水压试验要求

管道系统安装完毕，外观检查合格后，应按设计要求进行水压试验，当设计无要求时，应符合下列规定：

（1）冷（热）水、冷却水与蓄能（冷、热）系统的试验压力，当工作压力小于或等于 1.0 MPa 时，应为 1.5 倍工作压力，最低不应小于 0.6 MPa；当工作压力大于 1.0 MPa 时，应为工作压力加 0.5 MPa；

（2）系统最低点压力升至试验压力后，应稳压 10 min，压力降不应得大于 0.02 MPa，然后将系统压力降至工作压力，外观检查无渗漏为合格；对于大型、高层建筑等垂直位差较大的冷（热）水、冷却水管道系统，当采用分区、分层试压时，在该部位的试验压力下，应稳压 10 min，压力不得下降，再将系统压力降至该部位的工作压力，在 60 min 内压力不得下降、外观检查无渗漏为合格。

（3）各类耐压塑料管的强度试验压力（冷水）应为 1.5 倍工作压力，且不应小于 0.9 MPa；严密性试验压力应为 1.15 倍的设计工作压力。

（4）凝结水系统采用通水试验，应以不渗漏，排水畅通为合格。

2.10.3.2　阀门安装要求

阀门安装要求如下：

（1）阀门安装前应进行外观检查，阀门的铭牌应符合现行国家标准《工业阀门标志》（GB/T 12220）的有关规定，工作压力大于 1.0 MPa 及在主干管上起到切断作用和系统冷、热水运行转换调节功能的阀门和止回阀，应进行壳体强度和阀瓣密封性能的试验，且应试验合格，其他阀门可不单独进行试验。壳体强度试验压力应为常温条件下公称压力的 1.5 倍，持续时间不应少于 5 min，阀门的壳体、填料应无渗漏，严密性试验压力应为公称压力的 1.1 倍，在试验持续的时间内应保持压力不变，阀门压力试验持续时间与允许泄漏量应符合表 2-9 的规定。

表 2-9　阀门压力试验时间和运行泄漏量

序号	公称直径 DN/mm	最短试验持续时间/min	
		严密性试验（水）	
		止回阀	其他阀门
1	50	60	15
2	65～150	60	60
3	200～300	60	120
4	350	120	120
5	泄漏量	3 滴×（DN/25）/min	小于 DN65 为 0 滴，其他 2×（DN/25）min

注：压力试验的介质为洁净水。用于不锈钢阀门的试验水，氯离子含量不得高于 25 mg/L。

（2）阀门的安装位置、高度、进出口方向应符合设计要求，连接应牢固紧密；

（3）安装在保温管道上的手动阀门的手柄不得朝向下；

（4）动态与静态平衡阀的工作压力应符合系统设计要求，安装方向应正确。阀门在系统运行时，应按参数设计要求进行校核、调整；

（5）电动阀门的执行机构应能全程控制阀门的开启与关闭。

2.10.3.3　除污器、自动排气装置等管道部件的安装要求

（1）阀门安装的位置及进、出口方向应正确且应便于操作，连接应牢固紧密，启闭应灵活，成排阀门的排列应整齐美观，在同一平面上的允许偏差不应大于 3 mm；

（2）电动、气动等自控阀门安装前应进行单体调试，启闭试验应合格；

（3）冷（热）水和冷却水系统的水过滤器应安装在进入机组、水泵等设备前端的管道上，安装方向应正确，安装位置应便于滤网的拆装和清洗，与管道连接应牢固严密，过滤器滤网的材质、规格应符合设计要求；

（4）闭式管路系统应在系统最高处及所有可能积聚空气的管段高点设置排气阀，在管路最低点应设有排水管及排水阀。

2.10.3.4　支吊架安装要求

1. 金属管道的支、吊架安装

金属管道的支、吊架的形式、位置、间距、标高应符合设计要求，当设计无要求时，应符合下列规定：

（1）支、吊架的安装应平整牢固，与管道接触应紧密，管道与设备连接处应设置独立支、吊架，当设备安装在减振基座上时，独立支架的固定点应为减振基座。

（2）冷（热）媒水、冷却水系统管道机房内总、干管的支、吊架，应采用承重防晃管架，与设备连接的管道管架宜采取减振措施，当水平支管的管架采用单杆吊架时，应在系统管道的起始点、阀门、三通、弯头处及长度每隔 15 m 处设置承重防晃支、吊架；

（3）无热位移的管道吊架的吊杆应垂直安装，有热位移的管道吊架的吊杆应向热膨胀（或冷收缩）的反方向偏移安装，偏移量应按计算位移量确定；

（4）滑动支架的滑动面应清洁平整，安装位置应满足管道要求，支承面中心应向反方向偏移 1/2 位移量或符合设计文件要求；

（5）竖井内的立管应每两层或三层设置滑动支架，建筑结构负重允许时，水平安装管道支、吊架的最大间距应符合表 2-10 的规定，弯管或近处应设置支、吊架；

（6）固定支架与管道焊接时，管道侧的咬边量应小于 10% 的管壁厚度，且小于 1 mm。

表 2-10　水平安装管道支、吊架的最大间距

公称直径/mm		15	60	65	36	40	50	70	80	100	125	150	200	250	300
支架的最大间距/m	L_1	1.5	6.0	2.5	2.5	3.0	3.5	4.0	5.0	5.0	5.5	6.5	7.5	8.5	9.5
	L_2	2.5	3.0	3.5	4.0	4.5	5.0	6.0	6.5	6.5	7.5	7.5	9.0	9.5	10.5

注：适用于工作压力不大于 2.0 MPa，不保温或保温材料密度不大于 200 kg/m³ 的管道系统；

L_1 用于保温管道，如用于不保温管道；

洁净区（室内）管道支吊架应采用镀锌或采取其他的防腐措施；

公称直径大于 300 mm 的管道，可参考公称直径为 300 mm 的管道执行。

2. 聚丙烯管道支吊架安装要求

采用聚丙烯（PP—R）管道时，管道与金属支、吊架之间应采取隔绝措施，不宜直接接触，支、吊架的间距应符合设计要求，当设计无要求时，聚丙烯（PP—R）冷水管支、吊架的间距应符合表 2-11 的规定，使用温度大于或等于 60 ℃热水管道应加宽支承面[14]。

表 2-11　聚丙烯冷水管支吊架之间的距离

公称外径	20	25	32	40	50	65	75	90	110
水平安装	600	700	800	900	1 000	1 100	1 200	1 350	1 550
垂直安装	900	1 000	1 100	1 300	1 600	1 800	2 000	2 200	2 400

2.11　制冷空调系统调试要求

制冷空调工程安装完毕后应进行系统调试，在测试调整过程中需要对空气的状态参数、冷热媒的物理参数以及制冷空调设备的性能等进行大量的测定工作，将测出的数据与设计数据进行比较，并作为进行调整的依据。制冷空调系统测试人员必须了解各种常用测试仪表的构造原理和性能，熟练地掌握使用和校验方法，以测出比较准确的数据。

2.11.1　系统调试仪表要求

2.11.1.1　测量温度的仪表

温度是空调试调中经常要测量的重要参数之一。按照测温物质和测温原理的不同，温度计有许多种类型，如液体温度计、热电偶温度计、电阻温度计和自记温度计等。

1. 液体温度计

液体温度计是利用玻璃管内的液体（如水银、酒精）受热膨胀受冷收缩的性质来测量温度的。空调测试的刻度范围，一般为 0～50 ℃，它的分度值有 1 ℃、0.5 ℃、0.2 ℃ 和 0.1 ℃ 等几种。此外还有 0.05 ℃、0.02 ℃ 和 0.01 ℃ 的温度计可在高精度测量中使用。使用方法注意事项见产品说明书即可。

2. 热电偶温度计

热电偶温度计测量范围宽，便于远距离传送和集中检测，它的热惰性小，能较快地反映出被测介质的温度变化，可以在短时间内测出许多测点的温度。只要正确地掌握与热电偶相连接的二次电测仪表的操作方法，就能测出较准确的数值。

3. 电阻温度计

电阻温度计是由对温度变化反映敏感的一次仪表和指示或自动记录温度的二次仪表组成。一次仪表是根据导体和半导体的电阻值随温度的变化而变化的特性制成；二次仪表是用来测量一次仪表反映出来的电阻值刻度盘刻出与电阻值相对应的温度值,从仪表上直接读出温度。

4. 自记温度计

自记温度计是固体膨胀式温度计的一种，它的测量精度为 ±1 ℃，通常用来记录室外温度、恒温室技术夹层的温度和室温允许波动范围大于 ±1 ℃ 的恒温室温度。在室温允许波动范围不大于 ±1 ℃ 的恒温室内不能使用这类温计测量空气相对湿度的仪表。

2.11.1.2　测量空气相对湿度的仪表

测量空气相对湿度常见的测量仪表有：普通干湿球温度计、通风干湿球温度计、毛发湿度计、自记式温湿度计以及电阻湿度计等。

1. 普通干湿球温度计

干湿球温度计的工作理是将两支完全相同的液体温度计（一支为干球温度计、另一支温包上包有湿纱布为湿球温度计）固定在一块平板上，板上标有刻度，还附有供查对相对湿度的计算表（该表是针对一定的空气流速，例如 $V \leqslant 0.5$ m/s 或 $V \geqslant 2.0$ m/s 编制的），只要测出干球温度和湿球温度，根据湿球温度和干湿球温度差，便可通过查专用表格得到空气的相对湿度，或者根据干湿球温度，从 *i-d* 图上直接查得。

2. 通风干湿球温度计

通风干湿球温度计（又称带小风扇的干湿球温度计）与普通干湿球温度计的主要差别是在两支温度计的上部装一个小风扇，使空气以不小于 2 m/s 的速度差别球温度计的温包，同时在两支温度计的温包四周装有金属保护管，以防止辐射热的影响，可大大提高测量的精度。

除此以外，在空调工程测试过程中，还经常用热电偶来测量相对湿度，特别是空调器性能测试时，应用更为普遍。其方法与湿球温度计相同，将热电偶测头包上一层纱布，其尾端浸在盛有水的小玻璃瓶里，可根据干、湿两支热电偶的读数算出温度值后通过查表或 *i-d* 图近似地查出空气相对湿度。

3. 毛发湿度计

毛发湿度计是利用脱脂人发在周围空气湿度发生变化时，其本身长度伸长缩短的特性来测量空气相对湿度。常见的有指示式和自动记录式两种形式。

（1）指示式毛发湿度计这种湿度计形式较多，有构造复杂一点的，也有简单的有单根毛发的，也有毛发束的。毛发因空气中相对湿度的变化而伸长或缩短，杠杆受到牵动，带动指针沿着弧形刻度盘移动即可指示出空气相对湿度的数值。

（2）自记式毛发湿度计这种湿度计的构造比较复杂，它的湿度感应元件为脱脂毛发束，能够自动记录空气相对湿度的变化。

4. 自记式温湿度计

自记式温湿度计实际上是由自记温度计和自记毛发湿度计的组合体，所不同的就是记录筒和自记钟为两者共用。记录纸上半部记录相对湿度，下半部记录温度值。一台仪器可同时测量、记录温度和相对湿度的变化，使用起来比较方便。有关使用方法和注意事项与自记温度计、自记毛发湿度计相同。

5. 电阻湿度计

这种湿度计是利用氯化锂吸湿后电阻值变化的特性制成的，它是由测头和指示仪表两部分组成。测头是仪器的感应部分，使用时放在被测定的空间。空气中相对湿度的变化，引起测头电阻值的变化，用电桥并通过表头的读数反映出相对湿度。在一定的相对湿度下，氯化锂吸湿能力是一定的，这就确定了测量不同范围的相对湿度，需要备有不同量程的测头，而每个测头相应有一张校正曲线图，所以一台电阻湿度计就备有几个测头，几张校正曲线图。

2.11.1.3 测量风速的仪表

直接测量风速的仪表在仪表盘上能直接读出风速值。这类仪表有叶轮风速仪、转杯风速仪和热电风速仪等。

1. 叶轮风速仪

叶轮风速仪是由叶轮和计数机构所组成。目前最常见的是内部自带计时装置的，在仪表度盘上可以直接读出风速（*V*/min）值称为自记式叶轮风速仪。该仪表的灵敏度为 0.5 m/s 以下，可测 0.5～10 m/s 范围内的较小风速。空调测试中，主要用于测量风口和空调系统设备的风速。

2. 转杯式风速仪

转杯式风速仪的作用原理、构造与叶轮风速仪基本相似，只是将风速感应元件叶轮换成了三个半球形的转杯（风杯）。因转杯结构牢固机械强度大，能承受速度较大气流的压力，所以能够测量较大的风速，一般为 1～20 m/s 或 1～40 m/s。

转杯和叶轮风速仪在使用前须经标准风筒校验，若没有此条件可用几只风速仪互相校对。

3. 热电风速仪

它是一种新型的测量风速的仪表，其特点是使用方便，灵敏度高，反应速度快，最小可以测量 0.05 m/s 的微风速，主要适用于测量空调恒温房间内的气流速度。

2.11.1.4　测量风压的仪表

测量空调系统风管内空气压力使用液柱式压力计及与其配合使用的一次仪表—皮托管。常用液柱式压力计包括 U 型压力计、杯形压力计、倾斜式微压计和补偿式微压计等。

1. 皮托管（测压管）

皮托管是与压力计配套使用的一次仪表，把它插入风管内可将气流的静压、全压传递出来并通过压力计指示出数值大小。皮托管与压力计之间采用各种不同的连接方法，可单独测得静压或全压，也能测得全压与静压之差值即动压值，所以皮托管又有"动压管"之称。皮托管根据使用对象不同可分为普通皮托管和针状皮托管两种。

（1）普通皮托管是用一根内径为 3.5 mm 和另一根内径为 6～8 mm 的紫铜管同心心套接在一起焊制而成。其头部呈半球形用黄铜制成。内管为全压管，中小孔为全压孔，外管为静压管在离测头不远处外管上有一圈小孔（8 个）为静压孔。

（2）针状皮托管这种皮托管是用来测量孔板送风孔口处压力的专用仪器，它与微压配套使用测出孔口处的全压和静压，计算出孔口的动压，从而求出孔口气流速度。针状皮托管无定型产品，可自行加工制作用两根内径为 1～1.5 mm、壁厚为 0.2～0.5 mm 的铜管或不锈钢管，或者用两支兽医注射用大号针头用锡焊焊接而成。金属管身应平直光滑管壁无裂缝、扭曲及凹痕。因静压孔的孔径只有 0.4 mm，使用时应防止堵塞用完后须套塑料管保护。

2. U 型压力计

这种压力计是径相同的玻璃管弯成"U"型，并固定在带有刻度标尺的底板上，刻度尺的零位在中间；玻璃管内注入工作液体（水或酒精），使液面高度正好处于零位上。

3. 倾斜式微压计

倾斜式微压计是空调调试中不可缺少的常用仪器，可以测得 0～1 500 Pa 的压力，最小读数可达 2 Pa。这种微压计实质上是一种具有倾斜测量管的梯形压力计，它将垂直放置的测量管改为倾斜角度可调的斜管，对于同样的液体高度，在微压计上可使液柱长度增加，因而使其灵敏度和精确度有所提高。

在制造倾斜式微压计时，通常把倾斜测量管固定在五个不同的倾斜角度位置上，从而可以得到五种不同的测量范围，并采用表面张力比较小的酒精（$\gamma = 0.81$ g/cm）作为工作液体，因此 $\gamma \sin a$ 7 称为倾斜微压计常数，用 K 表示。

仪器常数 K 值有 0.2、0.3、0.4、0.6 和 0.8 等五个数据，并直接标在仪器的弧形支架上。所以只要读出倾斜管中的示值，再乘上相应的 K 值，就是所测量的压力 p。

4. 补偿式微压计

该仪器是根据 U 型管、连通器的原理，借助光学仪器作指示，用补偿的方法测量空气压力，读数精确，测量范围是 0～1 500 Pa，最小读数为 0.1 Pa（最大误差为±0.2 Pa）。该仪器惰性较大，反应慢，使用不太方便，但由于精度高，可用来校准其他压力计。在空调调试中主要用于测量空调房间内的正压和孔板送风等场合的压力测量。

2.11.2　制冷空调系统调试作业条件要求

（1）制冷空调系统调试应包括：设备单机试运转及调试；系统非设计满负荷下的联合试运转及调试。

（2）制冷空调系统安装完毕，并经监理单位、设计单位与建设单位等相关人员进行全面检查，全部符合设计工程质量验收标准及合同的要求才能进行运转和调试。

（3）系统运转所需用的水、电、汽及压缩空气等，应具备使用条件，现场清理干净。

（4）系统调试由施工单位负责，监理单位监督，设计单位与建设单位参与和配合。系统调试前做好下列工作准备。

1）经监理单位审批同意运转调试方案，内容包括调试目的要求、时间进度计划、调试项目、程序和采取的方法等。

2）按运转调试方案，备好仪表和工具及调配记录表格。

3）熟悉系统的全部设计资料，各个节点计算的状态参数，领会设计意图，掌握风管系统、冷源和热源系统、供电及自控系统的工作原理。

4）风道系统的调节阀、防火阀、排烟阀、送风口和回风口内的阀板、叶片应在开启的工作状态位置。排烟风口正常状态为关闭。

（5）参与调试的人员必须了解各种常用测试仪表的构造原理和性能，掌握它们的使用和校验方法，按规定的操作步骤进行调试。

（6）通风空调系统风量调试之前，应先对风机进行单机试运转设备完好且符合设计要求，方可开始进行调试工作。

2.11.3　设备单机试运转及调试方案

2.11.3.1　风机试运转

1. 试运转准备

（1）将空调机房打扫干净，清除空调机箱、风管内的脏物，以免进入空调房间或损坏设备，同时也为调试工作创造一个良好的环境。

（2）核对通风机及电动机型号、规格以及皮带轮直径是否与设计相符。

（3）检查通风机、电动机两个皮带轮（或联轴器）的中心是否在一条直线上，地脚螺栓是否拧紧。

（4）检查通风机进出口处柔性接头是否严密。

（5）传动皮带的松紧是否适当，太紧皮带易于磨损，同时增加了电动机负荷；太松皮带在轮子上打滑降低效率，同时使风量、风压达不到要求。

（6）检查轴承处是否有足够的润滑油。

（7）用手盘车通风机叶轮应无卡碰现象。

（8）检查通风机调节阀门启闭是否灵活，定位装置是否牢靠。

（9）检查电动机、通风机、风管接地线连接是否可靠。

2．通风机的启动与运转

上述工作发现的问题已作处理后，还需做好以下工作才可启动通风机。

（1）关好空调机上的检查门和风道上的入孔门。

（2）对于主干管支干管支管上的风量调节阀，若是多叶阀门则应全开；若是三通阀门则应调到中间位置。

（3）送、回风口的调节阀门全部打开。

（4）回风管道内的防火阀放在开启的位置。

（5）新风入口，一、二次回风口和加热器前的调节阀开启到最大位置，加热器的旁通阀应处于关闭状态。

接通电源启动通风机。当转速不断上升达到额定转速后，则通风机启动完毕。通风机的旋转方向应与机壳上箭头所示的方同一致。这点很重要，因风机叶轮若反向旋转，虽然可以继续送空气，但风量、风压将会减少很多，所以必须保证通风机正转。

通风机启动时，如果机壳内有螺钉、石子、焊条尾等杂物时，必然会发出"啪"的响声。这些东西被吹出机壳后，响声会消除。如响声极不正常，应立即断电源，停机检查，取出杂物。

通风机启动后，用钳形电流表测量电动机的电流值，若电流值超过额定值，可将总风量调节阀逐渐关小，直至达到额定值为止。

借助金属棒或电工螺钉旋具，仔细倾听轴承内有无噪声。可根据噪声情况判断，轴承是否损坏，或润滑油中是否混入杂物，必要时应停机检修。

通风机经过一段时间运转后，使用表面温度计测量轴承温度，其温度值不得超过设备技术文件的规定；若是轴承温度已超过允许值，应停机查明原因加以消除。有的通风机（如双进风通风机，设于空调机内）运转时，轴承温度无法测量，可以关掉通风机后进行测量。

通过上述运转检查如正常，就可以进入连续运转阶段。经过不小于 2 h（如设计无规定时）的试运转，并填写通风机试运转记录经有关人员签证后，通风机单机试运转结束。

2.11.3.2　水泵试运转

1．试运转前准备工作

（1）检查水泵和附属系统的部件是否齐全。

（2）检查水泵各紧固连接部位不得松动。

（3）用手盘动叶轮应轻便灵活、正常，不得有卡滞现象。

（4）轴承应加注润滑油脂，所使用的润滑油脂标号数量应符合设备技术的规定。

（5）水泵与附属管路系统上的阀门启闭状态，经检查和调整后应符合设计要求。

（6）水泵运转前，应将入口阀全开，出口阀全闭，待水泵启动后再将出口阀打开。

2．水泵运转

（1）水泵任一次启动立即停止运转，检查叶轮与泵壳有无摩擦声和其他不正常现象。

同时观察水泵的旋转方向是否确。

（2）水泵启动时，应用钳形电流表测量电动机的启动电流待水泵正常运转后，再测量电动机的运转电流，保证电动机的运转功率或电流不超过额定值。

（3）在水泵运转过程中，应用金属棒或长柄螺钉旋具仔细监听轴承内有无杂音，以判断轴承的运转状态。

（4）水泵连续运转 2 h 后，滚动轴承运转时的温度不应高于 75 ℃；滑动轴承运转时的温度不应高于 70 ℃。

（5）水泵运转时，其填料的温升也应正常。在无特殊要求情况下，普通软填料允许有少量的泄漏，即应不大于 60 mL/h。机械密封的泄漏应不大于 5 mL/h，即每分钟不超过两滴。

（6）水泵运转时的径向振动应符合设备技术文件的规定，如无规定时，可参照表 2-12 所列的数值。

表 2-12　泵的径向振幅

水泵转速/（r/min）	≤375	375～600	600～750	1 000～1 500	1 500～3 000	3 000～6 000	6 000～12 000	>12 000
水泵振幅/mm	<0.18	<0.12	<0.10	<0.08	<0.06	<0.04	<0.03	<0.02

水泵运转经检查一切正常后，再进行 2 h 以上的连续运转，运转中如未再发现问题，水泵单机试转即为合格。

水泵试运转结束后，应将水泵出入口阀门和附属管路系统的阀门关闭，将泵内积存的水排净，防止锈蚀或冻裂。

2.11.3.3　冷却塔试运转

1. 试运转前准备工作

（1）清扫冷却塔内的夹杂物和尘垢，防止冷却水管或冷凝器等堵塞。

（2）冷却塔和冷却水管路系统用水冲洗，管路系统应无漏水现象。

（3）检查自动补水阀的动作状态是否灵活准确。

（4）冷却塔内的补给水、溢水的水位应进行校验。

（5）对横流式冷却塔配水池的水位，以及逆流式冷却塔旋转布水器的转速等，应调整到进塔水量适当使喷水量和吸水量达到平衡的状态。

（6）确定风机的电机绝缘情况及风机的旋转方向。

2. 冷却塔运转

冷却塔试运转时，应检查风机的运转状态和冷却水循环系统的工作状态，并记录运转中的情况及有关数据；如无异常现象连续运转时间应不少于 2 h。

（1）检查喷水量和吸水量是否平衡，补给水和集水池的水位等运行是否正常。

（2）测定风机的电机启动电流和运转电流值。

（3）检查冷却塔产生振动和噪声的原因。

（4）测量轴承的温度。

（5）检查喷水的偏流状态。

（6）冷却塔出入口冷却水的温度。

冷却塔在试运转过程中，随管道内残留的以及随空气带入的泥沙尘土会沉积到池底部，因此试运转工作结束后，应清洗集水池。

冷却塔试运转后如长期不使用，应将循环管路及集水池中的水全部放出防止设备冻坏。

2.11.3.4　离心式冷水机组

1. 试运转条件

（1）机房应打扫干净，通风状态良好，冷冻水、冷却水均已通水试验合格；机组的电源、自动调节系统的仪表整定合格，继电保护系统的整定数据正确，系统模拟动作正确。

（2）润滑系统的油路正确，开动油泵使润滑油循环时间不少于 8 h，以冲洗油路中的污垢。停泵后，拆洗滤油器更换新油再投入运转，检查油系统的油温油压及油面高度是否符合设备技术文件的规定。如文件无规定时，一般要求油温 10～65 ℃、油压为 0.1～0.2 MPa。

（3）系统已进行过气密性试验。

2. 空负荷试车

进行空负荷试车，以检查主电机的转向和各附件动作是否正确，以及机组的机械运转是否良好。

3. 抽真空试验

真空度以剩余压力表示保持时间为 24 h。系统的试验压力不大于 0.008 MPa，24 h 后压力基本无变化.氟利昂系统的试力不大于 0.005 3 MPa，24 h 后回升不大于 0.000 5 MPa 为合格。

4. 充灌制冷剂

真空试验达到合格后，可利用系统的真空度进行充灌制冷剂，加入量应符合设备技术文件规定。

为防止水分进入系统，充液管应设有干燥过滤器。系统充灌制冷剂时，应启动蒸发器冷冻水循环泵，使冷冻水流动，同时用卤素灯或卤素检漏仪检漏。当加入制冷剂达到 60% 以上时，由于蒸发器内压力升高和大气压差减小，制冷剂注入速度减慢。可启动电动机，利用压缩机正常工作使蒸发器压力下降，继续加制冷剂达到规定数量。电动机启动后的吸气压力应保持在 39.9～48.5 kPa。

加入制冷剂过程中，应尽量减少空气进入系统内，并防止钢瓶底部污物吸入机内。

5. 机组负荷试运转

负荷试运转前,油泵润滑系统、冷冻水和冷却水系统应具备上述的空负荷试运转条件。浮球室内的浮球应处于工作状态，吸气阀和导向叶片应全部关闭，各调节仪表和指示灯应正常。利用抽气回收装置排除系统中的空气，使机组处于运转准备状态。

机组投入运转时，先手动启动主电动机，根据机组运转情况，逐步开启吸气阀和能量调节导向叶片。导向叶片连续调整到 30%～35%，使其迅速通过喘振区，检查主电机电流和其他部位均正常后，再继续增大导向叶片的开度，以增大机组的负荷，连续运转应不少于 2 h。

手动启动主电机运转正常后，再试验自动启动的效果。如自动启动运转无异常现象，应连续运转 4 h。

自动启动运转连续进行 4 h 过程中，应检查和记录机组的油压、油温、蒸发压力、冷凝压力、浮球工作状态，导向叶片开度、主电动机电流变化、冷冻水和冷却水温度变化各项数据应符合设备技术文件要求。如一切正常，连续运转 8～24 h。

为避免在负荷试运转过程中，由于主电机启动电流过大，容易造成供电系统停电，使主电机和油泵电机同时断电，主机润滑系统与主电机同时停止运转，因此在试运转过程中，油泵应另设一路电源更为妥当。

试运转结束后应按下列程序停车：

（1）切断主电机的电源后，当电机完全停止转动后，才能停止油泵的转动，保证润滑油系统畅通。

（2）然后停止冷却水和冷冻水水泵的转动，并关闭管网上的阀门。

（3）如继续运转应接通油箱上的电加热器，使其自动调节，保证润滑油维持在给定的范围。

2.11.4　系统非设计满负荷条件下的联合试运转及调试方案

各单体设备试运转全部合格后，可进行整个制冷空调系统无负荷联合运转试验调整，以考核系统温度、湿度、气流速度及空气的洁净度能否达到设计要求。系统无负荷联合运转的试验调整是对设计的合理性、各单体设备的性能及安装质量的检验。

2.11.4.1　调试的准备工作

1. 熟悉资料

应熟悉制冷空调系统的全部设计资料，包括图纸和设计说明书，充分领会设计意图。了解各种设计参数、系统的全貌以及设备的性能及使用方法等。搞清送风系统、工艺冷却水系统、自动调节系统的特点，特别要注意调节装置和检验仪表所在位置。

2. 现场验收

调试人员会同设计、施工和建设单位对已安装好的系统进行现场验收。查清施工与设计不符合要求及设备、部件制造质量情况，特别是加工安装质量不合格的地方。前者需查明原因并了解修改设计的文件，并据此绘制实际系统草图。对于加工、安装上的缺陷应逐项填列缺陷明细表，提请施工单位在测试前及时改正。

3. 编制调试计划

根据前两项工作的准备情况。根据工程特点编制试调计划，内容包括试调的目的、要求进度、程序、方法及人员安排等。

4. 仪器、工具和运行的准备

准备好试验调整所需的仪器和必要工具（仪器在使用前必须经过校正）。检查缺陷明细表中的各种缺陷是否已经消除；电源水源冷热源等方面是否准备就绪；风机、水泵和各种空气处理设备的单体运转是否正常。检查确无问题后，即按预定计划进行测试运行。

5. 调试的主要项目和程序

对于要求较高的恒温系统，可按以下项目和程序进行试验与调整。

（1）空调系统所有电气设备及其主回路的检查与测试

这项工作是与准备工作同时进行的，调试人员进入现场后，由电气人员配合施工单位按照有关规程要求，对电气设备及其主回路进行检查与测试，以便配合空调设备的验收。

电气设备及其主回路进行检查测定合格后，应对空调设备进行试运转。其中包括风机和水泵的试运转。

（2）空调设备的试运转

空气处理设备如喷水室、表面冷却器空气加热器和热交换器、自动清洗油过滤器等进行检查。通过试运转考核设备的安装质量，发现故障及时排除。此项工作应配合施工部门、建设单位的运行部门共同进行。空调设备经试运转达到有关验收规范要求后，施工单位即可将它们移交给建设单位运行部门，以便在试调过程中设备运转有专人管理。

（3）风机性能的测定和系统风量的测定与调整

空调设备试运转后，先测定风机性能，然后对送（回）风系统风量进行测定与调整，使系统总风量、新风量，一、二次回风量，以及各干、支风管风量，送（回）风口风量符合设计要求，并调节房间内各回风口风量，使其保持一定的正压。

（4）空调机性能的测定与调整

系统风量调整到符合设计要求后，就为空调机性能的测定创造了条件。即可进行空气处理设备如喷水室、表面冷却器、空气加热器和空气过滤器等单体试验与调整。

（5）自动调节和检测系统的检验、调整与联动运行

在进行前面四项工作的同时，应对自动调节和检测系统的线路、调节仪表检测仪表、敏感元件以及调节和执行机构等部件；进行检查、检验和调整，使其达到设计或工艺上的要求。然后将自动调节和检测系统的各部件联动运行，考核其动作是否灵活、准确，为自动调节系统特性的试调创造条件。

（6）"露点"温度调节性能的试验与调整

在空调机性能测定完毕、自动调节和检测系统联动运行合格的基础上，即可进行此项工作。通过试调使"露点"温度在设计要求的允许范围内波动以保证空调房间内的相对湿度。

（7）二次加热器（再热器）调节性能的试验与调整

在"露点"温度调节性能试调合格后即可进行此项工作。经调试后使二次加热器后的空气温度波动范围减少，以保证收敛加热器或精加热器前空气温度的稳定。

（8）空调房间内气流组织的测试与调整

在进行"露点"温度和二次加热器调节性能的试调过程中，可作室内气流组织试调前的准备工作如仪表的准备、测点的布置、送风口的调整等。待第 6、7 两项工作结束即可进行此项工作（自动控制系统不投入工作）。经气流组织调试后，可使室内气流分布合理，气流速度场和温度场的衰减符合设计要求，为使空调房间内达到要求的恒温恒湿及洁净度创造条件。

（9）室温调节性能的试验与调整

前述各项试调工作结束后，还不足以保证恒温房间内达到设计所规定的室温允许波动

范围，还必须对室温调节性能进行试验与调整。这时空调系统各自动调节环节全部投入工作，并按气流组织调整后的送风状态送入室内，这样就可考核室温调节系统的性能是否满足空调房间内室温允许波动范围的要求。

（10）空调系统综合效果检验与测定

在分项进行调试的基础上，最后进行一次较长时间的测试运行，使自动调节系统的所有环节全部投入工作，以考核系统的综合效果，并确定恒温房间能维持的温度和相对湿度的允许波动范围及空气参数韵稳定性。

系统综合效果测定后，应将测定数据整理成便于分析系统综合效果的图表。即在测定时间内内空气各处理环节状态参数的变化曲线，并在 $i\text{-}d$ 图上绘制出空调系统的实际工况图，与设计工况加以比较。同时画出恒温工作区温差累积曲线、平面温差分布图等。

最后将试调中发现的问题及其改进措施提请有关部门处理。

（11）其他

如果空调房间对噪声的控制和洁净度有一定要求时，在整个系统试调工作结束后，可分别进行测定。另外对制冷装置产冷量的测定与估算，也可在机组性能测定的同时进行。试调项目应按一定的程序来进行，并且是一环扣一环，有的可以穿插来做。

2.11.4.2 空调系统风量的测定与调整

空调系统风量的测定与调整，应在通风机正常运转通风管网中所出现的毛病，如风道漏风阀门启闭不灵或损坏等被消除之后进行。这项工作是空调试调中比较关键性的一环，需要花费较多的时间。系统风量的平衡与调整工作做得怎样，关系到空调房间内能否获得预定的温湿度以及空调系统能否实现经济运行，所以需要认真细致做好这一工作。

1. 风量测定

（1）风管内风量的测定和计算

通过风管截面的风量可按下式确定：

$$L = 3\ 600FV \tag{2-34}$$

式中，F——风管截面积，m^2；

V——测定截面内的平均风速，m/s。

用皮托管和微压计测量风管内平均风速时，所测得的是风管截面上的平均动压的数值，需要通过计算或查专门的表格方可求出平均风速（当风速小于 2 m/s 时，也可利用热球风速仪直接测量风管截面上的平均风速）。

（2）送（回）风口风量的测定

当空气通过带有格栅或网格的送风口送出，特别是当这种格栅的有效面积差很大（例如 50%~70%）时，气流会出现紧缩的现象。如果能在紧缩截面上测量气流速度并乘上该截面面积，无疑是最为准确的方法，但是从格栅面到紧缩气流截面之间的距离是不相同的，并取决于风口的有效截面与外框面积之比；比较复杂，为简化计算，送风口的风量可按下式计算：

$$L = 3\ 600F_{外框} \cdot V \cdot K \tag{2-35}$$

式中，$F_{外框}$——送风口的外框面积，m^2；

K——考虑格栅的结构和装饰形式的修正系数，该值应通过实验方法确定，一般取

0.7～1.0；

V——风口处测得的平均风速，m/s。

回风口风量的测定在贴近格栅或网格处测量结果相当准确，因为回风口的气流比较均匀，其计算公式与送风口相同。

在用叶轮风速仪贴近格栅或网格处测送风口的平均风速时，通常采用匀速移动测量法。

对于截面积不大的风口，可将风速仪沿整个截面按一定的路线慢慢地匀速移动（图 2-93），移动时风速仪不得离开测定平面，此时测得的结果可认为是截面平均风速。此法须进行三次取其平均值。

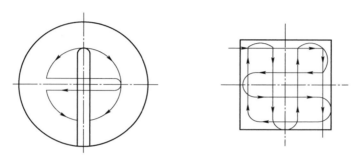

图 2-93　匀速移动测量路线图

（3）测定注意事项

空调系统的送（回）风和管道多安设在技术夹层、顶棚或走廊的吊顶内。在进行风量测定调整时应注意以下各点。

1）测试人员应衣帽齐全紧身，防止行动时东挂西扯。

2）个人使用的工具，应随身带好。

3）爱护仪器设备，在上、下搬运和操作时防止碰摔和倾倒。

4）在顶棚内行走时要注意安全。脚要踩在受力的横木上，切勿踏在不吃力的部位，防止踏坏顶棚和发生人身事故。

5）如遇灯光不足时，有条件的可临时安设低压安全行灯，无条件的可多准备几只手电筒。由于顶棚内电线较多，应注意防止触电事故的发生。

6）在顶棚内外和机房里的测试人员要经常保持通信联络，互通情况发现问题及时处理。特别是人员进到风道内作业时通信更不得中断，要防止由于机房内错误操作贸然开启风机而造成不良的后果。

2. 系统风量调整

空调系统风量的调整，即风量平衡，是调试的一个重要环节。现以二次回风式的空调系统为例，说明空调系统风量的调整方法。

对于送风系统送出的总风量，应沿着系统的干、支风管和各个送风口按设计要求进行分配，并使所有送风口测得的风量之和（即有效风量）近似等于风机出口的总风量，其有效风量与总风量之间允许有±10%的误差。

对于回风系统，吸入的总风量应等于所有风口风量之和，而回风机送出的总风量应等于一、二次回风量与排风量之和。

对于空调机其送风机吸入的总风量应等于新风一次回风和二次回风风量之和。新风量加上一次回风量即为通过喷水室（或表面冷却器）的风量。

对空调房间，也有一个空气量平衡问题。由于生产工艺和保持恒温恒湿的需要，要求室内维持一定的正压，防止走廊或非空调房间的空气侵入。

（1）系统风量的测定和调整程序按下列步骤进行：

1）按设计要求调整送风和回风各干、支管道各送（回）风口的风量。这一步工作量最大，所需耗费的时间也最多。

2）按设计要求调整空调机的风量。

3）在系统风量达到平衡后，进一步调整通风机的风量，使满足空调系统的要求。

4）经调整后，各部分调节阀不变动的情况下，重新测定各处的风量作为最后的实测风量。此时应使用红油漆，在所有风阀的把柄处作标记，并将风阀位置固定。

（2）送（回）风系统风量测定和调整方法

目前国内使用的风量调整方法有流量等比分配法、基准风口调整法和逐段分支调整法等。由于每种方法都有其适应性，应根据调试对象的具体情况，采取相应的方法进行调整，从而达到节省时间加快试调进度的目的。

为了减少送风系统与回风系统同时开动给风量调整带来的干扰，对于非空气洁净系统，在调整时暂时先不开送风机，只开动回风机，即先调回风系统的风量。为此需要将空调房间的门打开，以便由外部补充空气。对有超净要求的系统不可用开房门的办法补充空气。当回风系统调整到基本平衡后，关闭房门再进行送风系统的调整，此时送、回风机同时运行。在本节中重点介绍基准风口调整法.

如图 2-94 所示为送风系统图该系统共有三条支干管路，支干管 I 上带有风口 1～4 号，支干管 II 上带有风口 5～8 号，支干管IV上带有风口 9～12 号。在调整前，先用风速仪将全部风口的送风量初测一遍,并将计算出的各个风口的实测风量与设计风量比值的百分数列入表 2-13 中。

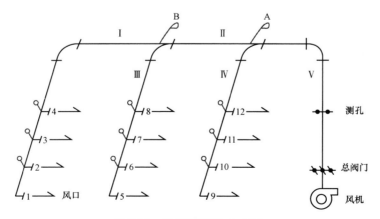

图 2-94　送风系统图（m³/h）

表 2-13　各风口实测风量　　　　　　　　　　（单位：m³/h）

风口编号	设计风量	最初实测风量	最初实测风量与设计风量之比
1	200	160	80%
2	200	180	90%
3	200	220	110%
4	200	250	125%
5	200	210	105%
6	200	230	115%
7	200	190	95%
8	200	240	120%
9	200	240	80%
10	200	270	90%
11	200	330	110%
12	200	360	120%

从表中可以看出，最小比值的风口分别是支干管Ⅰ上的 1 号风口，支干管Ⅱ上的 7 号风口，支干管Ⅳ上的 9 号风口。所以就选取 1 号、7 号、9 号风口作为调整各分支干管上风口风量的准风口。

风量的测定调整一般应从离通风机最远的支干管Ⅰ开始。

为了加快调整速度，使用两套仪器同时测量 1 号、2 号风口的风量，此时凭借三通调节阀，使 1 号、2 号风口的实测风量与设计风量的比值百分数近似相等，逐一测量调整后各条支干管上的风口调整平衡，就需要调节支干管上的总风量。此时，从最远处的支干管开始向前调节。

将总干管 V 的风量调节到设计风量，则各支管和各风口的风量将按照最后调整的比值数进行等比分配达到设计风量。

（3）空调机风量测定和调整

新风风量：可在新风管道上打测孔，用皮托管和微压计来测量风量，此法比较准确。如无新风风道时（例如从开设在墙上的百叶窗直接进气），一般在新风阀门的出口处（或新风进口处）用风速仪来测量（图 2-95）。此时可在离风阀在 10～20 cm 处放风速仪，并使它与气流流向垂直，将整个风门划分 9 或 12 个方格，定点测其中心速度求出平均值。由于风门开启呈一定角度，气流截面有所缩小，所以在计算风量时宜将风门外框面积乘以系统 $\cos\alpha$（α 为阀门叶片与水平线的夹角）。

一、二次回风量和排出风量：一般来说都可以在各自的管道上打测孔，用皮托管和微压计测出。如果打测孔有困难时，也可以在一、二次回风的入口处和排风出口处用风速仪。

通过喷水室（或表面冷却器）的风量应等于新风量与一次回风量之和，这个数值可以作为复核用。是在分风板前、挡水板后用风速仪进行定点测量，并将分风板前、挡水板后所测得的风量取其平均值作为通过喷水室的风量。测定时，风速仪须贴近测量断面，并将它划分为 9、12 或 16 个方格，测其中心处速度取其平均值。计算风量时，气流通过的断面积可采取除掉方框后的断面积，再乘上一个挡水板厚度和横条阻塞系数 0.95。

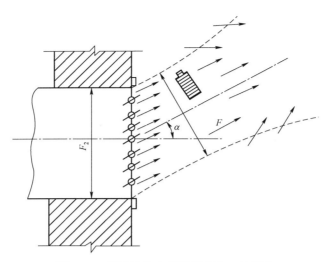

图 2-95　用风速仪在新风阀门出口处测定

通过空调机的总风量除了在第二次混合段测量外（对于一次回风系统，就是通过喷水室的风量），实际上就是送风机吸入端所测得的风量。但由于所使用的测量仪器不一样测值的准确性也有差别。测量结果可以互相校核，取出符合实际的数据。

（4）室内正压的测定和调整

空调恒温房间一般需保持正压。当工艺上无特殊要求时室内正压宜采用 5 Pa 左右；当过渡季节大量使用新风时，室内正压不得大于 50 Pa。如果设计时规定了具体的正压数值，试调时应满足设计要求，如未规定则参照上述数值进行调整。

正压的测试：进行正压值测量前，首先试验一下室内是否处于正压状态。试验的最简便办法是将尼龙丝或小纸条放在稍微开启的门缝处，观察尼龙丝或小纸条飘动的方向。飘向室外证明室内是正压，飘向室内证明是负压。

为了能够将正压值测量准确，宜使用补偿式微压计进行测量。将微压计放置室内，微压计的"一"端接好橡皮管，把橡皮管的另一端经门缝拉出室外与大气相通，从微压计上读取室内静压值，即室内所保持的正压值。也可以将微压计放置于被测房间门外微压计的"+"端接橡皮管将橡皮管另一端拉入被测房间；微压计所处的空间应与大气相通。

正压的调整：为了保持室内正压，通常是靠调节房间回风量的大小来实现。在房间送风量不变的情况下，开大房间回风调节阀，就能减少室内正压值；关小调节阀就会增大正压值。如果房间有两个以上的回风口时，在调节阀门时候要照顾到各回风口风量的均匀性；否则将对房间气流组织带来不良的影响。

2.11.5　系统调试质量控制要求

2.11.5.1　设备单机试运转及调试

设备单机试运转及调试应符合下列规定：

1. 通风机、空气处理机组中的风机，叶轮旋转方向应正确、运转应平稳、应无异常振动与声响，电机运行功率应符合设备技术文件要求。在额定转速下连续运转 2 h 后，滑动轴承外壳最高温度不得大于 70 ℃，滚动轴承不得大于 80 ℃。

2. 水泵叶轮旋转方向应正确，应无异常振动和声响，紧固连接部位应无松动，电机运行功率应符合设备技术文件要求。水泵连续运转 2 h 滑动轴承外壳最高温度不得超过 70 ℃，滚动轴承不得超过 75 ℃；壳体密封处不得渗漏，普通填料密封的泄漏水量不应大于 60 mL/h，机械密封的泄漏水量不应大于 5 mL/h。

3. 冷却塔风机与冷却水系统循环试运行不应小于 2 h，运行应无异常，冷却塔本体应稳固、无异常振动，冷却塔中风机的试运转尚应符合 2.11.5.1 中第 1 项的规定；冷却塔的自动补水阀应动作灵活，试运转工作结束后，集水盘应清洗干净。

4. 制冷机组的试运转除应符合设备技术文件和现行国家标准《制冷设备、空气分离设备安装工程施工及验收规范》（GB 50274）的有关规定外，尚应符合下列规定：

（1）机组运转应平稳、应无异常振动与声响；

（2）各连接和密封部位不应有松动、漏气、漏油等现象；

（3）吸、排气的压力和温度应在正常工作范围内；

（4）能量调节装置及各保护继电器、安全装置的动作应正确、灵敏、可靠；

（5）正常运转不应少于 8 h。

5. 风冷热泵直膨式机组系统应在充灌定量制冷剂后，进行系统的试运转，并应符合下列规定：

（1）系统应能正常输出冷风或热风，在常温条件下可进行冷热的切换和调控；

（2）室外机的试运转应符合 2.11.5.1 中第 4 项的规定；

（3）室内机的试运转不应有异常振动与声响，百叶板动作应正常，不应有渗漏水现象，运行噪声应符合设备技术文件要求；

（4）具有可同时供冷、热的系统，应在满足当季工况运行条件下，实现局部内机反向工况的运行。

6. 电动调节阀、电动防火阀、防排烟风阀（口）的手动、电动操作应灵活可靠，信号输出应正确。

7. 变风量末端装置单机试运转及调试应符合下列规定：

（1）控制单元单体供电测试过程中，信号及反馈应正确，不应有故障显示；

（2）启动送风系统，按控制模式进行模拟测试，装置的一次风阀动作应灵敏可靠；

（3）带风机的变风量末端装置，风机应能根据信号要求运转，叶轮旋转方向应正确，运转应平稳，不应有异常振动与声响；

（4）带再热的末端装置应能根据室内温度实现自动开启与关闭。

2.11.5.2　系统非设计满负荷条件下的联合试运转及调试要求

1. 系统总风量调试结果与设计风量的允许偏差应为–5%～+10%，建筑内各区域的压差应符合设计要求；

2. 变风量空调系统联合调试应符合下列规定：

（1）系统空气处理机组应在设计参数范围内对风机实现变频调速；

（2）空气处理机组在设计机外余压条件下，系统总风量应满足 2.11.5.2 中第 1 项的要求，新风量的允许偏差应为 0～+10%

（3）变风量末端装置的最大风量调试结果与设计风量的允许偏差应为 0～+15%；

（4）改变各空调区域运行工况或室内温度设定参数时，该区域变风量末端装置的风阀（风机）动作（运行）应正确；

（5）改变室内温度设定参数或关闭部分房间空调末端装置时，空气处理机组应自动正确地改变风量；

（6）应正确显示系统的状态参数。

3. 水系统联合调试符合以下要求：

（1）水系统应排除管道系统中的空气，系统连续运行应正常平稳，水泵的流量、压差和水泵电机的电流不应出现 10% 以上的波动；

（2）水系统平衡调整后，空调冷（热）水系统、冷却水系统的总流量与设计流量的偏差不应大于 10%；

（3）冷水机组的供回水温度和冷却塔的出水温度应符合设计要求；多台制冷机或冷却塔并联运行时，各台制冷机及冷却塔的水流量与设计流量的偏差不应大于 10%。

4. 舒适性空调的室内温度应优于或等于设计要求，恒温恒湿和净化空调的室内温、湿度应符合设计要求；

5. 室内（包括净化区域）噪声应符合设计要求，测定结果可采用 Nc 或 dB（A）的表达方式；

6. 环境噪声有要求的场所，制冷、空调设备机组应按现行国家标准《采暖通风与空气调节设备噪声声功率级的测定工程法》（GB 9068）的有关规定进行测定；

7. 压差有要求的房间、厅堂与其他相邻房间之间的气流流向应正确；

8. 通风与空调工程通过系统调试后，监控设备与系统中的检测元件和执行机构应正常沟通，正确显示系统运行的状态，并完成设备的连锁、自动调节和保护等功能。[15]

2.12　制冷空调系统运行维护

2.12.1　离心式冷水机组运行维护

2.12.1.1　离心机冷水机组运行操作

1. 启动前准备工作

（1）检查机组已正常送电；

（2）检查工艺冷却水系统设备处于正常状态；

（3）确认机组外围无异常状况；

（4）确认机组油温达到启机要求；

（5）启动循环冷却水泵、冷却塔风机，确认循环水系统运行正常；

（6）启动离心机冷却水泵，确认离心机冷却水水流正常。

2. 启动操作

（1）在机组控制面板上点击"启动"键；

（2）机组倒计时开始；

（3）油泵自动启动；

（4）压缩机自动启动；

（5）压缩机过度到运行状态；

（6）进口导叶打开，当水温达到要求时，由电流与出水温度设定值来开关导叶防止过电流及适应需求。

3. 运行参数记录

机组运行正常，需监测记录的数据有：电压、电流、油位、油温、油压差、进水压力、出水压力、进水温度、出水温度、蒸发压力、蒸发温度、冷凝压力、冷凝温度。

4. 停机

（1）在机组控制面板上，点击"停机"按钮；

（2）机组停机后，在润滑时间到后会自动停油泵；

（3）关闭循环冷却水、离心机冷却水阀门。

离心式冷水机组的运行日常维护与保养是为了保证机械设备正常运转和提高寿命，保证要求的制冷量和保证各辅助设备和系统与机组协调一致地工作。以下对各部件的运行维护措施一一进行介绍。

2.12.1.2　离心式制冷压缩机的日常维护保养

1. 监视油槽内的油位

机组在正常运行时，机壳下面油槽的油位应处于油位视镜中央（如为上、下两个圆视镜时，油位应在上游视镜的中线位置）。对新启用的机组必须在启动前根据使用说明书的规定加足冷冻机油。对于定期检修的机组，由于油泵及油系统中的残余油不可能完全排净，故再次充注时必须以单独运转油泵时油位处于视镜中央为正常油位。油位过高将使小齿轮浸于油中，运转产生油的飞溅、油温急剧上升，油压剧烈波动，由于轴承无法正常工作而导致故障停机。

如果油位太低，则油系统中循环油量不足，供油压力过低且油压表指针波动，轴承油膜破坏，可导致故障停机。但必须注意机组启动过程中的油位指示与机组运行约 4 h 后油位指示的区别。机组在启动过程中，油中溶有大量制冷剂，即使油槽油温达 55 ℃，由于润滑油系统尚未正常工作，仍然不能较大限度地排出油中混入的制冷剂。因此在制冷机组运转时，油槽油位上部产生大量的泡沫和油雾，溶入油中的制冷剂因油温升高不断气化、挥发、逸出，通过压缩机顶部平衡管与进气室相通进入压缩机流道。当压缩机运行约 4 h 后，由于制冷剂从油中排出，油槽油位讲迅速下降，并趋于平衡在某一油位上。

如果机组在运行中油槽油位下降至最低限位以下时，应在油泵和机组不停转的情况下，通过润滑系统上的加油阀向油系统补充符合标准的冷冻机油。如果油槽油位一直在逐渐下降的趋势时，则说明有漏油的部位，应停机检查处理。

2. 严格监视供油压力

离心式冷水机组正常的供油压力状态包括以下几个方面：可通过油压调节阀的开和关来调节油压的大小；油压表上指针摆动幅度≤±50 kPa；油压不得呈持续下降趋势。

如果机组在运转中加大导叶开度（即加大负荷）时，油压虽有一定的下降趋势，但在导叶角度稳定之后应立即恢复稳定。故在运行时导叶的开大，必须谨慎缓慢，每开 5°应停一会，切忌过快过猛。

一般在机组启动后、进口导叶开度前，油泵的总供油压力一般应调至 0.3～0.4 MPa（表压）。为了保证压缩机的良好润滑，油过滤器后的油压与蒸发器内的压力差一般控制在 0.15～0.19 MPa，不得小于 0.08 MPa，控制和稳定总油压差的目的是为了保证轴承的强制润滑和冷却，确保压缩机的主电动机内部气封封住油不内漏，保证供油压力和油槽上部空间负压的稳定。

在进行油压调整时，必须注意在机组启动过程及进口导叶开度过小时，油压表的读数（与油槽压力差）均高于 0.15 MPa。但当机组处于额定工况正常运行时，该油压差值必须小于压缩机的出口压力，只有这样，主轴与主电动机上的充气密封才能阻止油漏入压缩机中内。

3. 严格监视油槽油温和各轴承温度

离心式制冷机组在运转中，为了保持油质一定的黏度，确保轴承润滑和油膜的形成，保证制冷剂在油中具有最小的溶解度和最大的挥发度，必需使油槽温度控制在 50～65 ℃。运行实践证明，油槽油温与最高轴承温度之差一般控制在 2～3 ℃，各轴承温度应高于油槽的油温。

机组在正常运转中，由于润滑油的作用，将轴承的发热量带回油槽，因此油槽的油温总是随轴承温度的上升而上升。如果主轴上的推力轴承温度急剧上升，虽低于 70 ℃还未达到报警停机值，但与油槽内的油压差值已大于 3 ℃，此时则应考虑开大油冷却器的冷却水量，使供油温度降低，最高轴承温度和油槽油温也将相应降低。如果轴承温度与油槽温度的差值仍远超 3 ℃，但轴承温度不在上升，可采用油冷却水量和水温调节，如果轴承温度继续上升，则应考虑停机进行检修。

4. 监视压缩机和整个机组的振动及异常声响

离心式冷水机组在运行中，如果某一部位发生故障或事故的征兆时，就会发生异常的振动和噪声，如压缩机、主电动机、油泵、抽气回收装置、接管法兰、底座等所产生的各种振动现象，必须及时排除。这是离心式制冷机组日常维护和保养的重要内容。离心式制冷压缩机在运行中可能产生的振动的原因如下：

（1）机组内部清洁度较差，各种污垢层积存在叶轮流道上，尤其是叶轮进口处积垢在 1～2 mm 时，就有可能破坏转动件已有的平衡状态而引起机组振动，故必须保持机组内部清洁。为此应做到：在设备大修时，对蒸发器和冷凝器筒体内壁、机壳和增速箱内壁、主电动机机壳内壁等与制冷剂接触的部位所使用的防腐蚀、防锈涂料必须确保与制冷剂不相溶和无起皮脱落，以避免落入压缩机流道内部，造成积垢。必须确保制冷剂的纯度和符合质量标准，并应定期抽样化验。尤其是制冷剂中的水分、油分、凝析物等必须符合标准要求，避免器壁的锈蚀和积垢。注意运行检查，如发现蒸发器、冷凝器传热管漏水必须停机检修。确保机组密封性和真空度要求，避免外部空气、水分及其他不凝结的气体渗入机组内，一旦发现系统不凝性气体过多，则必须用抽气回收装置进行排除。定期检修和清洗浮球室前过滤网。

（2）转子和固定元件相碰撞。离心式制冷压缩机属于高速旋转的机械，其转子与固定元件各部件，如叶轮进出口部位与蜗壳、机壳之间，径向滑动轴承与主轴之间，推力轴承与推力盘之间等，均有一定的配合间隙。当润滑油膜破坏时，将会引起碰撞，叶轮与蜗壳、机壳之间的碰撞，将会使铝合金叶轮磨损甚至破碎。叶轮的磨损或破碎又会使转子的平衡受到破坏，从而引起转子剧烈振动或破坏的事故。如润滑油太脏、成分不纯、混入制冷剂、油压过低或过高、油路的堵塞或供油突然中断等，都可能导致轴承油膜无法形成或破坏，这也是引起压缩机转子振动破坏的直接或间接原因。

（3）压缩机在进行大修装配过程中，如果轴承的同轴度、齿轮的啮合、联轴器对中、推力盘和推力块工作面之间的平行度、机组的水平度、装配状态达不到技术要求，也是造成压缩机转子振动的原因。

此外，离心式制冷压缩机的喘振和堵塞都会引起机组的强烈振动，甚至引起破坏性的后果。

在机组运行中，油泵故障也会造成油泵和油系统发出强噪声和异常振动，这可由产生振动的部位和观察油压表指针的摆动状态来加以判断。抽气回收装置中由于传动带的松紧不当或装配质量问题也会引起装置的剧烈振动，此时可切断抽气回收装置与冷凝器、蒸发器的连通阀，在不停机的情况下检修抽气回收装置。

5. 严格控制润滑油的质量和认真进行油路维护

冷冻机油如果由微红变成红褐色，透明度变暗，则说明油中悬浮着有机酸、聚合物、酯和金属盐等腐蚀产物。此时油的表面张力下降，腐蚀性增加，油质变坏，则必须进行更换。在进行润滑油的更换时，必须使用与原润滑油同一牌号并符合技术条件的油。

对润滑系统的维护管理应做到以下几点：

（1）一般情况下应每年更换一次润滑油。更换时应对油槽做一次彻底清洗，清除油槽中所有沉积的污物、锈渣等，并不得留下纤维残物。

（2）对于带有双油过滤器的离心式制冷机组，应根据油过滤器前后的油压表读数差来判断油过滤器内部脏物堵塞的程度，随时进行油过滤器的切换，以使用干净的油过滤器。对于只有一个油过滤器的机组，应根据具体情况在停机期间进行滤芯和滤网清洗。如发现滤网破裂，应立即更换。

（3）在制冷机组每次启动时，应先检查油泵及油系统是否处于良好状态后才决定是否与主机连锁启动，如有异常应处理后在启动。

（4）油压力表应在使用有效期内，供油压力不稳定时不准启动机组。

（5）油槽底部的电机热器在机组启动和停机时必须接通。如果长期停机但机组内有残存的制冷剂时，则需长期接通。机组运行中，可根据情况断开或接通。但不论在任何情况下，必须保证油槽油温在 50～65 ℃，温度过高和过低均需要调节。

（6）机组在启动和停机时应关闭油冷却器的供水阀。在长期运行中应根据油槽中润滑油的温度情况随时调整冷却水量，一般应以最高轴承温度为调整基准。

2.12.1.3 主电动机的日常维护保养

1. 机组在运行中应严格监视主电动机的运行电流的变化。离心式制冷机组在正常运行中，其主电动机的运行电流应在机组额定工况与最小工况下运行电流值之间波动。一般主电动机应禁止超负荷运行。

在运行中，主电动机的电流表指针有些小摆动是电网电压的波动造成的。但有时由于电源三相的不平衡及电压的波动,机组负荷的变化以及主电动机绝缘不正常也会造成电流表周期性或不规则的大幅度摆动,出现这些情况时应及时进行调整和排除。

2. 应严格注意主电动机的启动过程。为了保护主电动机,必须避免在冷态连续启动两次、在热态连续启动一次和在一个小时内连续启动三次。只是由于,一方面主电动机在启动过程中,启动电流一般是正常运行的 7 倍,如此大的启动电流会使主电动机绕组发热,加速绝缘老化,缩短电动机寿命,还会造成很大的线路电压下降而影响其他电器设备的运行。另一方面由于启动过程中转矩的不断变化,对联轴器的连接部位(如齿轮联轴器的齿面)和叶轮轴连接部位(如键)等都会产生冲击作用,导致发生断裂和破坏。

3. 严格监视主电动机的冷却情况。采用制冷剂喷射冷却的封闭型主电动机的离心式制冷机组,应注意冷却用制冷剂的纯度及是否发生水解作用。因为冷却主电动机用的制冷剂液体中如果含有过分的水分和酸份,会给绕组带来不良影响而使绝缘电阻下降。

4. 注意主电动机的绕组温度变化。绕组温度的测定,一般是由装在绕组中的探测线圈和控制柜上的温度仪来显示的。对于封闭型主电动机,其绕组的温升必须控制在 100 ℃以下。由于温度的升高会使制冷剂分解产生 HCl,破坏绕组绝缘。

5. 监视接线柱部位的气密性。应注意拧紧主电动机接线柱螺栓和导线螺栓,并注意压紧螺栓的松紧应均压并不得压坏绝缘物。螺栓的松动将会导致气密性不良,使连接部位受热、熔化,造成绝缘物的变形和变质,甚至断路。

2.12.1.4 抽气回收装置的日常维护保养

在离心式冷水机组中,其抽气回收装置一般为独立的系统,必要时可关闭与冷凝器、蒸发器相通的管路,进行单独维护保养。

抽气回收装置在机组的运行中一般采用自动方式启动、停止和工作。因此应该做到以下几点:

1. 严格监视回收冷凝器内制冷剂的液位,如果看不到液位则说明回收冷凝器效果不好,应检查供冷却液管路和过滤器是否堵塞。如果放气阀中所排除的不凝性气体中制冷剂气体较多,则应检查回收冷凝器顶部的浮球阀是否卡死。

2. 如果自动排气的放气阀达到规定的压力值还不能打开放气时,则应停止抽气回收装置的运行,对排气阀进行检修。

3. 抽气回收装置频繁的启动则说明机组内有大量的空气漏入。在制冷机组启动前或启动过程中,一般采用手动操作抽气回收装置,每次运转的时间以冷凝压力下降和活塞式压缩机电动机外壳不过热为限,一般每次连续运转时间不超过 30 min。

4. 如该装置长期未用可短时开机,以使压缩机部分得以润滑。

5. 如果制冷机组不需要排除不凝性气体,该装置也应每天或隔几天运转 15～20 min。

2.12.1.5 其他部件的维护保养

由于蒸发器和冷凝器是组成制冷系统的重要部件,在制冷系统运行中起着重要的作用。因而对它们进行正确的维护保养和必要的修理是关系到制冷系统能否正常运行的关键因素之一。

1. 蒸发器的日常维护保养

监视制冷剂的液位。制冷系统在运行中,蒸发器内制冷剂过多或过少,对制冷系统正常运行都是不利的。保持要求的正确液位,是制冷机组在要求工况下正常运行的重要保证。因此,系统在正常运行中,应经常从各个部位的视镜处观察蒸发器(包括离心式制冷机组中的浮球室等)的制冷剂液位和汽化情况。

2. 冷凝器的日常维护保养

(1)运行中应随时注意检查系统中的冷凝压力。制冷系统在正常运行时,冷凝压力应在规定范围内,若冷凝压力过高,则说明制冷系统中存在故障,如系统中不凝性气体过多,对于离心式制冷系统还可能引起压缩机喘振的发生。

(2)运行中应随时注意冷凝器冷却水一侧的结垢和腐蚀程度。一般制冷机冷凝器冷凝温度与冷凝器出水温差应小于 3 ℃,如果温差大于这一范围,则说明冷凝器的换热管内有结垢、腐蚀、漏水、空气进入、制冷剂不纯、冷却水量不足等故障,则应及时进行排除。

如果制冷系统在运行中,冷凝温度小于冷凝器内冷却水的出水温度,这是由于冷凝压力表的接管内制冷剂液化,将压力表管路堵塞,造成冷凝器压力表读数偏低,此时应采取相应的措施。

(3)风冷式冷凝器的除尘。风冷式冷凝器是以空气作为冷却介质的,混在空气中的灰尘随空气流动,黏结在冷凝器外表面上,堵塞肋片的间隙,使空气的流动阻力加大,风量减少。灰尘和污垢的热阻较大,降低了冷凝器热交换效率,使冷凝压力升高,制冷量降低,冷间温度下降缓慢。因此,必须对冷凝器的灰尘进行定期清除。

(4)水冷式冷凝器的除垢。水冷式冷凝器所用的冷却水是自来水、深井水或江河湖泊水。当冷却水在冷却管壁内流动时,水里的一部分杂质沉积在冷却管壁上,同时经与温度较高的制冷剂蒸气换热后,水温升高,则溶解于水中的盐类就会分解并析出,沉淀在冷却管上,凝结成水垢。水垢本身具有较大的热阻,影响换热使冷凝温度升高,会影响制冷机的制冷量,因此要定期清除水垢(关于循环冷却水水质处理,本节随后详述,此处不再展开)。

2.12.1.6　冷水机组常见故障分析及处理

见表 2-13。

表 2-13　冷水机组常见故障分析及处理

序号	故障现象	故障原因	处理方法
1	电机线圈温度过高	冷凝器筒体到冷媒泵进口的冷媒回路倾斜; 冷凝器筒体到冷媒泵进口的冷媒回路堵塞; 冷媒/油泵电机系统的电流和运行不正常; 冷媒泵排气口通路和电机冷却口堵塞或是接错孔口。	摆平回路; 疏通管路; 检修; 检修。
2	水流未建立或中断	水流开关坏;无 120 V 电源供至水流开关; 水量过小; 水流开关动作不良; 模块失效; 阀门未打开。	检查电源或更换水流开关; 检修或更换水流开关; 开大阀门; 检查模块,更换; 打开阀门。
3	启动失败	启动模块损坏; 存在诊断故障; 油温未达到; 油压未建立。	检查模块,更换; 需要先复位; 检查油温; 检查供电情况。

续表

序号	故障现象	故障原因	处理方法
4	冷凝器高压	冷却水温度过高； 冷却水量过小； 冷凝器传热效果差； 机组内不凝气体过多； 高压保护开关失效。	降低冷却水温度； 开大阀门或再启泵； 清洗冷凝器； 排出不凝性气体或机组检漏； 检修。
5	排气超时	机组泄漏； 排气装置泵出压缩机的簧片损坏； 泵出电磁阀没有打开或是已经损坏； 排气装置被锁定。	机组检漏； 检修或更换； 更换； 恢复正常状态。
6	喘振	冷凝压力过高； 机组内不凝气体过多； 低负何运行； 导叶不同步。	检查冷凝压力过高的原因； 排出不凝性气体或机组检漏； 调整负荷； 检修。
7	低出水温度	蒸发器出水温度传感器失效； 设定值不正确； 蒸发器水流量骤然减小。	更换传感器； 重新设定； 检查水量减少的原因。
8	控制中心上显示的油压过低，压缩机不能启动。	油泵反转； 油泵不转。	检查油泵的转向和电路； 检查变频油泵是否发生电气故障。
9	吸气压力过低	制冷机充注量不足； 可变节流孔板问题；	对系统检漏，并添加制冷剂； 清除堵塞；
10	回油系统停止从油/制冷剂中取样	蒸发器换热管太脏比或者堵塞； 跟系统容量相比，负荷不足； 回油系统的干燥过滤器太脏； 回油系统的引射器中的喷嘴或者孔板堵塞。	清洁蒸发器换热管； 检查导叶电机的运行和低水温切断设定值； 更换油循干燥过滤器； 检查喷嘴是否脏堵，用清洗剂清洗或者更换。

2.12.1.7　风冷热泵直膨式机组常见故障分析及处理

见表 2-14。

表 2-14　风冷热泵直膨式机组常见故障及处理

序号	故障现象	故障原因	故障处理
1	压缩机不能启动	设定温度不当； 压缩机电源开关未合上； 安全装置跳开； 电线松动； 制冷剂泄漏严重使低压保护开关动作。	调整设备定值； 合上压缩机电源开关； 使安全开关复位； 检查电线接头，上紧端子螺栓； 检修。
2	压缩机组在运行过程中停机	冷凝风机故障； 制冷系统泄漏； 压缩机故障； 翅片脏堵。	检修； 找漏； 检修； 清洁翅片。
3	高排气压力	系统内有不凝性气体； 制冷剂充注量过多； 冷凝温度过高。	排出不凝性气体； 抽出多余的制冷剂； 降低冷凝温度。
4	低吸气压力	制冷剂不足； 送风量小； 供液管干燥过滤器堵塞。	检漏、维修并充注制冷剂； 清洗空气滤网或调整风阀； 更换。
5	制冷效果不佳	制冷系统有缓慢泄漏； 制冷系统存在脏堵、冰堵； 风管有堵塞现象或阀门开度不够。	检修； 检修； 检查管道系统排出故障或按要求调整阀门开度。

2.12.2　水泵运行维护

2.12.2.1　水泵机组运行操作

水泵机组的正确启动、运行和停机是保证各水系统安全、可靠、合理运行的基本要求。

1. 水泵运行准备

（1）电气设备和仪表运行前的准备

1）检测三相电源电压的有效值和平衡性是否符合要求。

2）检查电动机启动装置的位置及其指示灯的显示是否正确。

3）检查轴承中润滑油的油量、油质以及冷却系统是否正常。

4）检查各处螺栓的连接是否完好。

5）大型电动机应检查其冷却水系统是否投入运行。

6）较长时间不运转的电动机应检测其绝缘电阻是否符合要求。

7）检查三相电流的指示值是否在零位。

（2）水泵及管道系统运行前的准备

1）检查进水阀门是否开启，出水阀门是否关闭。

2）应向泵内注水排出空气，排气后将注水阀门关闭。

3）检查轴承油量、油质是否正常。

4）检查密封水润管调节阀是否打开。

5）检查泵出口处压力表阀门是否关闭。

6）盘车，用手的力量转动联轴器，感觉转动时的轻重与均匀程度，有无卡滞，凭经验可初步判断：电动机有无转动零件松脱或卡滞，泵内有无液体冻结或杂物堵塞，填料压盖是否过松或过紧，轴承是否缺油或有损坏，泵轴有无弯曲变形等情况。

经上述对供配电设备和仪表、水泵机组以及对进、出水系统的检测，若一切正常，启动水泵机组。

2. 水泵启动操作

（1）启动水泵机组必须得到有关负责人的明确指令。

（2）按下动合按钮启动水泵机组时要注意观察电流表指针位置的变化，指针在电动机启动时刻的偏转可能超过电流表的满刻度，但启动过程完成后，指针应回到比铭牌指示的额定电流值略小的位置上。

（3）根据经验，听电动机和水泵在机组启动时的声音是否正常。

（4）缓慢打开泵口压力表阀门，看压力是否正常。

（5）当电动机达到额定转速时即打开出水阀门。

（6）注意电动机与水泵的振动是否正常。

（7）检查填料函滴水是否正常，滴水过大、过小均应加以调节。

（8）检查出水量是否正常。

上述检查操作中都是根据实际生产的经验和积累来判断的，操作人员在日常操作中应多关注正常运行的机组状况，牢记其在正常状态下的各种表现。水泵机组启动后，操作人员必须确认其运行正常才可离开。

3. 离心水泵运行中的巡检

（1）检查电源电压并按时记录

水泵机组正常运行时，电源电压必须在额定电压的±10%范围之内。如果电动机额定电压 380 V，则机组运行时电源电压应在 352～418 V 的范围内，否则视为电源电压不正常；同时，三相最大不平衡线电压不得超过额定电压的 5%。机泵操作人员无论在机组启动前或运行中，都应对电源电压充分关注，按时记录电压情况，发现电压不正常应及时解决或请示停机。

（2）检查电动机的运行电流并按时记录

水泵机组在正常运行时，电流表显示的电流值应不超过电动机的额定电流值。如果发现运行电流过低或过高，则应考虑水泵叶片是否有受损或被杂物卡住等情况。此时，操作人员应请示停机检查。电动机的运行电流也应按时记录检查，真空表和压力表显示的数值并按时记录。

真空表显示水泵的吸入压力，压力表显示水泵的出水压力，这两种仪表的指示值是判断水泵机组运行是否正常的重要参数。同时，这两项数值又是统计机组综合单位电耗的必要依据。

（3）注意水泵机组的振动和声响情况

水泵机组的振动有国家标准，运行中的振动也有专用仪器测试，机组的振动和声响是否正常，主要还是依靠操作人员凭经验加以判断。当发出轴承转动声、电动机转子扫膛声、异物卡住等不正常情况都应及时进行处理。

（4）注意电动机运行中的温度

水泵机组，特别是电动机部分，都有规定的允许温度和温升的要求，电动机的铭牌上就有该电动机的绝缘等级和温升等参数的标示。绝缘等级高，如 F 级，其允许温度是 140 ℃，那么其允许温升为 100 ℃；如绝缘等级为 E 级，则允许温升只有 70 ℃。

大型电动机常在绕组内装设温度传感器，操作人员可随时知道电动机内的温度状况，中、小型电动机主要还是靠操作人员使用便携式远红外测温仪来测量电动机运行时的表面温度。

（5）检查水泵填料函的滴水情况

水泵填料密封是提高水泵容积效率、防止水封进气的一种密封方法，根据技术规程要求，水泵填料函滴水应为 30～60 滴/min，目的是减小轴套与填料之间的摩擦损失，避免运行时温度过高造成抱轴故障。操作人员巡视中应注意填料函的滴水情况，必要时调整填料保证既有水封，又滴水不成流，这样水泵机组的运行既安全又节能。

（6）检查清水池和吸水井的水位状况

根据工艺要求，循环水系统对集水池都有最低水位的限制。操作人员必须按此规定，严格控制水位。如果水位过低，常会把池内淤积物抽出影响水质，也会造成水泵的汽蚀。

（7）检查水泵进口处的真空度

循环水系统中，水泵机组在运行过程中要求泵进口处的真空度小于该流量下泵的允许吸上真空高度，泵进口处的汽蚀余量应大于水泵技术要求所规定的必需的汽蚀余量，操作人员应掌握每台水泵的汽蚀特性，并从观测真空表数值或水位情况判断水泵是否发生汽蚀。如果发现产生汽蚀，应考虑减少这台水泵的出水量或提高水池水位。

4．水泵机组停机

（1）停止水泵机组必须得到有关负责人的明确指令。

（2）关闭出水阀门。

（3）按下动断按钮，停止水泵机组运行。

（4）关闭压力表的阀门。

2.12.2.2　水泵日常维护保养与故障处理

1．水泵机组的日常保养

水泵作为工艺水系统的主要生产机械，在电动机的拖动下长期工作，必定有它的使用寿命。为了使水泵机组更安全、更高效地输、排水，也为了尽可能地延长水泵正常使用的年限，操作人员应认真做好水泵的日常保养工作。

（1）更换润滑油

润滑是任何机械都不可忽视的一个重要环节。水泵是一种高速运转的机械设备，泵的传动机构，特别是轴承，一旦其润滑系统失效，会立即影响水泵的工作，甚至严重到烧毁电动机，使整个机组无法运行。

经常检查轴承润滑油的数量和质量，是水泵日常保养的一个重要项目，操作人员凭日常积累的经验听声音、摸温度来判断轴承运转的情况，适时地补充轴承润滑油（脂），保证油位正常，并按规定的周期更换新油，这样才能使水泵机组在额定状态下连续运行时轴承温度保持正常。

（2）保养填料函

填料函是一种常用的轴封装置，是水泵的一个重要部件。由于填料与轴套不停地摩擦，虽然有水做润滑介质，但经长时间的运转，填料磨损到一定程度，会逐渐失效，所以必须进行更换，以保证它的轴封效果。

（3）注意水泵的振动

水泵振动的原因很多，属于日常保养范围的主要是检查地脚螺栓以及管道的连接螺栓有没有松动，如果紧固了这些螺栓，水泵仍有过度的振动，应及时上报检修。

（4）检查、更换阀门的填料

阀门和水泵一样，也用填料密封。日常保养时应经常检查阀门的密封，有漏水要及时更换，做到阀门不漏水、不漏油、不漏气、无锈蚀。

（5）注意各类仪表

仪表能正确反映水泵机组运行是否正常，仪表的显示值能使操作人员对机组的运行作出比经验更可靠的判断。但是仪表也有使用期限，即便在使用期限内，仪表也可能因各种原因失灵或者损坏。如果在日常保养中发现仪表失灵或有损坏，应及时上报，进行维修或更换。

（6）保养水泵外部

水泵外部应做到防腐有效、铜铁分明，无锈蚀、无斑驳、不漏水、不漏油、不漏电，真空管道和吸水管道不漏气。泵壳外钉有水泵铭牌，必须保持清洁明晰，应保持水泵周围环境整洁卫生。

（7）及时清理水泵前过滤器

水泵运行过程中，部分杂质容易聚集在水泵前过滤器中，堵塞水泵进口，造成系统流量降低，影响系统运行，因此应及时对水泵前过滤器进行清理。

2. 电动机的日常保养

电动机是电力拖动系统中的原动机，在水泵机组中，电动机将运动和动力通过传动机构传递给水泵，使叶轮转动工作。所以在保养水泵的同时，必须对电动机做好日常保养。

（1）检查油量、油质

电动机靠轴系零件，包括轴、联轴器、轴承、键等给水泵传递动力，轴承的正常工作与它的润滑状况密切相关，所以和保养水泵一样，要经常关注电动机轴承的油量和油质，电动机应保持正常油位，缺油时应及时补充同样油质的润滑油。如果发现有漏油或甩油现象，应及时上报、维修。

（2）检测绝缘电阻

电动机一段时间不使用，再次启动前应测试绕组和外壳间的绝缘电阻；对于潜水泵，即使经常使用，也应每月测一次引线及绕组的绝缘电阻。

3. 水泵常见故障原因及处理

见表2-15。

表 2-15　水泵常见故障判断及处理表

序号	故障现象	故障原因	处理方法
1	水泵不吸水、压力表与真空表剧烈跳到	注入水泵的水不够，泵内有空气； 吸入管与仪表（附件）漏气； 吸入口露出水面。	停泵，排出气体； 检查漏点，堵塞漏气处； 尽快补水。
2	压力表有压力，出水管不出水	出水管阻力大（或出水阀门有故障）； 水泵旋转方向不对，转速不够； 叶轮流道堵塞。	检查出水管或出水阀门； 改变电机转动方向，检查电机转速； 清洗流道杂物。
3	电机电流偏大	填料压盖太紧，填料室发热； 叶轮与泵壳之间间隙过大； 水泵轴弯曲、轴线不对中； 电压偏低。	调整填料压盖； 调整叶轮与泵壳之间的间隙； 检修或更换水轴，进行对中检查； 检查供电情况。
4	水泵振动	地脚螺栓松动； 联轴器不同心； 泵轴弯曲。	紧固地脚螺栓； 联轴器不同心找正； 校直泵轴或更换泵轴。
5	轴承过热	轴承缺油或损坏； 泵轴弯曲或联轴器不同心； 润滑油变质或混入杂质。	补充润滑油或更换轴承； 校直泵轴或找正联轴器； 清洗轴承和油槽、更换润滑油。
6	填料函漏水过多	填料压的不紧密或固定螺栓松动； 填料磨损或失去弹性； 填料缠法不对或质量差； 填料与泵轴接触处磨损严重。	拧紧固定螺栓； 更换新填料； 重新缠绕质量好的填料； 修复轴承磨损处或更换新轴。

2.12.3　风机的运行维护

2.12.3.1　风机运行操作

1. 风机启动之前准备工作

（1）场地清洁畅通，无灰尘，无杂物；

（2）风机电机的基础及减振台稳固完好，地脚螺栓无松动、无缺损；

（3）皮带轮紧固端正，皮带松紧合适，皮带防护罩齐全、稳固；

（4）转动皮带轮2～3周，无摩擦及碰撞现象；

（5）风机出口阀开关灵活到位；

（6）电气系统、自控系统处于完好备用状态；

（7）安装或检修后初次运行，应点动试车，检查风机转动方向。

2. 风机启动操作

（1）给控制盘上送电，关闭风机的出口阀；

（2）确认风机皮带轮周围无人后，启动风机；

（3）启动风机后注意倾听运行声音，有无摩擦和碰撞等异常，电机电流应在20秒内返回到工作值，否则应立即停机检查并排除故障；

（4）风机的转速到正常，电流恢复正常，未发现其他异常现象时，打开风机出口阀，并根据室内外参数的变化，调整或打开各有关风阀，使其符合所选择的工况。

3. 风机停机操作

（1）停机前应对风机进行一次全面检查，并做好记录；

（2）关闭风机出口阀门，停止风机运行。

2.12.3.2　风机维护操作方法

1. 风机日常检查与维护保养

风机的停机检查及维护保养工作。风机停机不使用可分为日常停机（如白天使用，夜晚停机）或季节性停机，从维护保养的角度出发，停机（特别是日常停机）时主要应做好以下几方面的工作。

（1）风机的皮带松紧度检查。对于连续运行的风机，必须定期（一般一个月）停机检查调整一次；对于间歇运行的风机，则在停机不用时进行检查调整工作，一般也是一个月做一次。

（2）各连接螺栓螺母紧固情况检查。在进行皮带松紧度检查时，应同时对风机与基础或机架风机与电动机以及风机自身各部分（主要是外部）连接螺栓螺母是否松动做检查和紧固工作。

（3）风机的减振装置受力情况检查。日常运行值班时，要注意检查风机的各减振装置是否受力均匀、压缩或拉伸的距离是否都在允许范围内，如有问题，要及时调整和更换。

（4）风机的轴承润滑情况检查。风机若常年运行，轴承的润滑脂应半年左右更换一次；如果只是季节性使用，可一年更换一次。

（5）风机的运行检查工作。风机运行的主要检查内容有电动机升温情况、轴承温升情况（不能超过60 ℃）、轴承润滑情况、噪声情况、振动情况、转速情况和软接头完好情况。

2. 风机的技术维护

（1）离心式通风机的一级保养内容与要求

1）擦拭风机的外壳，要求表面不能有看到的灰尘，要看到机壳本色。

2）对有保温层的风机，要求表面不能有能看到的灰尘，以保持保温层的本色。

3）检查风机的地脚或风机底座与减振台座，减振台座与减振器之间的连接螺栓有无松动，若有，应及时予以排除。

4）检查联轴器或带轮、V 带是否完好，保护是否牢靠。

5）检查各润滑部位，保持油质干净、油量适当、游标清楚。

6）检查各摩擦部位的温度是否正常，若不正常，应及时予以调整。

7）监听风机运转声音是否正常。

8）检查各调节阀门，保持开关灵活可靠。

9）检查各软接头是否完好，有无泄漏，若有，应及时处理泄漏问题。

（2）离心式通风机的二级保养内容与要求

1）进行一级保养的各项工作内容。

2）对风极的外壳、扇叶进行擦拭、检查叶轮是否完好、有无松动现象。

3）清洗风机的轴承、轴瓦。

4）检查或更换联轴器的螺钉及衬垫或带轮及 V 带。

5）检查或更换阀门。

6）修补管道或更换帆布接头。

7）全面检查各种防护设备及电气控制部件，对损害部件进行更换。

2.12.3.3　风机故障原因及处理

见表 2-16。

表 2-16　风机常见故障判断表

序号	故障现象	故障原因	处理方法
1	电机温度过高	电机受潮，绝缘性能降低； 有一相断路； 阻力过小，风量过大； 电机润滑不好。	检修； 更换电机； 调小风量； 添加润滑油。
2	轴承温度过高	润滑不好； 滚珠破损； 轴承过紧。	加油或换油； 停机修理； 调整或更换。
3	叶轮反转	电源接反； 备用风机出口风阀未关。	重接； 关闭风阀。
4	风机振动过大	叶轮不平衡； 地脚螺栓或其他连接螺栓松动； 轴承滚珠损坏； 风机与电机皮带轮不在同一中心线上。	校正平衡； 紧固； 更换； 调整。
5	风机电流过低	风机出口或入口阀开度不够； 过滤器堵塞； 皮带过松。	调整阀门开度； 清洗或更换； 调整或更换。
6	皮带滑下或跳动厉害	两皮带轮位置未找正，不在同一中心线上； 两皮带轮距离较近，皮带过长。	重新找正； 调整或更换皮带。
7	备用空调箱内有风	通风机出口或入口风阀未关或未关严。	关严风阀。
8	运行空调箱向外跑风	过滤器有堵； 风机入口或出口风阀未开或开度不够； 回风量大于送风量。	清洗或更换； 调整风阀开度； 调整风阀开度。
9	室内温度偏高	工况选择不当，参数设定不当； 回风量大于送风量； 送风量不足。	重新设定参数及工况； 调整送回风机频率； 调整风机运行状态。

续表

序号	故障现象	故障原因	处理方法
10	室温偏低湿度偏大	送风温度过低，温度大； 厂房产湿量大； 空调箱积水太多。	选全回风工况； 通知大厅减少湿源，畅通排水； 减少积水。
11	送风量不足	风机出口或入口阀未开或开度不够； 过滤网堵； 皮带过松打滑； 风机反转。	打开或开大； 清洗或更换； 调整或更换； 接正。
12	空调箱积水多	排水管有堵； 水封弯管不符合要求； 水封漏汽。	疏通； 更换； 消漏。
13	送风机不能启动	总电源、送风机电源未合上； 电源缺项； 送风机损坏； 皮带打滑。	合上电源开关； 检查线路修复； 检修； 调整皮带松紧程度。

2.12.4　冷却塔运行维护保养

为了使冷却塔能安全正常使用，除了做好启动前检查工作和清洁工作外，还需做好以下几项维护保养工作。

（1）运行中应注意冷却塔配水系统配水的均匀性，否则应及时进行调整。

（2）管道、喷嘴应根据所使用的水质情况定期或不定期地清洗，以清除上面的脏物及水垢。

（3）集水盘（槽）应定期清洗。并定期清除百叶窗上的杂物（如树叶、碎片等），保持进风口的通畅。

（4）对使用减速装置传动的冷却塔风机，每两周停机检查一次传动带的松紧度，不合适时要调整。如果几根传动带松紧程度不同则要全套更换；如果冷却塔长时间不运行，则最好将传动带取下来保存。

（5）对使用齿轮减速装置的冷却塔，每个月停机检查一次齿轮箱中的油位。油量不够时要补加到位。此外，冷却塔每运行六个月要检查一次油的颜色和黏度，达不到要求必须全部更换。当冷却塔累计使用 5 000 h 后，不论油质情况如何，都必须对齿轮箱做彻底清洗，并更换润滑油。

（6）由于冷却塔风机的电动机长期在湿热环境下工作，为了保证其绝缘性能防止发生电动机烧毁事故，每年必须做一次电动机绝缘情况测试。如果达不到要求，要及时处理或更换电动机。

（7）要注意检查填料是否有损坏的，如果有，要及时修补或更换。

（8）风机系统所有轴承的润滑脂一般一年更换一次，不允许有硬化现象。

（9）当采用化学药剂进行水处理时，要注意防止风机叶片的腐蚀。

（10）在冬季冷却塔停止使用期间，有可能发生冰冻现象时，要将冷却塔集水盘（槽）和室外部分的冷却水系统中的水全部放光，以免冻坏设备和管道破裂。

（11）冷却塔的支架、风机系统的结构架以及爬梯通常采用镀锌钢件，一般不需要刷漆。如果发现生锈，再进行去锈刷漆工作。

（12）冷却塔常见故障及处理见表2-17。

表 2-17　冷却塔常见故障及处理

序号	故障	原因	处理对策
1	异常噪声及振动	螺丝松动； 风叶片触到风筒； 轴承故障； 电机故障。	紧固螺丝； 重新安装风车，并校正风叶片角度； 更换轴承； 更换或检修。
2	电流超载	电压降过低； 风叶片角度不合适； 电机故障； 轴承故障。	检查电源调高电压； 检查风叶片角度，并调整风叶片角度； 更换或检修； 更换轴承。
3	循环水温升高	循环水量不足； 散水槽水位降低，水量不平均； 风量不足； 入风口阻塞。	检查水泵，调整水量； 清洗散水槽及散水孔； 检查皮带并调整； 检查入风口并处理。
4	循环水量减少	滤水网阻塞； 水池水位降低； 水泵水量不足。	清洗滤水网，除去杂物； 调整补水量； 更换水泵。
5	水沫飞散	循环水量过大； 散水槽水量不平均； 风量过大。	调节水量减少循环水量； 清洗散水槽及散水孔； 调整风叶片角度，减少风量。

2.12.5　闭式冷却塔运行维护保养

2.12.5.1　闭式冷却塔的运行方式

（1）当室外湿球温度<9.5 ℃时，根据工艺要求，闭式冷却塔投入系统，冷水机组退出运行。

（2）当室外湿球温度9.5 ℃≤T_s<12 ℃时，闭式冷却塔与冷水机组并联运行，尽可能提高闭式冷却塔利用率，以实现在工艺冷却水温合格的基础上最大程度节能的目的。

（3）当室外湿球温度≥12 ℃，闭式冷却塔退出运行，由冷水机组单独承担供冷任务。

闭式冷却塔投运后，通常情况下所有喷淋泵均连续不间断运行，工艺系统冷负荷及冷却水供水温度通过调整风机运行台数及运行频率实现。

2.12.5.2　闭式冷却塔运行操作

1. 闭式冷却塔并入系统运行操作

（1）启动前检查

1）检查闭式冷却塔集水池补满水；

2）检查喷淋泵入口滤网无杂质，管道完好；

3）检查风机皮带；

4）季节性首次性启动前需检查电机绝缘，并对喷淋泵进行手动盘车；

5）季节性启动前检查风机皮带完好；

6）检查水质置换合格；

7）检查控制柜已送电。

（2）闭式冷却塔并入系统运行操作

1）室外环境湿球温度连续 5 天低于 12 ℃，做好启动闭式冷却塔准备；

2）设定闭式冷却塔单台出水温度；

3）全开闭式冷却塔进水总阀；

4）缓慢开启闭式冷却塔出水总阀至全开，保证供水温度恒定。

5）适当关小运行冷水机组入口阀门，逐步将工艺冷负荷转至闭式冷却塔系统。

6）运行稳定后，逐步停止冷水机组、循环冷却水泵运行。

2. 闭式冷却塔退出系统运行

1）检查并启动循环水泵；

2）启动一台冷水机组运行；

3）缓慢关闭闭式冷却塔出水总阀，逐步将工艺冷负荷加载至冷水机组，逐台停止闭式冷却塔运行；

4）关闭闭式冷却塔进水总阀。

2.12.5.3　闭式冷却塔维护保养

1. 运行时维护保养

1）定期检查浮球阀的运行情况、冷水盘中运行水位以及喷淋泵入口滤网无杂物。

2）定期检查风扇轴承的润滑情况，每年投运前进行必要的补充润滑。

3）定期检查皮带的完好性。

4）定期检查喷嘴的完好情况。

5）定期检查盘管的结垢情况。

6）检查运行有无任何不正常的噪声、震动。

2. 长期停运后维护保养

1）停运后 1～2 周内检查盘管的结垢情况。

2）停运后 1 个月内排干下箱体水盘内的水，冲洗清理水盘底部杂物。如果下箱体填料上杂物较多，用水清洗，捡出较大附着物。水排干后 1～2 周内对喷淋泵进行手动盘车。

3）每年九月份对封闭管道内的水质进行一次全面置换。

4）每年九月份进行一次水泵开机检查，检查是否完好备用，必要时维护检修。

5）停运后 1 个月内检查上箱体喷淋嘴，清理杂物防止喷嘴堵塞影响喷淋效果，对损坏的进行更换；

6）停运后 1～2 周内进行驱动部分所有螺栓加防腐油或润滑脂；

7）停运后 1～2 周内进行风扇叶片固定风叶螺栓加油防蚀；

8）每年九月份进行电机注油一次；

9）每年九月份检查皮带松紧，可以通过电机架后面螺丝杆调节调节皮带松紧。

2.12.6　通风管运行维护保养

通风管系统的日常维护的主要内容是做好通风管（含保温层）、风阀、风口、风管支撑构件的巡检和维护保养工作。

2.12.6.1　通风管

空调系统通风管日常维护保养如下：

（1）保证管道保温层、表面防潮层及保护层无破损和脱落现象，特别要注意与支（吊）架接触的部位，对使用黏胶带封闭防潮层接缝的，要注意黏胶带是否有涨裂、开胶的现象。

（2）保证管道的密封性，绝对不漏风，重点是法兰接头和风机及风柜等与风管的软连接处以及风机转轴处。

（3）定期通过送（回）风口用吸尘器清除管道内的积尘。

（4）保温管道有风阀手柄的部位要保证不结露。

2.12.6.2　风阀

风阀在使用一段时间后，会出现松动、变形、移位、动作不灵、关闭不严等问题，不仅会影响风量的控制和空调效果，还会产生噪声。因此，日常维护保养除了做好风阀的清洁和润滑工作以外，重点是要保证各种阀门能根据运行调节的要求，变动灵活，定位准确、稳固；关则严实，开则到位；阀板或叶片与阀体无碰撞，不会卡死；拉杆或手柄的转轴与风管结合处应严密不漏风；电动或气动调节阀的调节与指示角度应与阀门开启角度一致。

2.12.6.3　风口

空调系统的风口有送风口、回风口、新风口等，日常维护保养工作主要是做好清洁和紧固工作，不让叶片积尘和松动。根据使用情况，送风口3个月左右拆下来清洁一次；而回风口和新风口，则可以结合过滤网的清洁周期一起清洁。

对于可调型风口，根据空调或送风要求调节后，要能保证调后的位置不变，而且转动部件与风管的结合处不漏风；对于风口的可调叶片或叶片调节节零部件（如百叶风口的拉杆、散流器的丝杆等），应松紧适度，既能转动又松动。

2.12.6.4　支承构件

空调系统的风管系统的支承挎支（吊）架、管箍等，在长期运行中会出现断裂、变形、松动、脱落和锈蚀等故障现象。运行维护管理时，应根据支承构件出现的问题和引起的原因，采取更换、修补、紧固和重新补刷油漆的维护修理工作。

2.12.7　制冷空调系统运行中的节能措施及节能评价

2.12.7.1　制冷空调系统节能评价

制冷空调系统运行中经常采用的节能措施有：

（1）加强日常和定期的对设备和系统的维护。例如阀门、构件等的维护，防止冷、热水和冷、热风的跑、冒、滴、漏；冷凝器等换热设备传热表面的定期除垢或清除积灰；过滤器、除污器等设备定期清洗；经常检查自控设备与仪表，保证其正常工作等。

（2）根据级联大厅工艺冷负荷的变化情况，对设备运行方式和运行状态进行合理转换；在满足工艺参数的前提下，采取适当提高离心机冷却水供水温度、冷水机组冷凝器冷凝温度等节能措施；对系统的运行参数进行监测，从不正常的运行参数中发现系统存在的问题，进行合理改造。

（3）不连续工作的空调通风系统，尽可能的缩短预冷、预热时间。并且在预冷、预热时采用循环风，不引入新风。

（4）当过渡季节中室内有冷负荷时，应尽量采用室外新风的自然冷却能力，节省人工冷源的冷量。

2.12.7.2　制冷空调系统节能评价

在铀浓缩工厂中，制冷、空调系统的设备是否处于节能运行状态，可用以下评价评价指数公式进行评价。

1. 制冷系统的节能评价

制冷系统是一个整体，通常采取超级性能系数，即超级 COP（Coefficient of performance）来评价制冷系统节能性能优劣，表示制取单位冷量所需消耗的能量。

超级 COP 一般采取以下公式表示，即

$$COP = \frac{cq_{v}\rho\Delta t}{3\,600\sum P} \tag{2-36}$$

式中，c——离心机冷却水的比热容，kJ/（kg·℃）；

q_{v}——离心机冷却水体积流量，m³/h；

ρ——离心机冷却水密度，kg/m³；

Δt——离心机冷却水供回水温差，℃；

$\sum P$——制冷系统的实际轴功率（包括冷水机组、水泵、冷却塔风机之和），可以用制冷系统的耗电量（kW·h）/运行时间（h）来计算。

制冷系统的超级 COP 值越大，说明制取单位冷量的消耗的电量越少，制冷系统运行效率高，经济性高。

2. 风冷热泵直膨式空调机组的节能评价

风冷热泵直膨式空调机组的能耗指标可用能效比 EER（Energy Efficiency Ratio）来评价，即

$$EER = \frac{机组名义工况下制冷量}{整机的功率消耗} \tag{2-37}$$

机组的名义工况制冷量，又称额定工况国家标准规定的进风湿球温度、风冷冷凝器进口空气的干球温度等检验工况下测得制冷量，可从机组铭牌得到。整机的功率消耗可用通风机、压缩机、冷凝风机的耗电量之和（kW·h）/机组的运行时间（h）。

3. 水泵的节能评价

水泵的能耗指标可用水输送系数（Water Transferring Factor，WTF）来评价，它的公式是：

$$WTF = \frac{cq_{v}\rho\Delta t}{3\,600P_{N}} \tag{2-38}$$

式中，P_{N}——水泵的额定功率，kW。

对于开式水系统，WTF＞20，对于闭式系统 WTF＞35，水泵处于节能运行状态。

4. 通风机的节能评价

通风机的能耗指标可用空气输送系数（Air Transferring Factor，ATF）来评价，它的

公式是：

$$ATF = 123 \times \eta \times \left(\frac{\Delta T_a}{P} \right) \qquad (2-39)$$

式中，ΔT_a——送回风温差，℃；

P——通风机静压，Pa；

η——通风机电功率综合效率。

当 ATF＞4 时，通风机处于节能运行状态[16]。

2.12.8 循环冷却水水质处理

循环水系统水质管理的任务主要是：严格控制和管理水系统中的水质，控制和管理水系统中并在运行中不被污染，系统应采用合理的水处理方法和防止水被污染的技术措施。

2.12.8.1 循环水系统中的水所含杂质及其危害

循环水系统中的水常常含有以下主要杂质：溶解气体（如：O_2、CO_2、N_2 等）、溶解阳离子（如：Ca^{2+}、Mg^{2+}、K^+等）、溶解阴离子（如：HCO_3^-、CO_3^{2-}、CO_4^{2-} 等）和不溶解杂质（如固体颗粒、油污等）。这些杂质将会对系统和设备产生一定的危害，其主要表现为：

（1）循环水系统中的水由于蒸发浓缩、高温分解以及随着温度的升高某些盐类（如：$CaSO_4$、$CaCO_3$）在水中的溶解度减小，水中溶解的离子（主要是由钙和镁的某些盐类）在水中的浓度超过了相应的溶解度，经过了一系列物理化学过程从水中析出，在管道和设备表面沉淀形成水垢和水渣。众所周知，水垢的导热系数很小，因此，换热设备垢，将会导致传热能力下降。

（2）腐蚀金属（如铁、铜和不锈钢）。铁的腐蚀情况比较复杂，在 pH 值过大或过小的情况下，都会发生腐蚀，而在 pH 值呈中性或弱碱性时处于免蚀区，在弱酸性下发生的腐蚀需要 O_2 参与。铜的化学稳定性比较好，但在酸性、有 O_2 的情况下，铜与氧反应生成的氧化铜保护膜不断溶解，使铜发生腐蚀。为了防止腐蚀，水处理时要控制水的 pH 值和除氧。水中的氯离子（Cl^-）对不锈钢制的板式换热器和波纹管补偿器等产生腐蚀。为此应控制水中 Cl^- 的含量，必要时进行处理。

（3）不溶解性杂质对水系统的危害主要是：不溶解性杂质在管内沉积，减小管道内的流通断面积，增大水流阻力，增加运行费用，甚至堵塞管路或阀门；流动过程中还会破坏管道和设备表面的氧化膜保护层，从而加速腐蚀作用等。

（4）循环冷却水系统在运行中由于与空气接触，空气中的杂质、细菌等随时都可进入循环水中，而冷却水等的温度在 30～37 ℃之间，很适合 LP 杆菌、好氧性夹膜细菌、铁细菌、好氧硫细菌等菌和水藻的繁殖。菌藻在水中繁殖的危害有：引起室内空气的污染，影响人的身体健康；有些菌藻会促进腐蚀；产生的细菌粘泥和大量繁殖的水藻可能堵塞管道。

2.12.8.2 循环冷却水水质控制和管理

循环冷却水系统应在用户入口、设备入口、调节阀入口处设置除污器或过滤器以阻流杂质和污物。水处理的方式和等级需要对水系统的形式、系统和设备所用的材料、水温和水的成分做出评价来确定。因此各种不同类型的水系统需要用不同的水处理方法。

1. 工艺冷却水系统的水质控制

在铀浓缩工厂中，工艺冷却水系统不与空气接触，只有补给水会给带入溶解氧而引起腐蚀。目前工艺冷却水系统的补水为除盐除氧水，不需额外为防止水垢和藻类生长进行处理。具体除氧除氧水的工艺原理见第三章《水处理系统》。

2. 循环冷却水的水质控制

循环冷却水系统因为与空气接触，易产生结垢、泥渣和水藻。因此，对于循环冷却水系统应采用防垢、防腐蚀、防水藻的水处理技术措施。

（1）防垢的方法和采用主要的技术措施有：适当排放系统中的水（定期排污水）、软化处理（如采用电子水垢处理器等）和添加阻垢剂等药剂。阻垢剂的主要阻垢原理有以下4 种：

1）螯合作用　由于聚合物与溶液中的阳离子螯合而降低了溶液中微溶盐的过饱和度，从而抑制了垢的形成。

2）晶格畸变作用　聚合物在垢的形成过程中吸附在晶核或微晶上，占据一定的位置，阻碍和破坏了晶体的正常生长，减慢晶体的生长速率，从而减少了垢的形成。

3）抑制作用　聚合物在晶体的生长过程中吸附在微晶的活性生长点上，减慢甚至完全抑制了晶体的生长，使微晶不能长大从水中沉淀出来。

4）胶粒分散　聚合物可吸附在水垢的颗粒表面，显著增加其表面电位。因此，增大了颗粒间的静电排斥，达到分散稳定胶体的作用；胶粒吸附聚合物后，会产生一种新的斥力位能—空间斥力位能，并且由于聚合物中亲水基团的水合作用，也会增加胶粒间的空间排斥作用。因此起到了稳定作用。

常见的阻垢剂有以下几种：

1）络合剂

EDTA 和 NTA 络合剂能与二价或三价金属生成可溶性络物，常用于处理锅炉水。

2）聚磷酸盐

可有效控制晶核形成的速度，可螯合钙镁离子，从而阻止水垢的形成。做阻垢剂使用时有临界值。易水解转化成为正磷酸盐，和钙离子生成磷酸钙沉淀。

3）有机磷酸酯

含 C-O-P 键，是水垢控制剂和金属氧化物的螯合剂，抑制硫酸钙垢的效果较好，但抑制碳酸钙垢的效果较差。比聚磷酸盐难水解，比有机膦酸易水解。

4）有机膦酸

含 C-P-O 键，比 C-O-P 键要稳定，不易水解。具有临界值效应，低浓度时对氧化铁的水合物、成垢盐份等有很好的控制作用。阻垢性能比聚磷酸盐好，与其他药剂有良好的协同效应，高剂量时有良好的缓蚀性能。

5）膦羧酸

分子结构中同时含膦酸基和羧酸基，在高温、高硬、高 pH 值的水中具有优良的阻垢性能。与有机膦酸比，不易形成有机膦酸钙沉淀。高剂量使用时具有良好缓蚀性能。

6）聚羧酸

对碳酸钙有良好的阻垢作用，具有临界值效应。对水中的无定形不溶物质起分散作用。常用的为丙烯酸的均聚物和共聚物，马来酸为主的均聚物和共聚物。

7）天然分散剂

木质素：无定形的芳香族聚合物，极强的活性。磺化木质素的结构单元中含有酚羟基和羧基。

丹宁：是一类含有许多酚羟基而聚合度不同的物质，分子量在 2 000 以上，按化学性质分水解丹宁（可产生酸、糖和醇）和缩合类丹宁（经酸处理进一步聚合成大分子）。

淀粉和纤维素：均属于多聚糖类，淀粉由外层的淀粉胶（相对分子量为 5 万到 100 万，非水溶体）和内部的淀粉糖（相对分子量为 1 万到 6 万，水溶体）组成。纤维素为无色的纤维状物质，相对分子量为 2 万到 4 万。均可进行羧甲基化。

（2）防腐蚀的主要方法是向水系统投入抑制腐蚀的缓蚀剂，缓蚀剂的作用原理有以下3 种：

1）氧化膜型：指的是阳极钝化剂，它生成的亚铁离子迅速氧化，在碳钢表面形成不溶性 $\gamma\text{-}Fe_2O_3$ 为主的氧化膜而防腐。性能良好，但低浓度下使用已发生局部腐蚀。如铬酸盐、亚硝酸盐、钨酸盐、钼酸盐等。

2）沉淀膜型：与水中钙离子和同时加入的锌离子结合，在碳钢表面形成不溶性的薄膜。如聚磷酸盐、磷酸盐、硅酸盐、锌盐等。效果较差，易导致积垢；或者是与缓蚀对象的金属离子形成不溶性盐，如苯并三氮唑与铜结合形成膜。

3）吸附膜型：同一分子内具有极性基和疏水基。极性基吸附在清洁金属表面，疏水基阻挡水和溶解氧与金属表面接触。胺类、硫醇类、表面活性剂、木质素等。中性水中，一般金属表面不清洁，效果差。

常见的缓蚀剂有：

1）聚磷酸盐—锌盐

属于阴极型缓蚀剂，对碳酸钙和硫酸钙垢有低浓度阻垢作用，对被保护金属表面有清洗作用。锌盐与聚磷酸盐之间有增效作用，锌的含量通常为 10%～20%，以产生增效作用。

2）锌盐—膦酸盐

当复合缓蚀剂中锌的含量在 20%～70%范围内变化时，碳钢的腐蚀可以得到良好的控制；当系统中有铜合金存在时，单独使用膦酸盐对铜合金有腐蚀性，因为膦酸盐能与铜离子螯合生成稳定的螯合物。然而加入锌离子后，与膦酸盐生成更强、更稳定的螯合物，从而减弱了膦酸盐对铜的腐蚀。对电解质的浓度不敏感，温度的影响也很小。可用于通氯的循环冷却水中。

3）锌盐-膦羧酸-分散剂

属于混合型缓蚀剂，有低浓度阻垢作用 是近年来为敞开式循环冷却水在高 pH 下运行而开发的锌系复合缓蚀剂。膦羧酸有低浓度阻垢作用，高聚物分散剂有分散作用和晶格畸变作用，故冷却水在高 pH 下运行时仍然能使换热器的金属换热表面保持清洁。

4）膦酸盐—膦酸盐（ATMP-HEDP）

属于阴极型缓蚀剂，ATMP 与 HEDP 的浓度比对于增效作用是十分关键的，1.5:1 时

最佳 对碳钢的缓蚀性能随 pH 而变化，使用时 pH 至少应大于 7.5。对温度、水质的变化不敏感。对于铜合金有侵蚀性，如果系统中有铜合金存在时，需要添加专用的铜缓蚀剂。

5）聚磷酸盐-膦酸盐

属于阴极型缓蚀剂，聚磷酸盐含量在 40%～80%左右时，效果较好。与 ATMP-HEDP 相比，对铜合金的侵蚀性要小一些，但仍需要添加专用的铜缓蚀剂。对温度不敏感，当温度超过 60 ℃时，仍能进行良好的腐蚀控制。

6）聚磷酸盐—正磷酸盐

属于混合型缓蚀剂。聚磷酸盐浓度的可在 20%～80%的范围内变化，对温度的敏感性不大。

（3）防止菌和水藻繁殖的方法是及时向水中投放适合的杀生剂和纯化剂等药品，以达到杀菌和藻类的目的。常用的杀生剂及其特性列入表 2-18 中[17]。

表 2-18　常用杀生剂及其特点

序号	类型	名称	特性
1	氧化型	氯 二次氯酸钠 次氯酸钙	pH＝6.5～7.0 时杀生效果好，能与多种阻垢、缓蚀剂配合使用，水中应持一定的余氯量；水若含油量多，不宜采用
2		氯胺	能抑制微生物的后期生长，维持余氯量时间较长，但水解缓慢，对有机物有较强的杀灭能力
3	非氧化型	季胺盐类	易于溶水，毒性低。对粘泥有剥离作用，浓度为 40～100 mg/L 时，杀生率为 99%，投药前应排除水中有机物污染
4		氯酚类	对杀灭细菌、真菌、藻类均有效；对黏泥有较好的剥离作用，其衍生物杀生率可达 99.9%，中等毒性，易污染环境；pH 值以 7 为宜
5		二硫氰基甲烷	浓度为 50 mg/L 时，24 h 杀生率为 99%；对黏泥有剥离作用，可与一般药剂共存，高温、高 pH 值时不稳定，pH＞8 时迅速水解
6		乙基大蒜素	一种含硫化物，浓度为 100 mg/L 时，24 h 杀菌可达 9.7%，低毒，高效，有蒜味污染
7		α-甲氨基 甲酸萘酯	广谱性杀菌剂，价廉，浓度为 50 mg/L 时，杀菌率达 65%，与氯酚配合效果较好，低毒，溶水性差
8		烯醛类	对铁细菌碳酸盐还原菌杀灭效果好，能在水中长期稳定存在，无毒性积累问题

2.12.8.3　循环冷却水加药时注意事项

缓蚀剂、阻垢剂可以定期滴加也可以一次投加。

杀菌灭藻剂有非氧化性和氧化性两种，两种药剂可以单独投加亦可以配合投加。通常杀菌灭藻剂采用冲击间歇式投加方式进行操作，按量将药剂直接加入集水池中，且在投加24 小时之内不得排污，因为杀菌灭藻剂在 24 小时之内有药效。在投加非氧化性杀菌灭藻剂 24 小时之后，杀菌后的水池要求大排大补（即水质置换），但排污量以不影响环保为准而且在排污时要兼顾水质的其他指标。加氧化性杀菌剂时视浊度情况可以不置换。

定期对循环水的水质进行检测，同时定期对冷水机组的冷凝器进行检查，如发现冷凝器趋近温度（即冷凝器冷凝温度与冷却水出水温度之差）超过标准值且持续升高，说明冷凝器已经结垢或生藻，需要进行清洗。

无论加哪一种药剂，操作人员必须做好防护措施，穿戴好劳动防护用品，因为药剂对皮肤有腐蚀性并且对人体有毒害作用，如果药剂不慎溅到皮肤上应立即用清水洗净，必要时去医院就医。

2.13 制冷空调系统发展趋势

2.13.1 制冷空调系统发展趋势

在铀浓缩工厂中，随着制冷空调技术的发展，冷源由传统的水冷向风冷转变，原有的制冷机+水泵+冷却塔设备向自带冷热源的风冷热泵直膨式机组转变。但是无论是风冷还是水冷，制冷空调系统都是铀浓缩工厂的能耗大户。综合考虑，在铀浓缩工厂中，制冷空调系统发展有如下趋势。

1. 健康化

制冷剂是在制冷空调技术的过程中最为核心的研究对象，制冷剂选用的好坏与空调制冷技术整体的质量以及效率的高低有着十分密切的联系，因此制冷剂的开发研究能够直接影响到空调制冷技术在未来的发展趋势。目前应用的氟利昂具有热力性能较好的主要特点，但是人们发现了它对大气造成了极大的破坏，并且对人们的身体健康也有一定的影响，因此技术人员开始研究代替氟利昂的制冷剂。目前，经过多年的研究与试验，以绿色环保为原则而研发的氨、丙烷与二氧化碳等按比例混合的制冷技术具有较大的优势。因此，在未来的发展中，由天然制冷剂为基础的技术能够有效的代替氟利昂制冷剂。

同时制冷空调技术在整体科学技术水平不断提高的过程中，也十分注重健康化、舒适化水平的提升，从而呈现出制冷技术多样化发展的趋势。例如噪声控制技术、健康除湿技术、变频技术以及自动清洁技术的出现，都在为制冷技术领域提供强大的推动作用以及技术支持的同时，为铀浓缩工艺系统和从业人员营造舒适、便捷的良好工作环境。

2. 绿色化

目前，由于能源紧张、资源短缺的情况变得越来越严重，制冷空调系统能耗大、破坏环境严重的状况已经成为急需解决的问题。因此，空调制冷技术需要有高效的压缩换热、直流变频、节能等技术来充分降低能耗。例如，海尔公司以绿色环保为原则对空调制冷系统进行科技含量更高的设计与配置，研发替代空调器。与此同时，通过空气蓄热来获取低温热源为原理的空气源热泵技术也是空调制冷技术节能环保发展趋势的重要推动力。冰蓄冷技术的研究和应用不仅仅能够增加空调系统工作的稳定性、降低能耗，还能有效的减少氟利昂的使用，有利于生态的建设。

此外，磁制冷技术和热声制冷技术也是热效率高而且节能环保的制冷技术。其中磁制冷是利用磁热效应制冷，磁制冷工质在等温磁化时向外界放出热量，而绝热去磁时从外界吸收热量。磁制冷采用磁性物质作为制冷工质，不会导致温室效应的产生，解决了重要的环境问题。并且在低温及高温领域都有广泛的应用空间，其众多优点也使得磁制冷技术在未来的太空开发和民用需要方面有着巨大的应用前景。

热声制冷最大特点是用惰性气体或其混合物作为工质,基本机构简单可靠,制冷剂不会对环境造成污染,同时材料要求低,在很大程度上节约了成本。热声制冷技术主要通过热声效应来完成工作,在声波稠密和稀疏之间完成热量的加热和排出。毫无疑问,将简单、环保、节能高效的能源与热声技术充分结合,将会在很大程度上推动制冷技术的发展。

3. 智能化

制冷空调技术智能化的发展趋势,能够在温度、湿度和风速等方面最大程度上满足工艺空调和舒适空调的要求。例如,网络技术与制冷空调技术的充分结合,能够让智能化发展趋势成为可能,可以实现对空调的远程控制,包括对其风量、风速以及冷热程度的控制[18],同时可以根据系统工艺冷热负荷的变化,自动对设备的运行状态进行调整,并对系统设备能耗进行记录监控。除此之外,水泵、冷却塔、冷水机组等设备出现故障停机时,备用设备可以自动投入运行,提高了系统的安全程度。

2.13.2 未来在铀浓缩工厂能够应用的制冷空调技术

2.13.2.1 磁悬浮离心式冷水机组

1. 工作原理

磁悬浮离心式冷水机组是一种利用先进的磁悬浮技术的冷水机组,核心部件是磁悬浮无油压缩机。磁悬浮压缩机可分为压缩部分、电机部分、磁悬浮轴承及控制器、变频控制部分,如图 2-96 所示。其中压缩部分由两级离心叶轮和进口导叶组成,两级叶轮中间预留补气口,可实现中间补气的两级压缩。

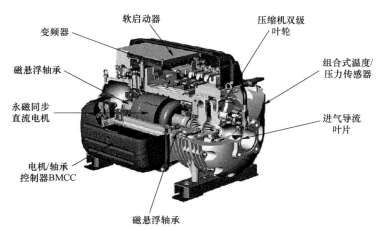

图 2-96　磁悬浮无油压缩机

压缩机采用永磁电机,结合集成在压缩机上的变频器设计,可实现 0～48 000 r/min 的宽广转速变化范围。叶轮直径小,磁悬浮轴承悬浮运转,启动转矩相应减小,结合变频和软启动模块,压缩机启动电流只需 2 A。

磁悬浮轴承及其控制是该型压缩机的核心(如图 2-97)。该压缩机设有 2 组径向和 1 组轴向磁悬浮轴承,在控制器的控制下,运行过程中可始终保证主轴与轴承座之间有约 7 μm 的间隙由于无机械摩擦,相对于传统机组,减少了电机损耗、变频损耗、轴承损耗、轴承损耗。使输出能量损耗只有 5.5%，相比传统机组的 15.8%，磁悬浮离心机组具有明显的节能优势。

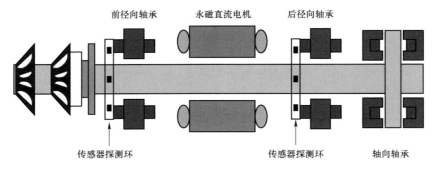

图 2-97　磁悬浮轴承

2. 主要特点

（1）运行噪声低

运行噪声低满载状态下噪声低至 70 dB 左右，部分负荷下噪声更低，比常规机组低 20 dB 左右，有利于改善厂房环境和铀浓缩从业人员职业健康状况。

（2）无油运行

磁悬浮压缩机的轴与轴承不接触，与传统轴承相比，磁悬浮轴承没有机械摩擦，仅有气流摩擦，而气流摩擦的能量损耗仅为机械摩擦的 2%；

90% 的压缩机烧毁事故由润滑油失效引起，磁悬浮压缩机彻底去除了因回油问题而导致的大量故障。

（3）结构紧凑，占地面积小

磁悬浮离心式冷水机组高转速带来的好处是叶轮直径可减小至 5～8 cm。磁悬浮压缩机的体积与重量仅为相同冷量常规压缩机的 20% 左右，节省占地面积，也使吊装更为方便。

（4）运行高效，性能稳定

采用二级压缩可以使理论制冷系数比一级压缩提升约 10%，通过变频技术使机组在机组可实现 2%～100% 负荷连续智能调节，出水温度控制精度 ±0.1 ℃，温度波动小，设备运行安全系数高。

2.13.2.2　蓄冷技术

蓄冷系统，即在电力负荷很低的夜间用电低谷期，采用电制冷机制冷，将冷量以冰或者水的形式贮存起来，在电力负荷较高的白天，把储存的冷量释放出来，以满足建筑物空调负荷或特种工艺生产需要的制冷系统。蓄冷技术是转移高峰电力、开发低谷用电，优化资源配置，保护生态环境的一项重要技术措施。

目前的蓄冷技术有冰蓄冷和水蓄冷两种方式。

1. 冰蓄冷与水蓄冷技术介绍

冰蓄冷：利用潜热蓄能的原理将冷量以冰的形式储存起来。每 1 kg 冰变成水需要吸收 80 千卡的热量。

水蓄冷：就是利用显热蓄能将冷量/热量储存起来。每 1 kg 水发生 1 ℃ 的温度变化向外界吸收/释放 1 千卡的热能。

2. 冰蓄冷和水蓄冷主要设备介绍

水蓄冷是利用水的显热实现冷量的储存，运行温度范围可在 5～15 ℃调整。在水蓄冷应用中，关键技术是蓄冷槽的结构形式和材料。一般大型工业水蓄冷槽由于容积较大（一般约为冰槽的 5 倍以上），多采用地下深挖、混凝土+保温层的形式修建，虽工程造价较低，但因其单位体积蓄冷量较小、占地面积大，对地下结构、建筑物地基影响较大，且在今后改造或回填有一定难度。

冰蓄冷是利用冰的潜热实现冷量的储存，运行温度范围可在 2～15 ℃或以上调整，温度范围大，冷量储存大。其中，蓄冰槽是冰蓄冷系统的核心设备，一般用在乙二醇蓄冰系统中。蓄冰槽也被称为静态冰槽，是一个封闭式的容器，里面贮存的冰是用来蓄存冷量的介质。蓄冰设备除了有贮存冰的功能之外，实际上也是一种高效的换热器，冰的贮存及与乙二醇的换热都是在同一个容器内进行的，蓄冰设备在蓄冰及融冰的时候也充当乙二醇与冰之间的换热器。各个厂家生产的静态冰槽的材料、结构、尺寸都不一样，典型的蓄冰设备是由钢、聚乙烯或聚丙烯等材料制作，结构上看有盘管式和封装式二大类。

3. 冰蓄冷和水蓄冷的主要区别

冰蓄冷和水蓄冷的主要区别见表 2-19。

表 2-19　水蓄冷与冰蓄冷的主要区别

项目	项目	水蓄冷	冰蓄冷
1	造价	同等蓄冷量的水蓄冷系统造价约为冰蓄冷的一半或更多。目前国内水蓄冷品牌公司的水槽建造报价约为 1 200 元/m³。	冰蓄冷需要的双工况制冷机组价格高，装机容量大，增加了配电装置的费用，且冰槽的造价较高（平均 800 元/RT），使用有乙二醇数量多，价格贵，管路系统和控制系统均较复杂，因此总造价高。
2	蓄冷系统装机容量	水蓄冷的运行温度与常规空调相差不大，且可采取并联供冷等方式使装机容量减小。	冰蓄冷工质的蒸发温度较低，制冷机组在蓄冰工况下的制冷能力系数 Cf 为 0.6～0.65（制冰温度为－6 ℃时），其制冷能力比制冷机组在空调工况下低 0.35～0.4。相同制冷量下，冰蓄冷的双工况制冷机组容量要大于常规空调工况机组。
3	移峰量	在同等投入的情况下，水蓄冷系统一般设计为全削峰，节省电费大大多于冰蓄冷系统。	冰蓄冷为降低造价，一般为 1/2 或 1/3 削峰，节省电费少于水蓄冷系统。
4	蓄冷装置的蓄冷密度	蓄冷水池的蓄冷密度为 7～11.6 kW/m³。由于冰蓄冷的有效容积较小，如果将安装蓄冰槽的房间用作蓄冷水池，加上消防水池，其蓄冷量与冰蓄冷基本一致。	冰蓄冷槽的蓄冷密度为 40～50 kW/m³，约为水蓄冷的 4～5 倍。
5	蓄冷槽占用空间	占用空间相对较大，但因大温差蓄冷在一个蓄冷槽内完成全部蓄冷和放冷过程，占用空间绝大部分是有效的蓄冷空间。一般冰槽建筑容积为冰蓄冷冰槽容积的 5 倍以上。	占用空间相对较小，但因蓄冷一般在多个蓄冷槽内实现，设备间需留有检修通道及开盖距离，且冰槽内有乙二醇及预留结冰时膨胀空间，故其有效空间只是实际占用空间的其中一部分。冰槽可以进行模块化定制，能够充分利用现有场地空间组合使用。
6	蓄冷槽位置	大型工艺系统蓄水槽占地较大，一般设置在地下，土建施工量大。	可在地下室、屋顶或混凝土框架结构叠放。
7	运行状况响应速度	运行简便，易于操作，放冷速度、大小可依需冷负荷而定。可即需即供，无时间延迟。	运行简便，易于操作，放冷速度、大小可依需冷负荷而定。可即需即供，无时间延迟。

综合比较，水蓄冷系统可以利用现有冷水机组作为蓄冷系统冷冻水，后期投资少，仅修建地下蓄水槽和少量管道改造即可。冰蓄冷系统设备造价高昂，需增加制冰机（双工况）、板换、水泵等设备。但冰蓄冷系统占地面积较小，安装灵活简便，可进行模块成品化组合。

2.13.2.3 热泵技术

热泵是一种能从自然界的空气、水或土壤中获取低品位热，经过电力做功，输出高品位热的设备。它是一种节能清洁的制冷空调一体化设备，按照取热来源不同一般分为空气源、水源和土壤源热泵三种。热泵作为空调系统的冷热源，可以把自然界中的低温废热转变为可利用的热能，是一种有效利用可再生能源、减少 CO_2 排放和大气污染的节能、环保技术。

1. 热泵的工作原理

作为自然现象，正如水由高处流向低处那样，热量也总是从高温流向低温。但人们可以创造机器，如同把水从低处提升到高处而采用水泵那样，采用热泵可以把热量从低温区抽吸到高温区。所以热泵实质上是一种热量提升装置，热泵的作用是从周围环境中吸取热量，并把它传递给被加热的对象（温度较高的物体），其工作原理与制冷机相同，都是按照逆卡诺循环工作的。同时热泵不是把电能转变成热能，少量电能只是用于提升热的品位，所以热泵不是永动机。

热泵在工作时，它本身消耗一部分能量，把环境介质中贮存的能量加以挖掘，通过制冷剂循环系统提高温度进行利用，而整个热泵装置所消耗的功仅为输出功中一小部分，因此，采用热泵技术可以节约大量高品位能源。

2. 热泵的种类

根据热源和冷源的不同，热泵大致可以分为三种，分别为：空气源热泵、水源热泵、土壤源热泵。三种热泵的根本区别在于，空气源热泵是以空气作为"源体"，通过冷媒作用，进行能量转移；水源热泵以地表或地下浅层水作为冷热"源体"，在冬季利用热泵吸收其热量向建筑物供暖，在夏季热泵将吸收到的热量向其排放、实现对建筑物供冷；土壤源热泵是以大地为热源对建筑进行供暖和制冷，冬季通过热泵将大地中的低位热能提高对建筑供暖，同时蓄存冷量，以备夏用；夏季通过热泵将建筑物内的热量转移到地下对建筑进行降温，同时蓄存热量，以备冬用。

以下将三种热泵设备一一介绍。

（1）空气源热泵

空气源热泵系统的主要工作原理就是利用少量高品位的电能作为驱动能源，从低温热源（空气当中蕴涵的热能）高效吸收低品位热能并传输给高温热源（水箱里的水），达到了"泵热"的目的。同冷水机组一样，空气源热泵也是由压缩机、冷凝器、蒸发器和膨胀阀 4 部分构成，传热工质在机组内封闭运行，并通过冷凝器和蒸发器与外部发生热交换（图 2-98）。

在制热时，液态制冷剂在空气换热器中汽化，吸收空气中的热量，低温低压的气态制冷剂经压缩机压缩后变为高温高压气体送至水换热器。由于制冷剂的温度高于水的温度。制冷剂从气态冷却为液态，液体制冷剂经膨胀阀节流后，在压力作用下进入空气换热器，低压气体制冷剂再次汽化，完成一次循环。在这个循环中，随着制冷剂状态的变动，实现了热量从空气侧向水侧的转移。

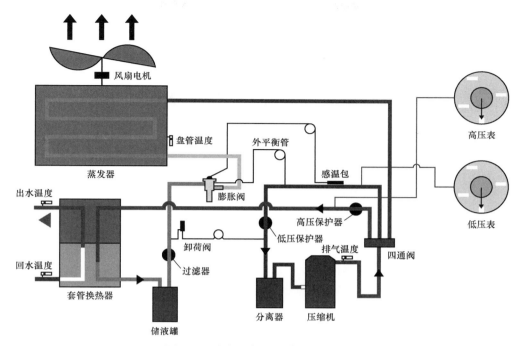

图 2-98　空气源热泵工作原理示意图

　　制冷时，液态制冷剂在水换热器中汽化，使水温降低。低温低压的气态制冷剂经压缩机压缩，变为高温高压气体，进入空气换热器，由于制冷剂温度高于空气温度，制冷剂向空气传热，制冷剂经气体冷凝为高压液体，高压液态制冷剂经膨胀阀节流后进入水换热器，低压液体制冷剂再次汽化，完成一个循环。在这个循环过程中，随着制冷剂状态的变动，实现了热量从水侧向空气侧的转移。

　　（2）水源热泵

　　水源热泵是一种利用水来进行热冷交换作为热（冷）源，既可供热又可制冷的高效节能空调系统。这种储存于水中近乎无限的能源，使得水能成为清洁的、可再生能源的一种形式。水源热泵通过输入少量的高品位能源（如电能），实现低温位热能向高温位转移。水分别在冬季作为热泵供暖的热源和夏季空调的冷源，即在冬季，水源热泵把水中的热量提取出来，供给室内采暖；夏季，把室内的热量提取出来，释放到地下。通常水源热泵消耗 1 kW 的能量，用户可以得到 3～6 kW 以上的热量或冷量。

　　按水源分布情况，水源热泵分为地下水源热泵和地表水源热泵。

　　1）地下水源热泵

　　以地下水作为低位冷热源，并利用热泵技术，通过少量的高位电能输入，实现冷热量由低位能向高位能的转移，从而达到为使用对象供热或供冷的一种系统。如图 2-99 所示。

　　地下水源热泵的主要优点是：非常经济、占地面积小、节能环保，地下水温恒定一般为 10～16 ℃。

　　主要缺点是：需要有丰富和稳定的地下水资源作为先决条件；从地下抽出来的水经过换热器后很难再被全部回灌到含水层内，造成地下水资源的流失，地面下沉；回灌水处理

153

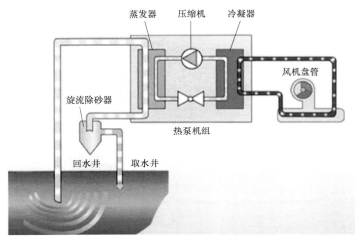

图 2-99　地下水源热泵的工作原理图

不当将污染地下水。

2）地表水源热泵

地表水源热泵就是以地表水为热泵装置的热源,夏季以地表水源作为冷却水使用向建筑物供冷的能源系统,冬天从中取热向建筑物供热。其中,地表水指的是暴露在地表上面的江、湖、河、海这些水体的总称,在地表水源热泵系统中使用的地表水源主要是指流经城市的江河水、城市附近的湖泊水和沿海城市的海水。

热泵与地表水的换热方式有开路循环和闭路循环两种（图 2-100）。

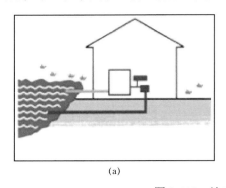
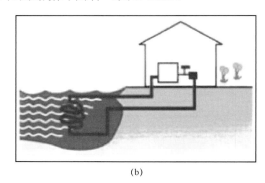

(a)　　　　　　　　　　　　　　　　　　　(b)

图 2-100　地表水源热泵的换热方式

（a）开式循环；（b）闭式循环

开路循环:用水泵抽取地表水在换热器中与热泵的循环液进行热交换,然后再排入水体。优点:系统简单,造价低缺点:水质较差时在换热器中易产生污垢,影响传热,甚至影响系统的正常运行。用于冬季制热,当湖水温度较低时,会有冻结机组换热器的危险。

闭路循环:把多组塑料盘管沉入水体中,热泵的循环液通过盘管与水体进行热交换。优点:应用更加广泛;机组基本不可能出现结垢和腐蚀问题,因为在热泵机组换热器内的循环介质为干净的水或防冻液。缺点:当湖水水质比较浑浊时,位于湖底的换热器可能结垢,影响传热效果,这会引起机组效率和制冷量的变化;如果湖水换热器处于公共区域,有可能遭到人为的破坏；如果河水或者湖水比较浅时，水的温度容易受到大气温度的影响，特别是当冬季湖水温度较低时，为了防止机组换热器内循环液冻结，须采用闭式系统。当湖水温度在 5 ℃以下时，环路内就必须采用防冻液。

（3）土壤源热泵

土壤源热泵是利用地下常温土壤温度相对稳定的特性，通过深埋于建筑物周围的管路系统与建筑物内部完成热交换的装置。冬季从土壤中取热，向建筑物供暖；夏季向土壤排热，为建筑物制冷（原理图见图 2-101）。土壤源热泵适用于建筑物附近缺乏水资源或因各种因素限制，无法利用水资源；或者建筑物附近有足够场地敷设"地埋管"（例如：办公楼前后场地、别墅花园，学校运动场等）。

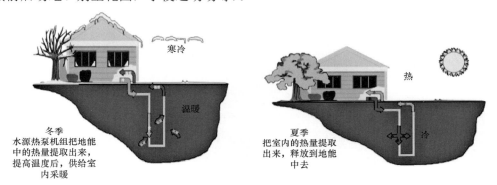

图 2-101　土壤源热泵工作原理图

土壤源热泵的主要优点是：土壤为可再生利用资源、绿色环保、运行费用低、自动化程度高。缺点是：土壤传热性能差，需要提高传热面积，导致占地面积较大。

2.13.2.4　辐射冷吊顶技术

1. 辐射冷吊顶技术工作原理及特点

辐射冷吊顶技术是将水流经特殊制成的吊顶板内的通道，并与吊顶板换热，吊顶板表面再通过对流和辐射的作用与室内换热，通过控制吊顶板表面温度而达到控制室内热环境的目的的一项节能空调技术（工作原理见图 2-102）。

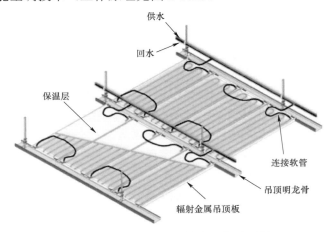

图 2-102　辐射冷吊顶技术工作原理图

传统的空调系统是通过对流和蒸发传热调节室内空气温度及湿度,而辐射冷吊顶系统是通过辐射来控制传热的。

空调系统使用辐射吊顶进行温度调节,具有以下优点:

(1)辐射换热比蒸发或者对流换热更舒适;

(2)辐射吊顶不会引起气流强烈流动,无吹风感;

(3)辐射吊顶系统噪声非常低;

(4)辐射吊顶更节省机电空间;

(5)辐射吊顶可提高冷源设备 COP,减少媒介输送能量,节能效果明显[19]。

辐射冷吊顶技术的主要部件为辐射板,以下介绍几种常见的辐射板。

2. 辐射板基本情况介绍

用于辐射供冷的产品有四种:冷梁,金属辐射板、冷却格栅(毛细管)和内埋管的混凝土板。以上四种产品根据各自的特点,分别用于吊顶、墙壁和地板辐射供冷。其中以金属辐射板的应用最为广泛,它主要用于辐射吊顶。

(1)冷梁

冷梁作为室内显冷设备,可以嵌在房间吊顶内,表面与吊顶平面相平,也可以自由悬挂在大空间屋顶上。因为这种设备安装后,像房梁一样成行排列,因此称为"冷梁"。

冷梁适用于新建筑或旧建筑的改造,容易与建筑配合。由于冷梁的活动部件少,因此运行噪声很低。

(2)冷却格栅

冷却格栅一般安装在房间吊顶或者墙壁内,在格栅表面进行液体石膏喷涂,使它和建筑相互结合。也可以将格栅埋入石膏板或者嵌在金属板上做成辐射板。

同时由于格栅的表面积大,所温度分布比较均匀。而且布置灵活,使用于新建和改造项目。它对冷负荷变化的反应时间介于金属辐射板和混凝土辐射板之间。

(3)内埋管的混凝土板

内埋管的辐射板一般是在混凝土板内布置金属管(也可以是塑料或橡胶管)。这种辐射冷板一般比较厚,因此承重能力强,主要应用在地板辐射供冷当中。地板辐射供冷的地面温度一般控制在 20 ℃左右,由此可以看出,地板辐射供冷量较小。不仅如此,地板辐射供冷还要求气候不能太潮湿,否则地面容易孳生霉菌,在潮湿地面行走时容易滑倒。

(4)金属辐射板

金属辐射板是应用最多的一种辐射供冷元件,它实际上是一种管内走水,管外为空气的表面式空气换热器。为了便于工业化生产和安装,一般做成模板(module panel)形式,辐射板宽度一般为 0.6 m,长度从 0.6～3.7 m 不等,板厚度在 0.7～2 cm 之间,如果有特殊需要,可以加大辐射板长度。辐射板的面板通常为铝板(也有做成铁板),水路可以串联,也可以并联。为了减少冷损失,辐射板背面保温。

金属辐射板一般安装在吊顶上,也可以安装在墙壁上。安装在墙壁上时,人们往往喜欢对辐射板的表面进行个性化的工艺美术处理,起到供冷和装饰的双重作用。安装在吊顶时,辐射供冷系统一般会结合机械通风系统使用。如果安装全吊顶,辐射面板应该做成具有吸声功能的孔板。

随着制作工艺的不断改进，目前辐射板的使用寿命可以达到 30 年以上。金属辐射板具有以下几项优点：

1）负荷反应迅速灵敏，一般不超过 5 min；

2）占据室内空间小，能够灵活配合建筑美观以及空调系统分区要求，适合新建建筑和改造项目使用；

3）安装、检修方便，可以在不影响系统运行的情况下进行局部检修；

4）运行噪声低。

（5）四种辐射板对比

表 2-20 将对以上 4 种类型的辐射供冷元件应用在辐射供冷系统时的各项指标进行总结和比较[20]。

表 2-20　辐射供冷元件的应用概况对比

类型	安装位置	是否适用于改造项目	成本	换热效率	降低峰值负荷的能力	控制	维护费用
冷梁	吊挂或自由悬挂	是	中	低	差	大区域 快	一般
混凝土板	地板	否	低	很好	很好	大区域 慢	最低
石膏冷却格栅	吊顶 墙壁	是 用于吊顶时	中	好	好	大区域 快	低
金属辐射板（结合机械送风系统）	吊顶	是	低	一般	差	大区域 快	一般

3. 辐射冷吊顶空调技术工艺大厅结露情况探讨

当辐射吊顶用于供冷时，辐射吊顶的冷表面直接裸露在工作区的上方，在人员频繁进出房间情况下，将会引起室内空气温湿度变化，辐射板表面容易结露，长期下去将引起金属板锈蚀，留下水渍，不仅影响美观，而且还导致滋生细菌，如果结露严重的话，水珠还会直接滴到级联大厅离心机上，严重影响工艺系统安全稳定运行。

因此，辐射冷吊顶防结露是系统正常运行的重要保障，这就对控制系统提出了很高的要求，必须严格保证辐射吊顶、冷梁、新风口在干工况下运行，防止冷凝结露，同时又要保证室内的温度及湿度在设定范围内，须在以下三方面进行控制：

（1）级联大厅室内湿度控制。新风在空调箱内处理，然后被送入室内以控制整个大厅的室内相对湿度和露点温度，以确保室内舒适的湿度水平以及避免辐射吊顶及冷梁内结露，通常，新风要把室内露点处理到高于吊顶及冷梁进水温度 2 ℃，冷辐射板的进水温度设定为 12 ℃，室内空气的露点温度控制在 10 ℃以下，这样可以使冷辐射板表面的温度高于室内露点温度 2 ℃，避免结露。

（2）建筑物正压控制。维持建筑物一定的正压，一方面避免室外空气渗透到室内而造成不必要的能耗，另一方面以防止窗户或门打开时而造成室内湿度及辐射吊顶凝露控制的失效，级联大厅要求内部微正压 5～10 Pa，维持室内正压是通过安装在回风管路上的压力传感器来控制排风阀开度。

（3）露点检测及控制。露点传感器安装在每个控制区的冷水进水管上，当露点传感器探测到管壁处空气的温度接近室内的露点温度时，发出控制指令关闭冷水阀（见图2-103）。

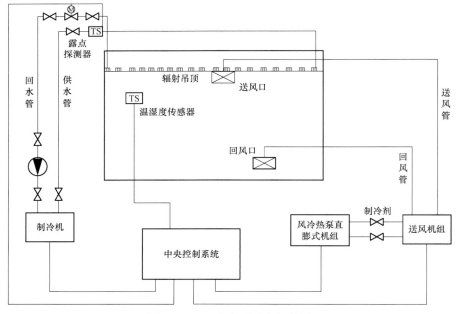

图 2-103　工艺大厅露点控制图

2.13.2.5　太阳能制冷技术

太阳能制冷，简单的说就是将太阳能转换成热能（或机械能），再利用热能（或机械能）使系统达到并维持所需的低温。

目前的太阳能制冷技术从原理上大致可分为两种实现途径：一是太阳能转化为电能，再以电能来驱动压缩式制冷，二是直接利用太阳能集热器收集热量，以热推动制冷。常用的太阳能热驱动制冷技术，主要有吸附式、吸收式和喷射式制冷三大类。另外利用热电转换原理的太阳能半导体制冷技术由于其成本很高，目前只应用在一些有限的领域。

1. 吸收式制冷

太阳能吸收式制冷的基本原理是利用液体工作介质蒸发时吸收周围热量制冷。其工作流程如图2-104所示，制冷剂液体在蒸发器蒸发吸热后变成低压蒸汽进入吸收器，被吸收剂强烈吸收，吸收过程中放出的热量被冷却水带走，形成的溶液由泵送入发生器中，被太阳能集热器产生的热源加热后蒸发，产生高压蒸汽，进入冷凝器冷却，而稀溶液降压回流到蒸发器，完成一个循环。

太阳能吸收式制冷的关键是工质对溶液自身所具有的集吸收、蒸发功能于一身的特性。通常情况下，根据水系工质对溶液的不同，又将吸收式制冷分为以氨-水为工质对的吸收式制冷与以溴化锂-

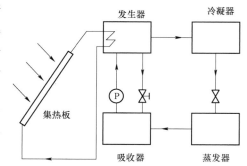

图 2-104　太阳能吸收式制冷原理图

水为工质对的吸收式制冷 2 种。吸收式制冷之所以可以循环的进行，主要是依靠工质对里 2 种物质相互作用来维持。这 2 种物质的沸点存在一定的差别，高沸点的称之为吸收剂，低沸点的称之为制冷剂。太阳能吸收式制冷的循环方式都是采用单效方式，还可以具体分为单效单级和单效双级。

　　单效溴化锂吸收式制冷是最简单的太阳能制冷方式，驱动热源可采用 0.03～0.15 MPa 的蒸汽或 85～150 ℃的热水，但几乎所有的太阳能单效溴化锂制冷机组都是采用热水驱动，因水在常压下的沸点为 100 ℃，考虑到安全因素，采用温水为驱动的太阳能吸收式制冷机系统中，水温一般不超过 100 ℃。氨-水吸收式制冷用氨水溶液作为工质，其中氨用作制冷剂，水用作吸收剂，由于蒸发温度较低，可用于冷藏和工业生产过程，在化学工业中曾被广泛应用。溴化锂吸收式制冷机存在易结晶、腐蚀性强、蒸发温度在 0 ℃以上的缺点，但 COP 比氨水吸收式要高，而且氨水吸收式制冷工作压力高，具有一定的危险性，且氨有毒，要防止泄漏到环境大气中。

　　2. 吸附式制冷

　　太阳能固体吸附制冷是以某种具有多孔性的固体物质作为吸附剂，以某种气体作为制冷剂，吸附剂与制冷剂形成吸附制冷工质对。按照被吸附物与吸附剂之间吸附力的不同，吸附可分为物理吸附和化学吸附两类。物理吸附是分子间范德华力所引起的；而化学吸附是吸附剂与被吸附物之间通过化学键起作用的结果，吸附、脱附过程中同时伴随着化学反应。

　　一个基本的吸附式制冷系统由吸附床（集热器）、冷凝器、蒸发器和阀门等构成，如图 2-105 所示。工作过程由吸热解吸和冷却吸附组成。基本循环过程是利用太阳能或者其他热源，使吸附剂和吸附质形成的混合物（或络合物）在吸附器中发生解吸，放出高温高压的制冷剂气体进入冷凝器，冷凝出来的制冷剂液体由节流阀进入蒸发器。制冷剂蒸发时吸收热量，产生制冷效果，蒸发出来的制冷剂气体进入吸附发生器，被吸附后形成新的混合物（或络合物），从而完成一次吸附制冷循环过程。常有的吸附对主要有：（活性炭）甲醇、（沸石）水、（硅胶）水、（金属氢化物）氢（物理吸附）和（氯化钙）氨、（氯化锶）氨（化学吸附）等，目前应用较多的是前两者。

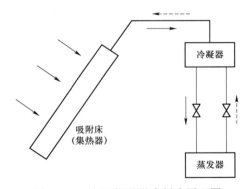

图 2-105　太阳能吸附式制冷原理图

　　3. 喷射式制冷

　　太阳能喷射制冷系统是以喷射器代替传统压缩制冷的压缩机进行制冷，是一种很有发展潜力的制冷方式，其结构简单，一次能源消耗少。太阳能喷射制冷多以太阳能集热器收集热量，通过换热器为发生器供热的方式运行，因此在温差传热过程中就会出现不可逆的能量损失。

　　上述系统图 2-106 包括两个子循环，一个是制冷剂的制冷循环，一个是为制冷循环提供能量的水循环。制冷剂在冷凝器中由蒸汽冷凝为液体，制冷剂液体一部分经节流作用进入蒸发器蒸发制冷，一部分经循环泵进入发生器，和经太阳能集热器加热之后的热水进行热量交换，变成高温高压的蒸汽进入喷射器。经过喷嘴的加速降压引射来自蒸发器的低温低压的制冷剂蒸汽，两股流体经过混合、扩压形成中间压力的蒸汽进入冷凝器。在发生器中由于热量交换而变成低温的热水进入太阳能集热器，在能量子系统中循环。

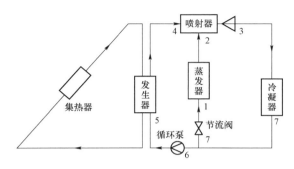

图 2-106　太阳能喷射式制冷工作原理

4. 半导体制冷

太阳能半导体制冷是由太阳光转换为直流电驱动半导体制冷系统，无需电流逆变装置，无能量多次变换引起的损失，可以微型化，同时因其无制冷剂和机械转动部件，而具有无毒害、无污染和运行无噪声、无振动、无磨损等优点，逐渐引起人们的关注。

半导体制冷原理的基础之一即为帕尔帖效应。当直流电通过由两种不同半导体（或导体）组成的回路时，在两种半导体的接触点会产生吸热或放热的现象。图 2-107 是半导体制冷的基本原理示意图，当一块 N 型半导体材料和一块 P 型半导体材料在金属平板间形成通路，接上直流电源后，在接头处会产生能量转移，电流由 N 型元件流向 P 型元件的接

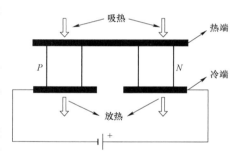

图 2-107　太阳能半导体制冷工作原理图

头吸收热量，成为冷端，由 P 型元件流向 N 型元件的接头释放热量，成为热端。在实际应用中只需把其冷端放到要致冷的对象中，即可实现吸热制冷[21]。

2.13.2.6　热回收技术

铀浓缩工厂中有可能回收的热量有排风热量、内区热量、冷凝器排出热量、排水热量等。这些热量品位比较低，因此需要采用特殊措施来回收。

1. 排风热回收

新风能耗在空调通风系统中，占了较大的比例。例如，办公楼建筑大约可占到空调总能耗的 17%～23%。为保证房间室内空气品质，不能以削减新风量来节省能量，而且还可能需要增加新风量的供应。建筑中有新风进入，必有等量的室内空气排出。这些排风相对于新风来说，含有热量（冬季）或冷量（夏季）。有许多建筑中，排风是有组织的，不是无组织的从门窗等缝隙挤出的。这样，有可能从排风中回收热量或冷量，以减少新风的能耗。排风热回收系统与设备有下列几种。

（1）转轮式全热交换器与热回收系统

图 2-108 为转轮式全热交换器与热回收系统。转轮式全热交换器的转轮是用石棉纸、铝或其他材料卷成，内有蜂窝状的空气通道。转轮的厚度为 200 mm。石棉纸等基材上浸涂氯化锂吸湿剂，以使石棉纸等材料与空气之间不仅有热交换，而且有湿交换，即潜热交换。因此这类换热器称为全热交换器。该热交换器有三个通道新风区、排风区和净化扇形区。净化扇形区的夹角为 10°，使少量新风通过该区，以在转轮从排风区过渡到新风区时，对转轮净化。转轮以 10 r/min 左右的速度缓慢转动。冬季，转轮在排风区从排风中吸热吸湿，转到新风区时，对新风加热加湿；夏季刚好相反。

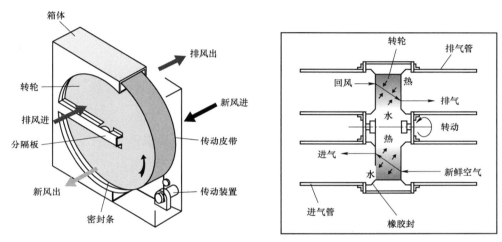

图 2-108　转轮式全热交换器及排风热回收系统

在风机配置时，应注意使新风区的空气压力稍大于排风区，以使少量新风通过净化扇形区进入排风通道。图中所示的风机配置是比较理想的方案。全热交换器都在新风吸入端，空气进入热交换器比较均匀。新风区的负压较小（只有入口及很短管路的阻力），而排风区的负压较大（有较长的排风管阻力），保证了少量新风进入净化扇形区。如果全热交换器在新风机的压出端，虽然可保证新风进入净化扇形区，但风量太大，会影响热交换效率。

转轮式全热交换器的优点是：1）不论冬夏季都可进行热量和湿量交换；2）阻力较小；3）热交换效率较高；4）空气交替逆向通过转轮，因此有自净作用，不易被灰尘堵塞。

缺点是：1）体型比较庞大；2）有驱动装置；3）新风可能被污染，不宜用于含有有害污染物的排风；4）排风与新风要集中在一起，给系统布置带来一定困难。

（2）板翅式热交换器及其热回收系统

板翅式热交换器其结构如图 2-109（a）所示，它由若干个波纹板交叉叠置而成，波纹板的波峰与隔板连接在一起。如果换热元件材料采用特殊加工的纸（如浸氯化锂的石棉纸、牛皮纸等），既能传热又能传湿，但不透气，从而可以使传热面两侧的新风和排风既有热量交换，又有湿交换。这类用特殊加工纸做成的板翅式热交换器是全热交换器，常称为板翅式全热交换器。如果材料采用的铝板或钢板,用针焊或焊接将渡纹板和隔板连接在一起,而无湿交换,故称之为板翅式显热交换器。还有一种简单的板式显热交换器,只有隔板而无翅片。但它的热交换效率较低。

排风热回收系统如图 2-109(b)所示。热交换器在新风和排风风机的吸入端。由于热交换器无自净能力,新风和排风在进入热交换器之前应经过滤。一定型号规格的热交换器的热效率(全热、显热或潜热)与迎面风速、新排风量比等因素有关。板翅式全热交换器与转轮式全热交换器相比,它无驱动部件,结构较紧凑;由于有隔板,减少了污染物从排风到新风的转移。但阻力较大,无自净能力。

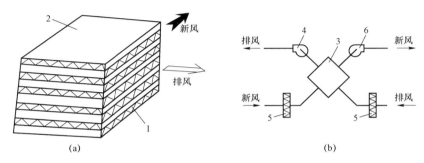

图 2-109 板翅式热交换器及排风热回收系统
(a)板翅式热交换器;(b)排风热回收系统
1—翅片;2—隔板;3—板翅式热交换器;4—排风风机;5—过滤器;6—新风风机

板翅式显热交换器的优点是:(1)传热面既不透气又不透湿,因此新风不会被排风污染;(2)无驱动部件。缺点是:(1)只能通过传热壁面进行热量交换;(2)当传热面温度低于被冷却空气(夏季为新风,冬季为排风)的露点时,有凝结水产生;若凝结水量大,则会堵塞通道;若新风温度低于 0 ℃,则会结霜,通道堵塞更为严重。此类热交换器作为冬季排风热回收设备时,不宜用在北方寒冷地区。

(3)热管式热交换器及其热回收系统

热管式热交换器由若干根热管所组成如图 2-110(a)所示。热交换器分两部分分别通过冷、热气流。热气流的热量通过热管传递到冷气流中。热管元件的结构示意图见图 2-110(b)。

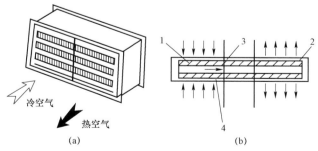

图 2-110 热管式热交换器及热管
(a)热管式热交换器;(b)热管
1—蒸发段;2—凝结段;3—绝热段;4—输液芯

热管是由两头密闭的金属管，内套纤维状材料的输液芯组成；抽真空后，充相变工质（如氨、丙酮、甲醇等）。当管的一端（称蒸发段）被热流体加热后，工质液体气化成蒸气。

蒸气在管内扩散并转移到另一端（称凝结段），在这端被冷流体所冷却蒸气凝结成液体。液体在输液芯内毛细力的作用下返回蒸发段。如此反复循环，将热量由一端转移到另一端。

热管两端的结构是一样的，随着两种流体温度的变化，蒸发段与凝结段随之变化。例如，热管在新风通路的一侧夏季为蒸发段，冬季为凝结段；而热管在排风通路的一侧夏季为凝结段，冬季为蒸发段。为增强管外的传热能力，通常在外侧加翅片。热管式热交换器的特点是：只能进行显热传递；新风与排风不直接接触新风不会被污染；可以在低温差下传递热量；能在−40～500 ℃范围内进行工作；热交换效率约50%～60%。

（4）热回收环

图 2-111 为用热回收环回收排风能量的系统原理图。排风侧的盘管（空气/水翅片管换热器）将热量（冬季工况）或冷量（夏季工况）传递给中间介质（水或乙二醇水溶液），循环泵将中间介质输送到新风侧的盘管（空气/水翅片管换热器）中，以加热新风（冬季工况）或冷却新风（夏季工况）。

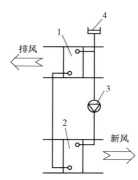

图 2-111　排风热回收环系统
1—排风侧盘管；2—新风侧盘管；
3—循环泵；4—膨胀水箱

这种热回收系统通过由排风和新风的盘管、循环泵及中间介质的管路系统组成的环路，将排风中的能量（热量或冷量）转移到新风中去，故称为热回收环。当冬季室外温度在 0 ℃以上，或只用于夏季回收排风冷量时，中间介质可以用水；当冬季室外温度在 0 ℃以下时，中间介质应当使用乙二醇水溶液，溶液的浓度视室外温度而定。

热回收环的热回收能力或温度效率与中间介质的流量、盘管的排数、迎面风速、新风排风流量比等因素有关。显然盘管的排数愈多，中间介质流量愈大，热回收环的温度效率愈高，但势必导致循环泵的能耗、克服盘管空气阻力的能耗；回收环中的各个设备及设备费用的增加，因此，应该利用最优化方法来选择热回收环中的各个设备。

热回收环在寒冷地区冬季运行时，当中间介质温度在零度以下时，在排风侧的盘管上会出现霜层，最终可能使盘管的空气流动通道被霜层堵塞，而导致热回收环无法正常运行。为此，系统应设有防结霜的调节措施。

最简单的防结霜办法是：1）调节部分新风旁通过新风盘管；2）调节部分中间介质的流量旁通新风盘管。这两种办法均可使进入排风盘管的中间介质温度升高。

热回收环的优点是：1）无交叉污染问题；2）对排风和新风换热器的位置无特别要求，布置上比较灵活；3）所有部件均可采用常规部件。

缺点是：1）循环泵需要消耗功率；2）能量通过中间介质传递，排风与中间介质及中间介质与新风都有一定的传热温差，因此热交换效率较低，一般为40%～50%；3）只能进行显热回收。

（5）用热泵回收排风中的能量

热泵通过从蒸发器吸热，冷凝器放热而把热量从一处传递到另一处。它同样可以用于排风热回收。排风能量的热泵回收系统组成很简单，它由压缩机、节流机构、两台分别放置在排风系统和新风系统中的空气制冷剂热通向阀所组成。在夏季工况，排风侧的盘管为冷凝器，新风侧的盘管为蒸发器，从而冷却了新风（即从新风中提取热量），并充分利用了排风的冷量。在冬季工况，四通换向阀使制冷剂流向改变，这时开了新风。当然系统中排风和新风的冷热量并不一定平衡，这时需有辅助冷热源对新风补充冷却或加热。热泵还可以与转轮式换热器或热管式换热器联合工作，以充分回收排风中的能量。

2. 内区热量回收

建筑内区，无外墙和外窗，四季无围护结构冷、热负荷。但内区中有人员、灯光、发热设备等，因此，全年均有余热（或冷负荷）。

回收内区热量方案之一是采用水环热泵系统，该系统可以将内区的热量转移到周边区中，内区热量还可以利用双管束冷凝器的冷水机组进行回收。系统中的蒸发器供出的冷冻水供内区盘管使用，对内区供冷，或是说提取内区的热量。双管束冷凝器中的一部分管束加热的水供给周边区的盘管，对周边区采暖；如有多余热量可通过另一管束及冷却塔排到大气中。在冷冻水系统中还可以接入新风系统的盘管，这样同时可以回收排风中热量。这个系统在夏季按常规方式运行，即蒸发器的冷冻水作内区供冷用，而冷凝热量全部通过冷却塔排入大气。

3. 建筑内其他热量的回收

现代建筑中都设有空调系统，通常由大量的冷凝热量排到周围环境中去。这不仅浪费了热量，而且还对周围环境产生热污染。比较容易实现的冷凝热量利用是用作生活热水的预热或游泳池水加热等，即使已有的空调系统也可很容易进行改造。

建筑的排水蕴藏着大量的热量，利用热泵技术可以将这些热量提取出来作生活热水供应或采暖，对于浴室等的排水，温度较高，可以直接利用水/水板式换热器进行回收[22]。

第3章

水处理系统

在铀浓缩工厂中，水处理系统主要承担生产合格的除盐除氧水，并作为离心机、变频器、供取料、加热等工艺冷却水系统的补水。随着水处理技术发展，铀浓缩工厂中水处理方法逐渐由离子交换法更新为反渗透+脱氧膜法，该技术具有在常温下操作、无相变、能耗低、设备结构紧凑、占地面积少、自动化程度高、连续性生产、经济效益好等优点。

3.1 水处理基础理论知识

3.1.1 水处理定义

水处理是指为使水质达到一定使用标准而采取的物理、化学措施。

其中，物理方法包括利用各种孔径大小不同的滤材，采取吸附或阻隔方式，将水中的杂质排除在外。吸附方式中较重要者为以活性炭进行吸附；阻隔方法则是将水通过滤材，让体积较大的杂质无法通过，进而获得较为干净的水。另外，物理方法也包括沉淀法，就是让比重较小的杂质浮于水面捞出，或是比重较大的杂质沉淀于水下，进而取得。

化学方法则是利用各种化学药品将水中杂质转化为对系统管线影响较小的物质，或是将杂质集中排出。

3.1.2 水处理基本概念

（1）含盐量

水的含盐量（也称矿化度）是表示水中所有盐类的数量。由于水中各种盐类一般以离子的形式存在，所以含盐量也可以表示为水中各种阳离子量和阴离子量的和。

（2）浑浊度

由于水中含有悬浮及胶体状态的微粒，使得原是无色透明的水产生浑浊现象，其浑浊的程度称为浑浊度。浑浊度的单位为 FTU，1 FTU＝1 mg/L。

（3）水的硬度

水中有些金属阳离子，同一些阴离子结合在一起，在水被加热的过程中，由于蒸发浓缩，容易形成水垢，附着在受热面上而影响热传导，水中这些金属离子的总浓度称为水的硬度。硬度的单位是 mmol/L 或 mg/L。

水的硬度分为碳酸盐硬度和非碳酸盐硬度两种。碳酸盐硬度是主要由钙、镁的碳酸氢盐 $[Ca(HCO_3)_2、Mg(HCO_3)_2]$ 所形成的硬度，还有少量的碳酸盐硬度；非碳酸盐硬度是由钙镁的硫酸盐、氯化物和硝酸盐等盐类所形成的硬度，如 $CaSO_4$、$MgSO_4$、$CaCl_2$、$MgCl_2$、$Ca(NO_3)_2$、$Mg(NO_3)_2$ 等。

（4）水的溶解氧（DO）

溶解于水中的游离氧称为溶解氧（用 DO 表示）。常用单位 mg/L。天然水中氧的主要来源是大气溶于水中的氧，其溶解量与温度、压力有密切关系，温度升高，氧的溶解度下降；压力升高，溶解度增高。天然水中溶解氧含量约 $8\sim14$ mg/L，敞开式循环冷却水中溶解氧一般约为 $6\sim8$ mg/L。

（5）水中的悬浮物质

水中的悬浮物质是颗粒直径约在 10^{-4} mm 以上的微粒。肉眼可见。这些颗粒主要是由泥沙、黏土、原生动物、藻类、细菌、病毒一级高分子有机物组成。

（6）水中的胶体物质

水中的胶体物质是颗粒直径在 $10^{-4}\sim10^{-6}$ mm 之间的微粒。胶体是许多分子和离子的集合物，天然水中的矿物质胶体主要是铁、铝和硅的化合物；有机胶体物质主要是植物或动物的肢体腐烂、分解产生的腐殖物。

（7）水中的溶解物质

水中的溶解物质是直径小于或等于 10^{-6} mm 的微小颗粒，主要是溶于水中的溶解盐类离子和气体。

（8）反渗透（缩写 RO）

在高于渗透压的压力作用下，溶剂（如水）通过半透膜进入膜的低压侧，而溶液中的其他组分（如盐）被阻挡在膜的高压侧，并随浓溶液排出，从而达到有效分离的过程。

（9）产水量

在规定的运行条件下，膜元件、组件或装置单位时间内所生产的产品水的量。

（10）脱盐率

表示脱除给料液盐量的能力。

脱盐率关系式如下：

$$R = (1 - C_p/C_f) \times 100\% \qquad\qquad (3\text{-}1)$$

式中，R——脱盐率；

C_p——透过液的含盐量；

C_f——给料液的含盐量。

注：用于反渗透脱盐能力的表征。

（11）水回收率

产水量与给水量之百分比。

（12）透盐率

进水中可溶性杂质通过膜的百分比。透盐率 = 1−脱盐率

（13）压力降

膜组件和各种过滤器进、出口之间的压差。

（14）浓差极化

在膜分离过程中，由于溶剂的迁移而导致溶液与膜界面形成浓度梯度的现象。

3.1.3　水处理常用单位换算

（1）长度单位换算

　　$1 \text{ m} = 10 \text{ dm} = 100 \text{ cm} = 1\,000 \text{ mm} = 10^6 \text{ μm（微米）} = 10^9 \text{ nm（纳米）} = 10^{10} \text{Å}$

（2）面积单位换算

$$1 \text{ m}^2 = 10^2 \text{ dm}^2 = 10^4 \text{ cm}^2 = 10^6 \text{ mm}^2$$

（3）体积（容积）单位换算

$$1 \text{ m}^3 = 10^3 \text{ L（升，dm}^3） = 10^6 \text{ cm}^3（\text{mL，cc}）$$

（4）质量单位换算

$$1 \text{ kg} = 10^3 \text{ g} = 10^6 \text{ mg}$$

（5）密度

$$1 \text{ kg/m}^3 = 1 \text{ g/L} = 10^{-3} \text{ g/cm}^3 = 10^{-3} \text{ g/mL} = 10^{-3} \text{ t/m}^3$$

（6）质量流速

$$1 \text{ kg/s} = 3\,600 \text{ kg/h} = 3.6 \text{ t/h}$$

（7）体积流速

$$1 \text{ m}^3\text{/s} = 60 \text{ m}^3\text{/min} = 3\,600 \text{ m}^3\text{/h} = 10^3 \text{ L/s} = 6 \times 10^4 \text{ L/min}$$

（8）速度

$$1 \text{ m/s} = 60 \text{ m/min} = 3\,600 \text{ m/h}$$

（9）压力、压强换算

$$1 \text{ atm} = 760.00 \text{ mmHg} = 101\,325 \text{ Pa} = 0.103\,25 \text{ MPa}$$
$$1 \text{ kgf/cm}^2（\text{工程大气压}） = 98\,066.5 \text{ Pa}$$
$$1 \text{ mmHg} = 133.322 \text{ Pa}$$
$$1 \text{ mmH}_2\text{O} = 9.806\,65 \text{ Pa}$$

（10）电导率换算

$$1/\Omega \cdot \text{m} = 1 \text{ S/m} = 0.01 \text{ S/cm}$$

（11）溶液浓度及浓度单位换算

$$质量百分浓度（\%） = 溶质质量/溶液质量 \times 100\%$$

溶液的质量百分浓度是溶质的质量占全部溶液质量的百分率，用符号%表示。例如，25%的葡萄糖注射液就是指 100 g 注射液中含葡萄糖 25 g。

溶液的质量-体积浓度是单位体积（1 立方米或 1 升）溶液中所含的溶质质量，以符号 g/m^3 或 mg/L 表示。例如，1 L 含铬废水中含六价铬质量为 2 mg，则六价铬的浓度为 2 毫克/升（mg/L）。

3.1.4　水质指标

水质指标是检验水处理系统产水是否合格的主要依据，其中水温、pH、电导率、含氧量、浊度等是最为关键的参数，以下分别介绍。

（1）水温

水的物理化学性质与水温密切相关。水中溶解性气体（如氧、二氧化碳等）的溶解度，水中生物和微生物活动，非离子氨、盐度、pH 以及其他溶质等都受水温变化的影响。在铀浓缩工厂中，作为工艺冷却水补水的除盐水水温不能低于 13 ℃。

（2）pH

是指水中氢离子活度的负对数，pH＝$-\lg H^+$。天然水的 pH 多在 6～9 范围内，这也是我国污水排放标准中 pH 控制范围。pH 不仅与水中溶解物质的溶解度、化学形态、特性、行为和效应有密切关系，而且对水中生物的生命活动有着重要影响。

（3）电导率

电导率是以数字表示溶液传导电流的能力。纯水电导率很小，当水中含无机酸、碱或盐时，电导率增加。电导率常用于间接推测水中离子成分的总浓度。水溶液的电导率取决于离子的性质和浓度、溶液的温度和黏度等。电导率随温度变化而变化，温度每升高 1 ℃，电导率增加约 2%，通常规定 25 ℃为测定电导率的标准温度。

（4）溶解氧

又称含氧量，通常记作 DO。天然水的溶解氧含量取决于水体与大气中氧的平衡。溶解氧的饱和含量和空气中氧的分压、大气压力、水温有密切关系。清洁地表水溶解氧一般接近饱和。在水处理系统中，如果产水含氧量超标，则会对工艺冷却水管道造成腐蚀，威胁系统安全稳定运行。

（5）浊度

浊度是表示水样透光性能的指标。一般以每升蒸馏水中含有 1 mg SiO_2（或硅藻土）时对特定光源透过所发生的阻碍程度为 1 个浊度的标准，称为杰克逊度，以 JTU 表示。浊度计是利用水中悬浮杂质对光具有散射作用的原理制成的，其测得的浊度是散射浊度单位，以 NTU 表示。浊度测定方法有分光光度计法和目视比色法两种，这两种方法测定的结果单位是 JTU，另外还有使用光的散射作用测定水浊度的仪器法，其测定的结果单位是 NTU。

由于生活中铁和锰的氢氧化物引起的浊度是十分有害的，必须用特殊的方法才能除去。天然水经过混凝、沉淀和过滤等处理，可使水变得清澄。

（6）游离性余氯

自来水必须经过消毒，因此有适量的余氯在水中，以保持持续的杀菌能力防止外来的再污染。标准规定，用氯消毒时出厂水游离性余氯不低于 0.3 mg/L，管网末梢水中不低于 0.05 mg/L。

3.1.5　水中的杂质及其对水质的影响

3.1.5.1　水中的悬浮物质

水中的悬浮物质是颗粒直径约在 10^{-4} mm 以上的微粒，肉眼可见。这些颗粒主要是由泥沙、黏土、原生动物、藻类、细菌、病毒以及其他不溶高分子有机物组成。

泥沙、黏土：使水浑浊，产生沉积。

原生动物、藻类：使水有色度，有臭味，浑浊并产生黏泥。

细菌：致病，产生黏泥、腐蚀。

其他不溶物质：产生沉积。

3.1.5.2　水中的胶体物质

水中的胶体物质是 $10^{-4} \sim 10^{-6}$ mm 之间的微粒。胶体是许多分子和离子的集合物。天然水中的矿物质胶体主要是铁、铝和硅的化合物；有机胶体物质主要是植物或动物的肢体腐烂和分解产生的腐殖物。前者致使结垢，后者使水浑浊，产生吸附和沉积。

3.1.5.3　水中的溶解物质

水中的溶解物质是直径小于或等于 10^{-6} mm 的微小颗粒。主要是溶于水中的以低分子存在的溶解盐类的各种离子（阳离子、阴离子）和气体（氧气、二氧化碳、硫化氢、二氧化硫、氮气、氨气等，溶解在水中的气体大都对金属有腐蚀作用）。

1. 钙镁盐

碳酸氢盐：产生碱度、硬度；

碳酸盐：产生碱度、硬度；

硫酸盐：产生硬度；

氯化物：产生硬度、腐蚀、气味。

2. 钠盐

碳酸盐：产生硬度；

碳酸氢钠：产生硬度；

硫酸盐：产生含盐量；

氯化物：产生盐类、气味；

氟化物：过量会致病；

铁盐及锰盐：产生气味、硬度和腐蚀金属。

3. 气体

氧：产生腐蚀；

二氧化碳：产生腐蚀和酸度；

硫化物：产生腐蚀、酸度和臭味；

有机分解气体：污染水体。

3.2　反渗透＋除氧膜水处理工艺

目前，在铀浓缩工厂中，水处理系统主要采用双级反渗透除盐＋除氧膜工艺，通常由预处理部分、反渗透部分和膜除氧三部分组成。

其中预处理部分主要设备均为两套，故障或检修时一用一备，正常运行两套同时使用。

反渗透部分正常情况下为两级串联运行，若某一级因各种原因不能使用，各级均可单独使用，给后续工艺供水。

膜除氧部分设置两套，正常情况下同时运行。一套给离心机、补压机冷却水系统提供补充水，一套给变频器提供补充水，两套可相互备用。

主要设备有反渗透膜、脱氧膜、多介质过滤器、活性炭过滤器、精密过滤器、预处理水箱、高压泵、真空泵、清洗装置、纯水泵、管道、阀门级及控制系统等。

3.2.1 预处理部分

为了水处理产水水质要求，保证反渗透膜的使用寿命，必须对原水进行适当的的预处理。

原水中造成反渗透膜的污染、堵塞和侵蚀性因素包括结垢物、金属氧化物、悬浮物和胶体有机物、生物污染等。一般的预处理方法主要有混凝澄清、介质过滤、吸附过滤、滤芯过滤以及微滤等，设备有加药泵、多介质过滤器、活性炭过滤器、精密过滤器以及预处理水箱等。以下一一进行介绍。

3.2.1.1 混凝澄清

1. 混凝澄清的目的、概念

混凝澄清的目的是在被处理的原水中加入混凝剂，促使水中微小的颗粒变成大的颗粒而下沉，经过混凝澄清的原水可以有效地去除悬浮物和水中的有机物胶体、细菌等微生物以及部分硅化物。

混凝过程是指在被处理的水中加入混凝剂后经过混合搅拌，使水中胶体颗粒脱稳，此处理方法称为凝聚。如进一步经絮凝搅拌，使脱稳的胶体颗粒又和其他微粒结成絮体，此物理化学过的处理方法称为絮凝。凝聚和絮凝这两个阶段统称为混凝。

药剂按在混凝过程中所起的作用可分为凝聚剂和絮凝剂两类，此两类药剂分别在混凝过程中起脱稳和结成絮体的作用，总称为混凝剂。也就是说，凝聚是在投加药剂后，溶胶微粒由于电中和而使胶体颗粒脱稳而达到聚集的。例如，加无机金属盐时，溶胶微粒的扩散层被压缩到一定程度，此时布朗运动的能级超过微粒间被降低的综合势能，微粒可以相互靠近，聚集到一起而达到凝聚。

在某些情况下，微粒达到相互聚集时，也许并未达到电中和脱稳，这种聚集即为絮凝。例如，向溶液中加入少量高分子物质，溶胶微粒和高分子间会发生相互作用。开始时一个高分子的链状物吸附在一个微粒表面上，该分子未被吸附的一端就伸到溶液中去。这些伸展的分子链节又会被其他微粒所吸附，形成一个高分子链状物同时吸附在两个以上微粒表面的情况，就是靠这种架桥作用构成某种聚集体而达到絮凝的。

2. 混凝剂的作用

混凝剂通常是铁、铝的无机盐或低分子、高分子聚合物。混凝剂在水中经过电离、水解形成胶体，在吸附和聚沉等许多过程的作用下，最后使胶体和悬浮物除去。

市场上有许多混凝剂，现以典型的硫酸铝 $[Al_2(SO_4)_3]$ 说明混凝过程如下：

硫酸铝的电离　$Al_2(SO_4)_3 \rightarrow 2Al^{3+} + 3SO_4^{2-}$

当 pH>4 时，Al^{3+} 的水解逐渐增多，$Al^{3+} + H_2O \rightarrow Al(OH)^{2+} + H^+$，并开始发生羟基桥联反应，如 $2Al(OH)^{2+} \rightarrow [Al_2(OH)_2]^{4+}$ 生成双核络合物，再进一步发生羟基桥联还可生成更高级的多核羟基络合物，可见铝基在水中产生一系列的水解产物，因而它们可以由不同的形态发挥三方面的作用。

（1）脱稳凝聚。低聚合度高电荷的多核羟基络合物对胶体杂质具有大的吸附能力，因而可以发挥电中和作用及压缩双电层的作用。

（2）架桥絮凝。高聚合度低电荷的无机高分子及凝胶状化合物在胶体杂质间的黏结架桥作用。

（3）吸附卷扫。氢氧化物沉淀物生成微小凝絮，可吸附、卷带胶体杂质从水中分离。

3. 常用的凝聚剂和使用条件

影响凝聚效果的因素有天然水的 pH、凝聚剂用量、水温度、混合速度等。

（1）铝盐

常用的典型的铝盐有 $Al_2(SO_4)_3 \cdot 18H_2O$，无机聚合物有聚合铝（PAC）等。铝盐是两性化合物，pH 过高或过低都会促其溶解，使残留铝量增加。水中含铝和铁造成的影响是一样的，是反渗透给水处理要十分注意的。

$$pH < 5 \text{ 时，} Al(OH)_3 + 3H^+ \rightarrow Al^{3+} + 3H_2O$$

$$pH > 7.5 \text{ 时，} Al(OH)_3 + OH^- \rightarrow AlO_2^- + 2H_2O$$

在 $pH = 6.5 \sim 6.7$ 时，$Al(OH)_3$ 溶解度最低。当 $pH > 9$ 时，$Al(OH)_3$ 溶解度迅速增大。

铝盐作为混凝剂的特性是：

1）由两性化合物组成的胶体，其 ζ 电位和等电点（其电位为 0 的那一点）主要决定于水的 pH。ζ 电位越接近于 0，胶体间的斥力越弱，凝聚速度越快。氢氧化铝和天然水中的胶体，如腐殖质、黏土都具有两性，因而 pH 是影响凝聚速度的重要因素。

2）铝盐在水中形成氢氧化铝胶体粒子之后，受 pH 影响。在 $8 > pH > 5$ 时，胶体带正电荷；当 $pH < 5$ 时，因吸附水中 SO_4^{2-} 为外层扩散层离子而带负电荷；而当 pH 为 8 左右时，它以中性胶粒存在，最易沉淀下来。

以铝盐作混凝剂时，最优的 pH 一般为 $6.5 \sim 8.0$。其一般规律是当混凝剂加入量较小时，此时氢氧化铝胶体所带正电荷量较大，有利于中和自然胶体的负电荷（降低其 ζ 电位），水中自然胶体主要靠其本身的凝聚而析出。当混凝剂加入量较多时，主要靠混凝剂本身所形成的大量氢氧化铝胶体的絮凝胶体呈中性（pH 在 8 左右），并因其吸附作用而将水中的悬浮物和自然胶体一同沉淀下来。

硫酸铝是 19 世纪用于给水处理的。由于它的投量大，会降低出水的 pH，在低浊、低温和高浊下效果不够理想。早在 20 世纪 30 年代，德、日、美等国就发现了聚铝的高效无机高分子凝聚剂。60 年代末，日本在给水处理中聚铝的用量就超过了硫酸铝。目前应用最广泛的是聚合氯化铝（Poly-Aluminium-chlorinated），简称 PAC。

PAC 可以看作是铝盐水解聚合最终变为 $Al(OH)_3$ 沉淀物过程中的中间产物，它有较高的电荷和分子量，因而吸附脱稳和黏结架桥作用均较强，加入到水中后会迅速发挥优异的混凝作用。

PAC 并不是单分子的化合物，而是具有不同形态的同一类化合物，其通式可表示为 $Al_n(OH)_mCl_{3n-m}$，例如 $Al_2(OH)_5Cl$、$Al_6(OH)_{16}Cl_2$ 以及 $[Al_2(OH)_3Cl]_n$ 等，它们在溶液中电离为高价离子，如 $Al_{13}(OH)_{34}Cl_5 \rightarrow Al_{13}(OH)_{34}^{5+} + 5Cl^-$，发挥混凝作用的就是这些带正电荷的高价离子。

PAC 的两个重要指标是碱化度和聚合度。碱化度 $B = [OH]/3[Al]$，即化合物中羟基与铝的当量比值。例如，$Al_2(OH)_5Cl$ 的 $B = 5/(2 \times 3) = 83.3\%$。一般来说，碱化度越高的聚合氯化铝，其分子量就越高，因而黏结架桥能力越好，但稳定性较差，会生成 $Al(OH)_3$ 沉淀物。目前，聚合铝的制品碱化度多为 $50\% \sim 80\%$，聚合氯化铝的聚合度即分子中的 n 值，表明高分子的分子量，一般无机高分子量远较有机高分子量小，大约只在数千左右。

PAC 加到水中后，碱度降低较小，因而 pH 下降也小，其最佳 pH 较宽，一般 pH $= 7 \sim 8$ 可取得良好的效果，低温时效果仍较稳定，加药剂量对低浊水相当于 $AlCl_3$ 的一半，高浊度相当于 1/3。

（2）铁盐

常用的铁盐有 $FeSO_4 \cdot 7H_2O$ 和 $FeCl_3 \cdot 6H_2O$ 等。用铁盐作混凝剂时，其水解和胶体的形成凝絮过程和铝盐相似。但当用二价铁盐时，水解产生的 $Fe(OH)_2$ 溶解度较大，必须在混凝过将 Fe^{2+} 氧化成 Fe^{3+}，才能适应混凝的需要，其在 pH > 8.8 时氧化和水解过程如下：

$$4Fe^{2+} + O_2 + 2H_2O \rightarrow 4Fe^{3+} + 4OH^-$$
$$Fe^{3+} + 3H_2O \rightarrow Fe（OH）_3 + 3H^+$$

由于在低 pH 条件下完成氧化速度缓慢，所以上述反应常在石灰处理时完成，此时 pH 约为 10.2 效果较好。

氢氧化铁也是两性的氢氧化物，但其碱性强于酸性，只有当 pH 很高时才显示出酸的作用。当 pH < 3 时，铁以 Fe^{2+} 形式存在于溶液中，在 pH > 9 时，经氧化后才以 $Fe（OH）_3$ 的形式存在，水中残留的 Fe^{2+} 才会低下来。

但如果用 $FeCl_3 \cdot 6H_2O$ 作混凝剂时，由于其混凝过程中不可控制地迅速电离出 Fe^{3+}，不必经过氧化，能在 pH $= 4 \sim 10$ 的范围内水解，所生成的凝絮较密实，比重较大，易于沉降，受温度影响不大，加入剂量比二价铁盐低。缺点是 $FeCl_3$ 具有强的氧化性，腐蚀性强。

Fe^{3+} 和腐殖酸会生成不沉淀的有色化合物，故铁盐很少作为处理含有有机物的水的混凝剂。

（3）有机高分子絮凝剂

有机高分子絮凝剂都是水溶性的线型高分子物质，沿链状分子有若干管能基团，在水中大部分可电离，属于高分子电解质。根据可离解基团的特性，可以分为阴离子型、阳离子型、两性型等类。阴离子型的基团如—COOH、—SO$_3$H、—OSO$_3$H 等，阳离子型的基团如—NH$_3$OH、—NH$_2$OH、—CONH$_3$OH 等，两性型的同时含有两种基团。此外也有不能电离的非电解质，可称为非离子型。非离子型的聚合物分子在水中呈螺旋管状，其长度不能展开，类似非电解质。

高分子絮凝剂的链状分子可以发挥黏结架桥作用，分子上的荷电基团则发挥电中和的压缩扩散层作用。现有的高分子絮凝剂较多的是阴离子型，它们对水中负电胶体杂质只能发挥絮凝作用，往往不能单独使用，而是配合铝盐、铁盐混凝剂使用，以改善混凝过程，因此也常称为助凝。也有把阴离子型的絮凝剂直接用于过滤，也可称其为助滤剂。

阳离子型絮凝剂可以同时发挥凝聚和絮凝作用，因而可以单独使用。但由于常用的反渗透膜表面呈现负电荷，为防止膜表面的污染，故不宜使用。

有机高分子絮凝剂的有效剂量一般约为无机混凝剂的 1/30～1/200，即与无机混凝剂配合加入 0.1～2 mg/L（分子量以 1.5×10^6～6×10^6 时效果最佳），即可显著发挥其助凝作用。

有机高分子絮凝剂，如聚丙烯酰胺（PAM）用 NaOH 水解后，长链上带有许多负电荷的 COO^- 基团，由于负电荷的相斥作用，长链的 PAM 分子得以伸展，有利于与其他微粒的接触而产生架桥作用。如果加入量过大反而影响了长链的伸展，会影响效果。

在反渗透预处理中，混凝剂的加入剂量如前所述要根据原水水质进行小型试验，以确定调节参考剂量。一般 $Al_2(SO_4)_3 \cdot 18H_2O$ 的加入剂量为 0.1～0.5 epm（10～50 mg/L）左右，$Al_2(OH)_3Cl$ 的加入剂量可少很多，一般为 5～20 mg/L 左右；$FeSO_4 \cdot 7H_2O$ 的加入剂量为 50～100 mg/L；$FeCl_3 \cdot 6H_2O$ 的加入剂量为 10～50 mg/L；聚合硫酸铁$[Fe_2(OH)n(SO_4)_{3-n/2}][(n<2, m=f(n)]$的加入剂量为 20～60 mg/L。

混凝过程中不要加入过高剂量的无机铁、铝盐混凝剂或高分子絮凝剂，以避免当采用铁或铝的混凝剂混凝后，对未经调低 pH 的反渗透给水造成铁、铝的膜污染。当过滤后加入阻垢剂时，由于阻垢剂几乎都是带负电荷的，因此会被带正电荷的凝胶中和而沉淀造成膜污染[23]。

3.2.1.2 介质过滤

1. 介质过滤的种类

在水处理系统预处理过程中的介质过滤有粒状介质过滤（如石英砂）和混凝过滤等。其中，粒状介质过滤（Particle filtration）是去除水中悬浮颗粒的有效途径，工作过程是"过滤—澄清"，即悬浮颗粒被滤层截留，使水得到澄清。

过滤—澄清过程的机理是水中悬浮颗粒在滤料颗粒表面上被截留下来，但这种截留在水力作用下并不牢固，可能从滤料颗粒表面脱落下来，被水流带入下一层滤料，又被截留和附着，这个过程经历着截留迁移和附着。

截留迁移过程与物理或水力学的因素有关，包括筛分作用、布朗运动重力沉降、惯性碰撞、流动接触。最重要的是筛分作用和重力沉降。附着过程起作用的因素有机械附着、静电作用、范德华力、化学作用和生物作用，其中静电作用和范德华力的作用使水中颗粒物引起凝聚，并在通过过滤介质的过程中体现着接触凝聚的作用。

混凝过滤（Coagulation filtration）），指的是当原水中悬浮物含量不大（通常原水中悬浮物含量小于 50 mg/L）或原水中胶体硅含量不高时，在常规预处理系统中，不必设置澄清设备，以便节省投资、减少工艺流程。此时可直接在过滤器中进行混凝—过滤处理，这种将混凝过程和过滤过程一体化的工艺称为混凝过滤。

混凝过滤的工艺方式按其特点可分为直流混凝过滤（也称为加药过滤或称在线直流过滤 in-line filtration））和微絮凝过滤（microflocs filtration）。

（1）直流混凝过滤。在原水管道中加入混凝剂后，为了能与水混合好，以完成水解过程，加药点应在距滤池 50 倍管子直径的管道中，但还没来得及生成肉眼可见的絮体时，进入滤池。一般认为，直流混凝过滤法的悬浮物截留机理是悬浮物颗粒在滤料颗粒上的凝聚作用。

因而，所需凝聚剂的剂量是以能够把悬浮物颗粒和滤料颗粒的电位，下降至能够进行相互凝聚的电位为限，这样其加药量必将比混凝澄清处理要少得多。

为了保持能够与滤料进行凝聚的活性，悬浮颗粒必须处于相互进行凝聚前的状态。所以，投药到进入滤层这一段时间间隔是取得良好效果的重要因素。

直流混凝在任何形式的过滤设备上应用都是可以的。

（2）微絮凝过滤。混凝过滤的另一种工艺，它是将混凝剂与原水进入快速混合器，并边混合边进行搅拌，在水中形成细小的微器体（1～50 μm）之前，不经澄清就将此含有微絮体的水进入滤设备。这些微小的絮体随水渗到滤层，并同时进行絮凝和过滤。这样，洁层的截污能力得到充分的利用。

微絮凝过滤宜采用双层过滤设备或逆流的接触式过滤器，这是为了避免加药搅拌过程或加药点不当，以致进入滤池前就已形成较大的絮体，这样会造成滤层堵塞。

直流（加药）混凝过滤与微絮凝过滤的差异是：

1）在微絮凝过滤时，悬浮物到达过滤层时已形成肉眼可见的絮体，而直流混凝过滤则仅将混凝剂水解而未形成絮体。

2）直流混凝过滤加药剂量会比微絮凝过滤低。

3）直流混凝过滤甚至可以不必加高分子絮凝剂。

4）直流混凝过滤的加药至进入滤层的时间非常重要，会很大地影响处理效率。

由于过滤介质（滤料）的大小、品种以及过滤水流速度或方向不同，会有不同的过滤出水水质和过滤运行周期。

2. 介质过滤的装置

目前，水处理系统预处理介质过滤的装置多为采用石英砂为介质的压力式过滤器，也称多介质过滤器，结构如图 3-1。

过滤器的关键组成部分是滤层及滤层下部的配水装置和支撑层。按滤层的结构，过滤备可分为单层滤池、双层滤池以及多层滤池。这种结构的形成是由于滤层在运行一阶段后（一期后），由于积污增加了阻力，需要进行反洗。经过反洗的滤层由于水力分级的作用，最初的滤层就变成了分级滤料的滤层。

压力式过滤器属于大阻力配水系统。包括单流式、双流式、双层（双室）式、辐流式和水平式，我国目前主要生产单流式、双流式和双室式。

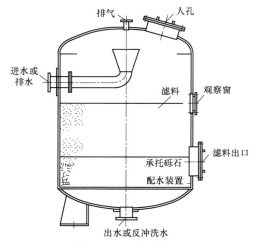

图 3-1 压力过滤器

由于双流式中部排水装置易坏，目前采用逐渐减少。辐流式、水平流式主要用于大流量。

单流式单、双层滤料过滤器结构特点是：上部进水装置为喇叭式布水装置，下部排水装置为多孔板水帽型式。设备直径≥1 600 mm 时，人孔在下封头侧边。配有公用的反洗水箱和反洗水泵，本体配置几个阀门和空气分配管道进行反洗和正洗，也可以进行风水合洗。

过滤器的工作压力 4～6 kg/cm²；单流式滤速正常 8 m/h，最大 10 m/h，双滤料为 10～

14 m/h，三滤料为 18～20 m/h，双流式滤速正常 12 m/h，最大 16 m/h。反洗时间单流式 10 min、双流式 20 min。水反洗强度单流式 15 L/（m² · s）、双流式 18 L/（m² · s）。

过滤器的型式应根据水质、处理水量、处理系统和水质要求等，结合当地条件确定。

过滤器不应少于 2 台（格）。当有 1 台（格）检修时，其余过滤器（池）应保证正常供水。过滤器（池）的的反洗次数，可根据进出口水质、滤料的截污能力等因素考虑，每昼夜反洗次数宜按 1、2 次设计。应设置反洗水箱和反洗水泵，反洗次数每日超过 2 次时，应配备备用反洗泵。

为了防止反冲洗时承托层移动，对单层和双层滤料滤池也有采用"粗—细—粗"的砾石分层方式。上层粗砾石用以防止中层细砾石在反洗过程中向上移动；中层细砾石用以防止砂滤流失；下层粗砾石则用以支撑中层细砾石。

如果采用小阻力配水系统，承托层可以不设；或者适当铺设一些粗砂或细砾石，视配水系统具体情况而定[24]。

3.2.1.3　吸附过滤

原水中有机物分子量大部分在 1 000 以下，即大部分是以溶解的富维酸存在的，即使提高凝聚剂量，调节原水的 pH 效果仍有限。某些分子量不太大的有机物对膜引起污染时，可以采用适性炭吸附过滤。实现活性炭吸附的装置是活性炭过滤器，也是压力式过滤器，结构与 3.2.1.2 中的多介质过滤器相同，不再赘述。

1. 活性炭的吸附性能及有机物吸附的一般概念

活性炭的强吸附性能除与它的孔隙结构和巨大的比表面积有关外（其比表表面可达 500～1 700 m²/g），还与细孔的形状和分布以及表面化学性质有关。活性炭的细孔一般为 1～10 nm，其中半径在 2 nm 以下的微孔占 95% 以上，对吸附量影响最大。过渡孔半径一般为 10～100 nm，占 5% 以下，为吸附物质提供扩散通道，影响扩散速度。半径大于 10 nm 所占比例不足 1% 的大孔也是作为提供扩散通道的。

活性炭的吸附通道决定吸附分子的大小，这是因为孔道大小影响吸附的动力学过程。有报道认为，吸附通道直径是吸附分子直径的 1.7～21 倍，最佳范围是 1.7～6 倍，一般认为孔道应为吸附分子的 3 倍。

活性炭表面化学性质可以说其本身是非极性的，但由于制造过程中，处于微晶体边缘的碳原子共价键不饱和，而易与其他元素（如 H、O）结合成各种含氧官能团（如羟基、羧基、羰基等），以致活性炭又具有微弱的极性，并具有一定的化学和物理吸附能力。这些官能团在水中发生离解，使活性炭表面具有某些阴离子特性，极性增强。为此活性炭不仅可以除去水中的非极性物质，还可吸附极性物质，优先吸附水中极性小的有机物。含碳越高，范德华力越大，溶解度越小的脂肪酸愈易吸附，甚至微量的金属离子及其化合物。

活性炭对有机物的去除受有机物溶解特性的影响，主要是有机物的极性和分子大小的影响。由于活性炭表面性质基本上是非极性的，故对分子量同样大小的有机物，溶解度越大、亲水性越强，活性炭对其吸附性越差；反之对溶解度小、亲水性差、极性弱的有机物（如苯类化合物、酚类化合物、石油和石油产品等）具有较强的吸附能力。

对于分子量大的有机物，由于其憎水性强、体积大，又由于膜扩散、内扩散控制吸附速度,因而导致吸附速度很慢。

基于上述活性炭对污染物的吸附现象,可以认为其主要吸附方式为:一是范德华力(分子间力)吸附是很弱的力,吸附力与活性炭的性质和活性炭本身的微孔结构有关,两者分子间不发生电子转移,故不形成化学键;另一种是物质在活性炭表面之间有电子交换或共享。前者是物理吸附,是可逆的;后者是化学吸附,是不可逆的。但无论何种吸附方式,都必须接受活性炭本身结构的孔道尺寸,是否能够使有机物进入而后才能被吸附的事实。

研究认为,分子量在 500~3 000 是活性炭可能吸附的范围,并随分子量的增大,吸附容量减小。分子直径大于活性炭孔径的有机物难以被活性炭吸附。若有机分子直径近似于活性炭孔径,则可能堵塞,形成不可逆吸附。

活性炭对不同分子量的有机物吸附量的不同,是因为活性炭细孔是最有影响的孔径,即孔径 1~10 nm 间被吸附分子直径占活性炭细孔的 1/3,占主要吸附容量。可以说,在此范围内的有机物,基本上是小于 2~3 m 的有机物,能被活性炭表面吸附。

2. 活性炭的选择

在反渗透预处理中,活性炭仅作为吸附小部分小分子之用。活性类的吸附容量和吸附速度除了与表面积有关外,还与其吸附动力学因素(即吸附质能否顺利迁移至活性炭孔的表面)有关。如前已述及的观点:吸附分子直径大于孔道直径的 1/3 以上,吸附运动就会受阻,吸附量就会下降。

选择原水有机物吸附活性炭应视炭的吸附量多少(运行周期长短),即与炭的过渡孔多少有关,而与"微孔"的多少无多大关系。对于原水有机物的吸附,椰壳炭不是最好,最好的是核桃壳及杏壳炭[25]。

3.2.1.4 滤芯过滤

滤芯过滤是借分布在过滤介质的表面,或被捕捉于滤材的深度部位以从水中去除颗粒物的过滤方式。其过滤材质的类型包括有微滤膜、缠绕纤维滤芯微孔材料或粉末材料构成的多孔透芯、固体滤芯等。这种过滤装置结构简单、运行方便,称为滤芯过滤器。

反渗透预处理部分的滤芯过滤装置有精密过滤器和保安过滤器。

1. 滤芯过滤器的作用

经过颗粒过滤(或称介质过滤 Media Filter))后,进入反渗透膜之前,为了除去系统中带入的大颗粒(如管路的锈蚀产物等),防止膜受到大颗粒的冲击和划破,并保护高压泵不受意外碎片的伤害,在高压泵前均装设有滤芯过滤器。通常器内装设 5 μm 的滤芯,如果浓水的 SiO_2 浓度超过理论溶解度值时,建议采用 1 μm 的滤芯过滤,以减低与铁、铝产生硅酸铁、硅酸铝胶体。此种过滤器一般在压降到达 0.2 MPa 的极限值前即要更换,但为了减少微生物污染,一般不超过三个月。考虑到反冲效果不好,同时也为了避免微生物污染及滤芯缝隙变大,不建议采用反洗的滤芯。

5 μm 或 1 μm 的滤芯过滤器的设置,不是为了过滤大量悬浮物的,即不承担过滤的负荷,它只是起对反渗透装置的保护作用,否则运行成本会很高,效率很低,且可能导致膜频繁地被污染。

2. 滤芯过滤的选用原则

（1）过滤器的材质。应选用符合温度、压力、pH 条件的材料，如耐腐蚀性、耐温性，在介质（水）中的溶解污染程度。

（2）过滤精度的选择。如要除去肉眼可见的颗粒，可选用 5～10 μm 的滤芯过滤器（要滤除水中细菌，则需选用 0.22 m 膜滤器）。

（3）过滤精度的试用原则。各厂家的产品精度不一、差异很大，解决的办法就是试用。

（4）滤芯数量。一般按滤芯厂家提供的单个产水量去除欲过滤的水流量。

根据经验，往往尽可能降低滤芯所承担的流量，即采取用多一些的滤芯以延长过滤的周期，而采取如下方式求得延长使用的周期：

设 1 根滤芯过滤额定流量，其运行周期为 1，则以 n（$n>1$）根滤芯过滤相同流量，n 根运行总周期为 $n^2 \times 0.7$，即每根滤芯的运行周期预测为 $n^2 \times 0.7/n$。例如，改用 2 根代替 1 根滤芯的过滤器时，$n=2$，则 $n^2 \times 0.7/2 = 1.4$（即用 2 根滤芯时，每根的寿命比用 1 根滤芯时延长了 40%）。

此种设计方法是因为滤芯承受的压差较小，因此不会造成滤芯的纤维组织结构变化，这样才延长了使用寿命。

（5）如设计需经常杀菌的过滤器，则应设计得小一些。一般过滤材质对杀菌的时间和次数都有一定的承受程度，假设一个每天须蒸汽杀菌的过滤器，其滤芯只能承受 5 天的杀菌，却装了足够 20 天的滤芯，明显地多浪费了 3 倍的滤芯成本。

（6）选择杂质捕捉量高的滤芯。用高杂质捕捉量的滤芯，可以减少滤芯数，并降低滤芯更换频率，减少各部分零件的损耗。常用滤芯过滤器的系列结构如表 3-1 所示。图 3-2 为滤芯过滤器示意图[26]。

表 3-1　常见滤芯过滤器的系列结构

安装滤芯位数	装芯长度/nm	流量范围/m³·h	滤筒直径/mm	外形尺寸/mm	进出口管径/in
1	250	0.5	89	115×334	G3
1	508	1	89	115×558	G34
4	250	1～2	200	248×647（H）	1.25
4	508	2～4	200	248×901（H）	1.25
6	508	4～6	220	270×901（H）	1.5
6	7 762	6～8	220	270×907（H）	1.5
6	1 016	8～10	220	270×1 415（H）	1.5
18	508	10～15	350	490×1 155（H）	2
18	762	15～20	350	490×1 409（H）	2
18	1 016	20～25	350	490×1 663（H）	2.5

注材质：不锈钢（1Cr18Ni9Ti）；最大工作压力：0.6 MPa。

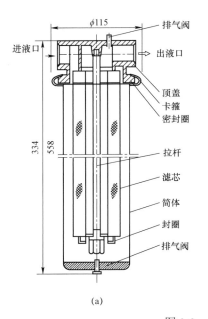
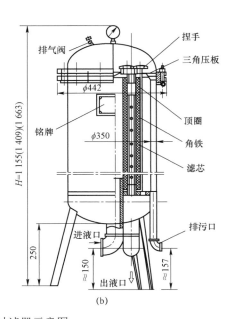

（a）　　　　　　　　　　　　　（b）

图 3-2　滤芯过滤器示意图

（a）家用或小型（≤1 m³/h）的过滤器；（b）（≥1 m³/h）大中型工业过滤器

3.2.2　反渗透部分

3.2.2.1　反渗透的基本原理

科学家通过对仿生学的研究发现，能够有效地分离盐分的膜是一种半透膜。含有盐分的水溶液在半透膜侧出现有渗透现象，渗透现象是由渗透压引起的，反渗透是对含盐水施以外界推动力克服渗透压而使分子通过膜的逆向渗透过程。

1. 半透膜

半透膜是广泛存在于自然界动植物体器管内的一种能透过水的膜。严格地说，只能通过溶剂而不能透过溶质的膜称为理想半透膜。工业上使用的半透膜多是高分子合成的聚合物产品。

2. 渗透、渗透压

当把溶剂和溶液（或把两种不同浓度的溶液分别）置于半透膜的两侧时，溶剂将自发地穿过半透膜向溶液（或从低浓度溶液向高浓度溶液）侧流动，这种自然现象叫做渗透（Osmosis）。如果上述过程中溶剂是纯水，溶质是盐分，当用理想半透膜将他们分隔开时，纯水侧的水会自发地通过流入盐水侧，这是个类似水向低处流的自发过程，此过程如图3-3（a）所示，纯水侧的水流入盐水侧，盐水的液位上升，当上升到两侧出现一定压力差后，水通过膜的净流量等于零，此时该过程达到平衡，与该液位高度差对应的压力称为渗透压（Osmotic Pressure），此过程如图3-3（b）所示。

一般来说，渗透压的大小取决于溶液的种类、浓度和温度，而与半透膜本身无关。

3. 反渗透

当在膜的盐水侧施加一个大于渗透压的压力时，水的流向就会逆转，此时盐水中的水将流入淡水侧，这种现象叫做反渗透（Reveerse Osmosis 缩写为 RO），该过程如图 3-3（c）所示。

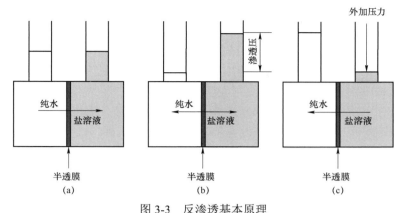

图 3-3 反渗透基本原理
（a）渗透；（b）渗透平衡；（c）反渗透

3.2.2.2 反渗透膜

反渗透膜是一种用化学合成高分子材料加工制成的具有半透性能的薄膜。它能在外加压作用下使水溶液的某一些组分选择透过，从而达到淡化、净化或浓缩分离的目的。水处理系统中，反渗透膜被称为反渗透过程的心脏。在一定意义上说，反渗透工作质量的优劣、水平的高低，关键在于反渗透膜性能的好坏。

为适应水处理应用的需要，反渗透膜必须具有应用上的可靠性和形成规模的经济性，其一般要求是：

（1）对水的渗透性要大，脱盐率要高。

（2）具有一定的强度和坚实程度，不致因水的压力和拉力影响而变形、破裂。膜的被压实性尽可能最小，透水量衰减小，保证稳定的产水量。

（3）结构要均匀，能制成所需要的结构。

（4）能适应较大的压力、温度和水质变化。

（5）具有好的耐温、耐酸碱、耐氧化、耐水解和耐生物污染性能。

（6）使用寿命要长。

（7）成本要低。

基于以上要求，在选择膜时或使用膜前，应该了解并掌握如下膜的物理、化学稳定性和膜的分离特性指标。

1. 膜的化学稳定性

膜的化学稳定性主要是指膜的抗氧化性和抗水解性能，这既取决于本身的化学结构，又与要分离流体的性质有关。通常，水溶液中含有如次氯酸钠、溶解氧、双氧水和六价铬等氧化性物质，他们容易产生活性自由基，并与高分子膜材料进行链引发反应和链转移反应，造成膜的氧化，影响膜的性能和寿命。因此在制膜用高分子材料的主链中，应尽量不用键能很低的 O—O 键或 N—N 键、多用键能较高的叁键或双键及芳族的 C—C 键，以提高膜的抗氧化和抗水解的能力。

另外，膜的水解与氧化是同时发生的，当制膜用高分子主键中含有水解的化学基团——

CONH—、—COOR—、—CH$_2$—O—等时，这些基团在酸或碱的作用下，易产生水解降解反应，使膜的性能受到破坏。因此在进行膜分离过程前，要考虑分离流体的主要性能，以选择化学性能较稳定的膜。其中，聚砜、聚苯乙烯、聚碳酸脂、聚苯醚等高分子材料的抗水解性能是比较优越的。不过，把这些材料制成反渗透膜，由于他们缺少亲水性的化学基团，其透水性能很差，通常这些材料用于制作膜表面有孔的超滤膜和微孔滤膜。

2. 膜的耐热性和机械强度

膜的耐热性能提高，意味着可用于分离温度较高的溶液。溶液温度的提高，其水的透过速率增加，在膜高压侧的传质系数与盐的渗透系数也会略有增加。因此，在膜组件的制造中，应尽量选择耐热性能较好的膜材料；在使用中，还要考虑待处理溶液的性质、作用时间和对膜性能的要求等。

膜的机械强度是高分子材料力学性质的体现，其中包括膜的耐磨性。在压力作用下，膜的压缩和剪切蠕变，以及表现出的压密现象，其结果会导致膜的透过速度下降。并且当压力消失后，再给膜施加相同的压力，其透过速度也只能暂时有所回升，很快又会出现下降，这表明由于膜的蠕变，使其产生几何可逆的变形。造成膜的蠕变因素有高分子材料的结构、压力、温度、作用时间和环境介质等，因此，在膜组件的制造中，应尽量采用在压力作用下，蠕变较小、耐压密的膜材料。

3. 膜的理化指标

（1）膜材质。

（2）允许使用的压力。

（3）适用的 pH 范围。

（4）耐 O$_2$ 和 Cl$_2$ 等氧化性物质的能力。

（5）抗微生物、细菌的侵蚀能力。

（6）耐胶体颗粒及有机物、微生物的污染能力。

4. 膜的分离透过特性指标

膜的分离特性指标包括脱盐率（或盐透过率）、产水率（或回收率）、水通量及流量衰减系数（或膜通量保留系数）等。其中脱盐率、产水率、透盐率等参数含义见第一节。其余指标概念见下：

（1）水通量。水通量（Flux）又称透水量，为单位面积膜的产品水流量。是设计和运行加以控制的重要指标，它取决于膜和原水的性质、工作压力、温度。

（2）通量衰减系数。通量衰减系数（Flux decline coefficient）指反渗透装置在运行过程中量衰减的程度，即运行一年后水通量与初始运行水通量下降的比值。

（3）膜通量保留系数。膜通量保留系数（Membrane Flux Retention Coefficient）为运行一段时间后水通量与初始水通量的比值。

（4）最大给水流量、最大压降、最低浓水流量。

为了控制反渗透系统中的污染速度,选择最佳膜的表面横向流速与选择水通量是同样的，给水和其产生的浓水在膜表面的横向流速越高，膜污染速度就越低。当给水和浓水水流穿过给水/浓水隔网时，高横向流速可增加湍流程度，从而减少颗粒物质在膜表面上的沉淀或在隔网空隙处的堆积。较高的横向流速也提高了膜表面上的高浓度盐分向主体溶液扩散的速度，从而减少了难溶盐沉淀在膜表面上的危险。

为了达到所希望的系统产水量，设计系统时，在确定了所要求的反渗透膜元件的数量之后，还应考虑到横向流速问题。这些反渗透元件可串联在压力容器中，对于地表水反渗透系统，一般可用 6 个 40 in 长的元件串入一个压力容器中，选择 365 或者 400 ft² 的（8 in 直径×40 in 长）高膜面积元件（与 330 ft² 的元件相比较，其优点是在对给定水通量的系统中，可减少压力容器的数量）。压力容器数量的减少，即意味着每个容器的横向流速高，污染的可能性就减少，设备投资费也少。

设定最大给水流量用来保护容器中的第一根反渗透元件，使其给水与浓水压力降不超过 10 psi。压力降低过大就可能会使膜组件变形，压力窜出并且使给水隔网变形，以致损坏膜元件。设定最小的浓水流量以保证在容器末端的膜元件有足够的横向流速，从而减少了胶体在膜表面上的沉淀，并且减少浓差极化对膜表面的影响。浓差极化是指在膜表面上的盐浓度高于主体流体浓度的现象。盐浓缩是因膜表面附近的横向流速低造成的（与管子中心的流速高于管子表面的流速的概念相似）。横向流速低，膜表面的盐的反向扩散速度就越低，结果难溶盐沉淀的机会增多，而且更多的盐会透过膜表面。浓差极化的程度可被量化为 β 值，该值一般应小于 1.20。

5. 膜运行条件的影响因素及膜表面的浓差极化

（1）膜的水通量和脱盐率

膜的水通量和脱盐率是反渗透过程中关键的运行参数，这两个参数将受到压力、温度、回收率、给水含盐量、给水 pH 值因素的影响，影响的特征如表 3-2 所示。

1）压力。给水压力升高使膜的水通量增大，压力升高并不影响盐透过量，在盐透过量不变的情况下，水通量增大时，产品水含盐量下降，脱盐率提高。

2）温度。在提高给水温度而其他运行参数不变时，产品水通量和盐透过量均增加。温度升高后水的黏滞度降低，温升 1 ℃ 一般水量可增大 2%～3%；但同时温度引起的膜的盐透过系数会增大更多，因而盐透过量有更大的增加。

3）给水含盐量。给水含盐量影响盐透过量和产品水通量，使产品水通量和脱盐量均下降。

4）回收率。增大产品水的回收率，则产品水通量稍有下降趋势。这是因为浓水盐浓度增大，盐浓度高，则渗透压增大，当回收率过高时，膜界面形成浓度极化而导致水质陡然下降，接着又引起产水量相应地下降。

5）给水 pH。脱盐率和水通量在一定的值范围内较为恒定，其最大脱盐率的pH = 8.50。

表 3-2　膜的水通量和脱盐率的特征

增长的影响	水通量	脱盐率
实际压力	↑	↑
温度	↑	↓
回收率	↓	↓
给水含盐浓度	↓	↓

（2）膜表面的浓差极化（concentration polarization）

反渗透过程中，水分子透过以后，膜界面中含盐量增大，形成较高的浓水层，此层与给水水流的浓度形成很大的浓度梯度，这种现象称为膜的浓差极化。浓差极化会对运行产生极为有害的影响。

1）浓差极化的危害

a. 由于界面层中的浓度很高，相应地会使渗透压升高。当渗透压升高后，势必会使原来运行条件下的产水量下降。为达到原来的产水量，就要提高给水压力，因此使产品水的能耗增大。

b. 由于界面层中盐的浓度升高，膜两侧的浓度差增大，使产品水盐透过量增大。

c. 由于界面层的浓度升高，则易结垢的物质增加了沉淀的倾向，从而导致膜的垢物污染。为了恢复性能，要频繁地清洗垢物，由此可能造成不可恢复的膜性能下降。

d. 所形成的浓度梯度，虽采取一定措施使盐分扩散离开膜表面，但边界层中的胶体物质的扩散要比盐分的扩散速度小数百倍至数千倍，因而浓差极化也是促成膜表面胶体污染的重要原因。

2）消除浓差极化的措施

a. 严格控制膜的水通量。

b. 严格控制回收率。

c. 严格按照膜生产厂家的设计导则设计系统的运行。

制造厂对回收率的要求考虑了膜表面冲洗的流速，卷式膜流速一般不低于 0.1 m/s。对水通量的规定中，考虑膜表面浓缩盐分应避免达到临界浓度，一般定量地规定 $\beta < 1.2$。膜与膜之间设计隔网是为了增加浓水流动的紊流态[27]。

6. 反渗透膜组件

各种分离膜只有组装成膜器件，并与泵、过滤器、阀、仪表及管路等装配在一起，才能承担起膜的分离任务。膜器件是将膜以某种形式组装成膜元件并在一个基本单元设备内，在一定驱动力作用下，完成混合物中各组分的分离装置。这种单元设备即反渗透器，可称为膜器件、膜组件（Module）或膜分离器（Separator），也称为渗透器（Pereator）。在工业膜分离过程中，根据生产需要，在一个膜分离装置中可由器的外壳（称压力容器）装数个或者更多的膜元件。

工业上使用的膜元件主要有管式、板框式、中空纤维式和涡卷式四种基本型式。管式和板式两种是反渗透膜元件最初的产品形式，中空纤维式和涡卷式是管式和板框式膜元件的改进和发展，其中在水处理系统中，中空纤维式膜元件应用于膜除氧部分，涡卷式膜元件主要用于反渗透部分，因此此次只介绍涡卷式膜元件，中空纤维式膜元件留待膜除氧部分介绍。

涡卷式（以下简称卷式）膜元件类似一个长信封状的膜口袋，开口的一边黏结在含有开孔的产品水中心管上，将多个膜口袋卷绕到同一个产品水中心管上，使给水水流从膜的外侧流过。在给水压力下，使淡水通过膜进入膜口袋后汇流入产品水中心管内。

为了便于产品水在膜袋内流动，在信封状的膜袋内夹有一层产品水导流的织物支撑层。为了使给水均匀流过膜袋表面并给水流以扰动，在膜袋与膜袋之间的给水通道中夹有隔网层。

卷式反渗透膜元件给水流动与传统的过滤流方向不同,给水是从膜元件端部引入,沿着与膜表面平行的方向流动,被分离的产品水是垂直于膜表面流动,透过膜进入产品水膜袋的。如此,形成了一个垂直、横向相互交叉的流向(如图 3-4 所示)。水中的颗粒物质仍留在给水(逐步地形成为浓水)中,并被横向水流带走。如果膜元件的水通量过大,或回收率过高(指超过制造厂说明书规定),盐分和胶体滞留在膜表面上的可能性就越大。浓度过高会形成浓差极化,胶体颗粒会污染膜表面。

卷式膜元件被广泛用于水或液体的分离,其主要工艺特点为:

(1)结构紧凑,单位体积内膜的有效膜面积较大;

(2)制作工艺相对简单;

(3)安装、制作比较方便;

(4)适合在低流速、低压下操作;

(5)在使用过程中,膜一旦被污染,不易清洗,因而对原水的前处理要求较高。

卷式膜元件中所用的膜为平面膜,常用的涡卷式膜元件结构如图 3-5 所示。

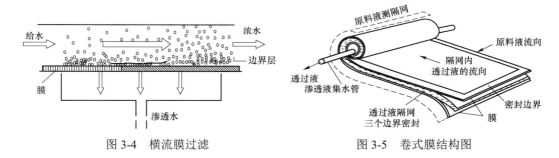

图 3-4 横流膜过滤　　　　　　　图 3-5 卷式膜结构图

7. 压力容器

无论何种膜元件,都必须装入压力容器中方可使用。由于每种膜元件本身的尺寸大小是不一样的,因而用于装填膜元件的压力容器的尺寸也就不一样。以压力容器的直径为例,常见的就有 2.5 in、4 in、8 in 等种类,但是每种压力容器的构造都大同小异,图 3-6 为 8 in 压力容器的内部示意图。

在每一个压力容器内,既可以只安装一个膜元件,也可以串联安装几个膜元件,通常在每个压力容器中可以安装 1～7 个膜元件。在膜元件与膜元件之间采用内连接件连接,膜元件与压力容器端口采用支承板、密封板、锁环等支承密封。

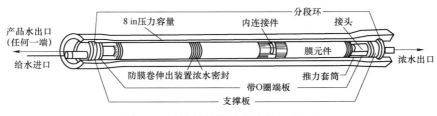

图 3-6 反渗透压力容器内部示意图

在实际运行过程中，给水从压力容器一端的给水管路进入膜元件。在膜元件内一部分给水穿过膜表面而形成低含盐量的产品水，剩余部分的水继续沿给水通道向前流动，而进入下一个膜元件。由于这部分水的含盐量比给水要高，在反渗透系统中把它称为给水或浓水，产品水和浓水最后分别由产品水通道和浓水通道引出压力容器。

浓水在压力容器中的每一个膜元件上均产生一个压力降，如果不采取措施，这一压力降足以使膜卷伸出而对膜元件造成损害。因此，在压力容器内的每一个膜元件的一端均有一个防膜卷伸出装置，以防止运行时膜卷窜出。同时在设计时，给水的流量不能超过规定值。

正如一切膜分离过程一样，都要在外界施加不同形式的能量才能进行（如压力差、电位差、浓度差、温度差等），反渗透器为实现其分离的目的，需要有足够的压力差，因而需要在给水与产品水之间采取一定的密封措施，包括膜与膜之间、膜与压力容器之间、膜元件与膜元件之间的密封，以及与管路连接接口的密封。对于卷式反渗透器，主要的密封有：

（1）膜口袋的三个边密封；

（2）膜口袋的开口侧与中心管的密封；

（3）膜元件与膜元件间串联连接口的连接件的密封；

（4）膜元件与膜元件间给水端侧与压力容器间外壳的密封；

（5）压力容器端密封板与容器内壁的密封；

（6）压力容器端密封板与内部装膜元件的产品水中心管的适配器（Adaptor）的密封，使用前要检测尺寸；

（7）压力容器产品水接口的密封；

（8）压力容器给水进水接口的密封。

压力容器有各种直径、长度及压力规格，在选择压力容器的压力规格时，应满足系统计算分析中所需的给水压力，而且要考虑到运行中由于污染所需提高的压力（一般在设计上按允许三年的污染下降15%，即压力应考虑增加15%）。

反渗透装置渗透产品水的背压，在停机状态下（高压泵停止运行时），不允许超过5 psi（0.3 bar）；而在运行时，渗透产品水的背压是不同的，特别是二级反渗透的不同系统，产品水背压还应受PVC产品水管接口的允许应力的限制。并且特别要注意产品水压力的限制受温度的影响（即温度对材料强度的影响）很大，如表3-3所示[28]。

表3-3　运行中压力容器产品水接口对产品水背压的极限规定

温度/℃	允许的产品水的最大背压/bar	psi
45	10.0	145
40	12.4	180
35	15.1	219
30	17.7	257
25	20.6	299
20	23.3	338

8. 膜的阻垢措施

水中的微溶盐在给水转变为浓水时，超过了溶度积而沉淀在膜上，造成膜表面结垢。为防止膜结垢应用最多的方法是加入阻垢剂，作为对硫酸盐、碳酸盐及氟化钙的阻垢措施。

阻垢剂具有低限效应（threshold effect），即少量抑制剂吸附在洁净晶格上而阻碍结晶成长。有机聚合阻垢剂效果好，但其可能与预处理所使用的用于凝聚的阳离子聚电解质或多价阳离子（如 Fe、Al）产生沉淀物，且较难于从膜上除去。因此要避免超过剂量使用。

有机阻垢剂是经不少于 1 000 h 测试无不良影响（且在浓水中膜表面的浓度不超过 50 mg/L 时）。高浓度的阻垢剂可能与预处理后水中的金属离子产生沉淀。为了防止微生物滋生，也不可将阻垢剂过于稀释（按厂家说明）。

当加入阴离子阻垢剂时，要避免反渗透给水预处理时加入或过量加入阳离子型聚合物，以防产生沉淀[29]。

3.2.2.3　反渗透部分其他设备

在水处理系统中，反渗透部分是将反渗透装置、管道、阀门等设备组合在一起，形成一个成套装置。装置除核心部分反渗透膜元件外，还包括压力容器、高压泵、保安过滤器、级间水箱、阻垢剂计量泵、阀门、仪表等相关设备。

膜元件及压力容器已在前文中给出了详细介绍，此处简要介绍其他的配套设备。

1. 反渗透框架

将反渗透膜元件、压力容器、本体管道、阀门、就地操作盘和检测仪表等设备组装在一个滑架上，即称为反渗透框架。

目前在铀浓缩工厂中，一般不将保安过滤器、高压泵和计量泵等放置在桩架上，只有一、二级反渗透膜和部分管道、阀门放置在框架上。框架材质一般采用 A3 钢，表面喷涂防锈漆，小型装置也有采用不锈钢材质的。

压力容器一般有 2～3 个受力支撑点，应根据不同尺寸的压力容器设计相应的反渗透框架。框架的设计还要考虑现场当地的地震强度。

2. 保安过滤器

在反渗透系统中，用于膜的给水预处理的最后屏障（微孔滤芯过滤器）是介于微滤（Micm Filtration）与颗粒介质过滤（Particle filtration）之间的比较精密的过滤装置。因为它可起到安全防护作用，故也称为保安过滤器。

保安过滤器放置于整个反渗透系统的进口，其目的是为了防止预处理来水中可能携带的颗粒性杂质，以防止对高压泵和膜元件造成机械损坏。通常，保安过滤器选用公称过滤精度为 1 μm 的滤芯，滤芯材质一般为聚乙烯或丙纶。为避免腐蚀，过滤器本体应采用不锈钢或塑钢材质。

保安过滤器属于微米级的精密过滤器，过滤方式为深层过滤。在反渗透系统中采用的滤芯一般有蜂房式线绕滤芯和熔喷滤芯，现在也有更为高效的折叠式滤芯。保安过滤器不仅能截留住颗粒性杂质，还能在一定程度上去除浊度和胶体铁，滤芯的安装形式为蜡烛式（不推荐采用悬吊式），根据运行压差选择滤芯。

有些厂家将保安过滤器设计为可反洗的结构，目的是为延长滤芯的使用寿命。但因为反洗会造成滤芯过滤间隙变大，降低过滤效果，所以不推荐采用这种设计。

在系统设计中，保安过滤器只起保安作用，以防止预处理漏过的杂质进入高压泵和反渗透膜元件中，不能将其作为去除某类杂质的过滤器，所以进入保安过滤器的原水必须已经满足膜元件的进水指标。

3. 高压泵

高压泵是反渗透系统中的核心设备之一。高压泵为进入反渗透膜元件的原水提供足够的压力，以克服渗透压和运行阻力，满足装置达到额定的流量。

对于反渗透系统，高压泵一般选择离心泵，依靠旋转叶轮对液体做功，把机械能传递给液体，从叶轮进口流向出口过程中，其速度能和压力能都增加，被叶轮排出液体压出室，大部分速度能转化成压力能，然后沿排出管路输送出去，这时叶轮进口处因液体排出而形成真空或低压，吸水池中液体液面压力（大气压）作用下，被压入叶轮进口，旋转的叶轮连续不断地吸入和排出液体。

离心式高压泵的结构等见第二章水泵部分，不再赘述。

高压泵的材质应根据原水水源的不同选择不同的不锈钢材质，高压泵的起动方式主要采用高压泵进行变频起动。目的是为了避免起动时产生瞬间高压力水对膜元件造成冲击损坏（即水锤现象，保证高压泵将进入膜元件的给压力从零升到额定值的时间必须在 20～30 s 以上）。

为保证高压泵的安全运行，一般还设有泵的压力保护装置。即在高压泵的入口装设低压保护开关和高压泵连锁，当进水压力低（一般为小于 0.05～0.1 MPa）时，低压保护开关动作，使高压泵自动停止运行，防止高压泵缺水空转。高压泵出口也可以装设高压保护开关和高压泵连锁，当高压泵出水压力过高时（一般为超过最高运行压力的 30%以上），高压保护开关动作，使高压泵自动停止运行，防止高压泵憋压运行。

4. 计量泵

阻垢剂、絮凝剂等药剂均通过计量泵加入系统中。计量泵一般分为隔膜泵和柱塞泵，不论采用何种形式计量泵，过流部分的材质必须满足输送介质的腐蚀性要求。

计量泵的运行流量和压力应根据工艺适当选择。在反渗透装置满出力运行时，计量泵的输出冲程和频率在 60%～80%之间，较利于计量泵的运行安全。

5. 反渗透系统材质的选择

所有过流部分的腐蚀问题都要加以考虑，包括过滤器、泵、水箱、管道、阀门、仪表接口等，都要选择合适的材质，以避免腐蚀造成的污染。

反渗透系统的水箱和低压部分的产品水管道、阀门，一般选用耐腐蚀的 PVC、U-PVC、ABS 工程塑料、玻璃钢或不锈钢材质。

保安过滤器、高压泵和高压部分的管道、阀门应选用不锈钢材质，并根据原水含盐量的不同，选择不同的不锈钢材质。

（1）原水含盐量小于 2 ppm 时，选用 304 材质不锈钢（r18i9、1r18Ni9T 等）

（2）原水含盐量在 20 pm～5 000 pm 时，选用含碳量小于 0.08%的 316 材质不锈钢；

（3）原水含盐量在 5 000 pm 时，选用含碳量小于 0.03%的 316 L 材质不锈钢；

（4）原水含盐量在 700 pm 时，选用含钼量 0%～5.0%的 904 L 材质不锈钢；

（5）原水含盐量在 3 200 ppm 以上时，选用含钼量大于 6.0%的 254SMO 材质不锈钢。

另外，在设计和制造过程中，应注意避免管路中形成死水，不锈钢管道应采用惰性气体保护焊接，管道加工制作完成后应采用酸洗、钝化等保护措施[30]。

3.2.3　膜除氧部分

3.2.3.1　膜除氧原理

在水处理系统中，膜除氧部分的核心部件是脱氧膜。它是一种憎水性的中空纤维微孔膜，这种材料具有强憎水性，水不能通过，而气体可以自由地通过。当在膜一侧抽真空时，根据亨利定律，溶解于水中的氧、CO_2 以及其他气体会通过膜被真空泵抽走，从而达到脱气的目的。真空度越大，脱气速度越快。脱除率也越高。为了达到更高脱除率，在真空一侧，加入高纯度氮气吹扫，降低真空一侧的氧气分压，从而达到更高的脱除率。

3.2.3.2　脱氧膜

在铀浓缩工厂中，通常采用的是美国的 liqui-cel 脱氧膜（如图 3-7），它是一种憎水性的聚丙烯中空纤维膜，具有装填密度大，接触面积大，布水均匀的特点。液相和气相在膜的表面相互接触，由于膜是憎水性的，水不能透过膜，气体却能够很容易地透过膜。通过浓度差进行气体迁移从而达到脱气或加气的目的。

图 3-7　liqui-cel 脱氧膜

3.2.3.3　脱氧膜膜元件

脱氧膜膜元件属于中空纤维膜元件，它是将中空纤维（膜）丝成束地以 U 型弯的形式把中空纤维开口端铸于管板上，类似于列管式热交换器的管束和管板间的连接（如图 3-8 所示）。由于纤维间是相互接触的，故纤维开口端与管板间的密封是以环氧树脂用离心浇筑的方法进行的。其后管板外侧用激光切割，以保证很细的纤维也是开口的。在给水压力的作用下，淡水透过每根纤维管壁进入纤维芯内，由开口端汇集后流出压力容器，即为产品水。

该种膜元件的优点是单位体积的填充密度大，结构紧凑；缺点是要求给水水质非常严格，污染堵塞时清洗困难，必须整体更换。

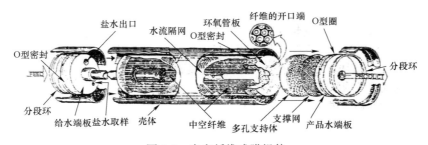

图 3-8　中空纤维式膜组件

3.2.3.4　脱氧膜部分其他设备

膜除氧部分除了膜元件，还有膜除氧框架、真空泵、纯水泵、氮封水箱、管道、阀门等。

1. 膜除氧框架

与反渗透框架不同的是，膜除氧框架除纯水泵、氮封水箱外，将膜元件、真空泵、管道、阀门等放置在框架上。其余与反渗透框架相同。

2. 真空泵

在膜除氧部分，真空泵负责将氧气等气体透过膜抽走，从而实现脱气的目的。一般的真空泵为水环式真空泵。

工作原理是：在泵体中装有适量的水作为工作液。当叶轮顺时针旋转时，水被叶轮抛向四周，由于离心力的作用，水形成了一个决定于泵腔形状的近似于等厚度的封闭圆环。水环的上部分内表面恰好与叶轮轮毂相切，水环的部内表面刚好与叶片顶端接触（实际上叶片在水环内有一定的插入深度）。此时叶轮轮毂与水环之间形成一个月牙形空间，而这一空间被叶轮分成叶片数目相等的若干个小腔。如果以叶轮的上部 $0°$ 为起点，那么叶轮在旋转前 $180°$ 时小腔的容积由小变大，且与端面上的吸气口相通，此时气体被吸入，当吸气终了时小腔则与吸气口隔绝；当叶轮继续旋转时，小腔由大变小，使气体被压缩；当小腔与排气口相通时，气体便被排出泵外。

水环式真宝泵是靠泵腔容积的变化来实现吸气、压缩和排气的，因此它属于变容式真空泵。

3. 纯水泵

作为产品水的动力设备，将产品水送至各工艺水系统的回水管中，作为补水。一般为离心式水泵，结构原理等不再介绍。

4. 氮封水箱

作为产品水的储水装置，氮封水箱的工作原理是：通过将氮气引入氮封水箱，从而保证水箱内除氧水不与外界大气进行进行接触。当水箱水位上升时，氮气压缩，当氮封水箱压力高于 0.08 MPa 时，氮气排气电磁阀打开，向外排气，排至 0.06 MPa 时，排气阀关闭。当水箱水位下降时，氮封水箱内氮气压力下降，当压力低于 0.02 MPa 时，氮气进气电磁阀打开，向氮封水箱补充氮气，补至 0.04 MPa 时，氮气进气电磁阀关闭。当氮封水箱内压力低于 0.01 MPa 时，氮封水箱压力低报警，需检查调整水箱进气压力设定值，必要时提高供气压力。

3.2.4　仪表监测和控制系统

水处理系统除了上面三个主要部分以外，还有仪表监测和控制系统。

3.2.4.1　仪表监测

水处理系统运行过程中的许多重要参数需要进行监测，以评价系统是否处于最佳的运行状态，膜元件是否被污染。

主要监测表计如下：

（1）pH 监测表

如果水处理给水中设有加酸、加碱装置，则给水管道上应装设在线检测表，并应设有上、下限报警。

（2）温度

给水温度影响反渗透装置的产水量，当温度恒定时，它决定高压泵的出口压力。在很多系统中，需要设置加热器给水升温，在此温度作为一个重要参数须进行测量并定期记录。

（3）压力

要监测并记录保安过滤器的进出口压力或压降，以判断滤芯的运行状况；要监测并记录高压泵的进出口压力，以判断高压泵的运行状况；监测并记录反渗透膜元件各段之间的压力或压降，以判断膜元件是否污染或结垢，并可判断异常膜元件的位置。

（4）流量

至少要监测并记录产品水和浓水的流量，这两个流量决定装置的回收率，必须将回收率保持为设计值，回收率过高会加速膜元件的污染，回收率过低则会造成水的浪费和高压泵能耗的增加。

在许多大型系统中，还装有给水流量表，可输出给水流量信号，自动调节加药计量泵按比例加药。或在多段系统中装设单段的产品水流量，分别判断每一段的运行状况。

（5）电导率

监测给水和产品水的电导率值，可反映反渗透装置的脱盐率。

温度、压力、流量是互相关联的三个参数，和 pH、电导率值相结合，可判断反渗透系统是否运行正常，是否有污染或结垢，是否需要清洗等，是判断反渗透装置运行状况的重要参数。

（6）含氧量

监测产品水中含氧量，一般在系统中设置在线氧表，含氧量超标会造成工艺冷却水管道腐蚀。

3.2.4.2　水处理系统的控制

1. 系统控制方式

水处理系统一般采用 PLC（可编程逻辑控制器）程序自动控制方式。选择的 PLC 应保证有较强的抗干扰能力、丰富的程序指令较快的运算速度，以保证控制系统的安全稳定。

2. 控制内容

（1）高压泵、纯水泵的控制。高压泵进口压力低于设定值时，自动停止泵的运行；高压泵出口压力高预定值时，自动停止泵的运行。高压泵采用变频控制时，通过调节泵的频率，控制泵的出口压力。纯水泵采用变频控制时，通过调节泵的频率，控制泵的出口压力和产水量。

（2）反渗透装置的程序起动和停止。反渗透装置由 PLC 控制，自动完成包括计量泵、高压泵、电动阀等按顺序起动和停止。反渗透装置与产品水箱水位连锁的高停低启。

（3）反渗透停运时的自动低压表面冲洗。反渗透装置停运时，自动打开电动冲洗排水阀，对膜表面进行低压冲洗，将膜元件内的浓水冲洗干净。

（4）异常运行状态的监测、报警。在反渗透装置运行过程中，PLC 自动对各设备如高压泵、计量泵、电动阀等的运行状况进行监测，并输出故障报警信号。PLC 自动对温度、流量、压力、电导率、含氧量、pH 等运行参数进行监测，异常运行状态时报警，并根据不同的决定是否停运反渗透装置。

（5）加药量的自动控制调节。通过反渗透给水管道上的流量、pH 等测量仪表输出的 4～20 mA 的信号或脉冲信号。自动调节各计量泵的输出投加药剂量，实现加药量按比例自动调节[31]。

3.3　水处理系统运行维护控制

3.3.1　水处理系统运行维护

3.3.1.1　初次启动准备

（1）在水处理系统初次起动之前，预处理系统必须经过测试，给水水质和给水流量应满足反渗透装置运行的要求，预处理系统处于供水状态。

（2）将反渗透、膜除氧膜元件连接到管路上之前，应吹扫并冲洗管路（包括给水母支管）

（3）检查各管路，应按工艺要求连接各阀门开关状态良好。

（4）检查全部仪表应安装正确并已经过校准。

（5）确认高压泵、真空泵、纯水泵处于可以立即运行状态，泵进水阀处于打开状态。

（6）核对联锁、报警、控制参数和接点已经过正确的设置和整定。

（7）各药箱应保证 2/3 以上液位，并经搅拌均匀，加药的计量和加药系统均处于正常备用状态

（8）运行需用的各种试剂和仪表已准备好。

（9）核对产品水不合格排放阀（产品水出口阀门）是打开的。

（10）浓水控制阀应处于适当的开启位置。

3.3.1.2　水处理系统初次起动

（1）反渗透装置的操作方式选择开关"手动—停止—自动"应位于"手动"的位置。

（2）将各种仪表按需要投入运行。

（3）各加药单元计量泵投入运行（初始以手动方式调节）。

（4）打开冲洗排污阀，打开高压泵出口手动调节阀（开度 1/3），在预处理系统提供的低压（0.2～0.4 MPa）、小流量下使给水进入反渗透装置，以便将系统中的空气排出（排气约 5 min、冲洗约 30 min 以上），此时新膜中的保护液也一并冲出。

（5）检查系统应无渗漏。至此，排气和低压冲洗结束。

（6）关闭冲洗排污阀，打开浓水排放阀（浓水排放阀可全开，微开冲洗排放阀 1/3）。

（7）在 PLC 控制面板上依次启动预处理部分、一级反渗透、二级反渗透，手动调整高压泵运行频率。系统达到设计条件时，检查各段压力，检查总流量、产水流量和浓水的流量。

（8）系统稳定运行后（大约 1 h 的运行时间），记录所有运行参数。关闭产品水不合格排放阀门，转向正常，反渗透装置开始正常制水。

（9）检测每一个压力容器的产品水电导率，并分析已发生或可能会发生的故障。

（10）打开膜除氧与反渗透部分之间的连接阀门，启动真空泵、纯水泵，开始运行膜除氧部分

（11）在运行 24～48 h 后，记录所有的运行数据（给水压力、压差、流量、回收率、pH、电导率、含氧量等），注意保存起始运行的记录，并取给水、浓水水样，测定成分，核计并比较系统的特性。

3.3.1.3　运行方式的调整

（1）水处理系统正常的运行方式是保持流量、稳定水质。如果由于水温的变化或膜的污染结垢引起流量下降，可调整给水压力以改善产水量。但不能允许过多的污染和结垢，即不可超过设计压力（或原、初始运行压力）的 10%。

（2）如给水水质变化，为避免膜表面的浓差极化，应该降低回收率，以免造成膜的污染和结垢。

（3）通常反渗透的设计水量往往是生产需要的最高量。当正常运行不需要最高流量时，为避免频繁开停设备而降低膜的寿命，除设计上应该设置产品水箱以平衡水流量外，还可采取产品水循环的方法，使一定量的产品水回到浓水，这样可维持膜浓水压力的恒定，又可使膜表面的浓水流速提高，对膜有清洗作用，而且可改善产品水的水质。

（4）当给水温度降低时，可提高给水压力来补偿，但不能超过极限值。

（5）当原水的盐分增加时，可采取增高给水压力。

3.3.1.4　运行维护要点

（1）水处理系统的原水温度应当大于 13 ℃、小于 45 ℃。

（2）给水中不应含有胶体硫。

（3）运行时渗透产品水的静压力不应超过浓水压力 0.3 bar（5 psi）。高压系统停运时，产品水侧静压不能超过 0.3 bar。

（4）膜元件在运行时（特别是起动时）对给水的冲击压力（水锤）必须设法消除。

（5）所使用的水质阻垢剂应该是膜厂家许可的。

（6）当连续运行时，pH 在 6～7.5 之间。

（7）为控制膜的结垢，应控制给水中的化学成分（如 Ca、Ba 或 Sr）或采取加阻垢剂措施。

（8）运行中要控制 SiO_2 的含量，以防止膜被胶体硅或被沉积的硅污染。

（9）浓水中可溶硅不应超过 150 mg/L（25 ℃）。

（10）应避免膜被表面活性剂、溶剂、可溶油、脂类等高分子量的聚合物污染。

（11）原水中不应含有臭氧、过锰酸盐或其他强氧化剂。

（12）原水为地表水源时，要采取消除细菌的预处理措施。

（13）对比初始运行产品水流量，下降 10%～15%时，要进行膜的清洗。

（14）当化学清洗膜或在停运时，pH 不应小于 1，也不应大于 12。

（15）当膜被清洗时，不能用阳离子型或非离子型的表面活性剂，以及未经膜生产厂家同意的化学药剂。

（16）给水流量不能超过膜元件导则规定的流量，以防止膜卷因流量过大而窜出（给水设计流量不能大于导则规定）。单个膜元件的压降不能大于 20 psi（1.4 bar），6 个膜的

压力容压降不能大于 60 psi（4.2 bar）。

（17）膜厂家的湿膜产品要注意防止干燥，在所有时间内都应保持在湿的状态下。

（18）更换或新装的新膜，投入运行开始时的渗透水至少需 1～2 h 排掉，至冲洗干净。

（19）为防止微生物在长时间停用时生长，膜元件应该浸在保护溶液中，储存溶液中应含有（质量百分数）的甘油和 1%（质量百分数）的亚硫酸氢钠（食品级），该溶液也能作为防冻用。在低于 10 周的短期保护时，1%的亚硫酸氢钠足以抑制细菌的生长。

（20）如果膜元件浸在甲醛溶液中杀菌，在此之前膜必须是使用过一段时间的，即至少是用过 6 h，否则将使膜的水通量降低。

（21）用氯（HOCl）连续泡膜将造成损坏，应该避免，不得已时只能短时间浸洗。

（22）在不同的温度条件下运行，膜的性能将受到影响，温度对膜的产水量影响可参照温度校正系数（TCF）表进行校正。

（23）系统停运时应进行系统的冲洗，冲洗方式有：采用渗透水冲洗系统；采用不开高压水的低压水冲洗；采用产品水泵连接至反渗透冲洗入口进行冲洗等。

（24）运行中发现反渗透系统给水不合格时，要在进入保安过滤器之前排掉。

（25）真空泵的真空度不得低于 0.07 MPa。

3.3.1.5　运行记录

1. 启动记录

水处理系统各装置的特性必须从运行开始就记录下来。记录应包括启动时和实际初始运行时的预处理、反渗透、膜除氧各部分的运行数据记录。

2. 运行数据

运行数据可以说明系统的性能，在整个反渗透运行期间都要进行日常收集，这些数据与定期的水质分析一起为评价装置的性能提供资料。具体内容包括：

（1）流量（各段产品水和浓水流量）；

（2）压力（各段原水、浓水、产品水、保安过滤器出口及入口）；

（3）温度（原水）；

（4）pH（原水、产品水、浓水）；

（5）电导率（原水、产品水，每一段产水、产品水、浓水）；

（6）含氧量（产品水）；

（7）投加药剂量：① 凝聚剂耗量；② 碱耗量；③ 阻垢剂耗量；④ 清洗剂耗量。

3.3.1.6　水处理系统联锁和报警

（1）高压泵入口压力低，开关的联锁与报警。当高压泵入口给水压力低于 0.05 MPa 时，泵自动停运，同时联锁关闭电动阀。

（2）泵出口压力高，开关的联锁与报警。高压泵启动延时 25 s 后，如高压泵出口压力仍高于水泵的最高压力，高压泵自动停止运行，同时联锁关闭电动阀。

（3）高压泵与电动阀的联锁与报警。当高压泵自动启动时，电动阀与高压泵联锁开启，如果在规定时间内电动阀未开到位，则报警。当高压泵自动停运时，电动阀与高压泵联锁关闭，如果在规定时间内电动阀未关到位，则报警。

（4）高压泵与计量泵的联锁。在一般的反渗透系统中，包括两套运行的反渗透装置及一套共同的加药系统。加药系统由阻垢剂加药单元、氢氧化钠加药单元组成。当有任何一套反渗透装置自动起动时，加药系统中各种加药计量泵联锁起动；当两套反渗透装置停止运行时，各加药计量泵联锁停止。

（5）给水流量计与计量泵联锁。给水流量计发出的信号控制各种计量泵进行比例加药，计量泵的加药量随给水流量的变化而变化。

（6）原水温度高报警。装置原水温度高于或低于设定值时报警。

（7）产品水 pH 高、低报警。产品水 pH 高于或低于规定值时报警。

（8）产品水电导率高于规定值报警。

（9）产品水含氧量高于规定值报警

（10）计量箱液位报警。当水箱、阻垢剂计量箱、氢氧化钠计量箱的液位"低"时报警。

（11）高压泵、纯水泵等跳闸后自动切换至备用泵。

3.3.1.7　水处理系统主要故障分析及处理

1. 反渗透膜元件可能发生脱盐率下降的原因分析

（1）反渗透膜受氧化。膜受到给水中 Cl_2、Br_2、O_3 或其他氧化剂的氧化损害，会出现高盐透过率，并且产品渗透水流量升高，通常前端的膜元件易受影响。在中性及碱性溶液（pH 较高）中对膜的伤害会增大

在膜清洗时，应严格控制 pH 值或温度。使用氧化剂杀菌时，对膜的损害是在整个膜上，较为平均。

对受氧化伤害的膜，取解剖的膜元件的一小片用亚甲基兰溶液进行板框试验，会发现膜的背面会呈现黑色，而未受伤害的膜背面仍然为白色。采取真空法试验，不能测出氧化性膜伤害。

（2）机械伤害。膜元件或连接件的机械损坏会造成浓水渗入产品水中，特别是在高压下运行时，脱盐率下降，产品水流量升高。机械伤害可经真空试验测出。

2. 产品水流量上升、脱盐率下降的原因分析

（1）O 型圈泄漏。O 型圈泄漏可用探测技术诊出，O 型圈和适配器密封圈是否装配得当，是否受化学药品或机械磨损，起停时水锤冲击可能造成膜元件移动，有时未装 O 型圈或装配不适当（如 O 型圈不在应处于的位置）。

（2）膜卷窜动。膜卷窜动可能造成膜机械损坏，轻者并不一定损坏膜，但严重时黏结线和膜可能发生破裂。

8 in 的膜元件因其进水面积大而受力大，仅靠支撑圈支撑元件之外径，影响较大。而较小直径的膜元件以其产品水管来支撑，影响较小。窜动现象可用探测管来判断泄漏。

（3）膜表面磨损。由于最前端的膜元件最易受进水中的某些晶体或具尖锐外缘的金属悬浮颗粒的磨损，此种伤害可用显微方式检查膜的表面。当发生此种伤害时，更换膜元件并改善预处理，管路中的颗粒必须于供水前冲出。

（4）产品水背压过高。任何时候，产品水不得超过给水/浓水压力 5 psi（30 kPa），否则可能造成膜破裂。此种伤害可用探测管方法判别，再以泄漏试验和直观目测确认。将受背压损坏的膜元件的口袋打开时，通常会看到进水侧黏结线、靠近外侧黏结线、外层黏结

线及浓水侧黏结线之间的边缘可能破裂。

（5）靠近中心产品水管的膜叠层破裂。与中心产品水管平行的叠层，因有折叠，会造成膜的破裂，可通过真空试验发现，破裂的原因如下：

1）开始进水时，水压急剧变化。例如，系统中的空气压力和水的压力增加太快，以致形成冲击。

2）由水垢或污染物发生的切应力或摩擦。

3）产品水背压高。

4）中心膜叠层破裂常在一年以上的不当操作后出现，且通常发生在开/停机次数过高的设备上。

3. 产品水流量下降的原因分析

（1）胶体污染。主要发生在反渗透第一段，可通过产品水的流量判别，要注意保安过滤器滤芯上的沉淀物，依其性质判断并进行清洗。

（2）金属氧化物污染。主要发生在第一段，检查给水中铁、铝含量，检查给水系统管路材质及防蚀情况，并经分析采取清洗措施。

（3）水垢。发生在最后一段的最后一根膜元件上，逐渐向前推移减弱。分析浓水中的 Ca^{2+}、Sr^{2+}、Ba^{2+}、SO_4^{2-}、F^-、SiO_2、pH 计算盐类结垢倾向。一般水垢的产生较缓慢。

水垢的晶状沉积物可用显微镜观察或进行化学分析、X 光分析鉴定。去除水垢则用酸或碱性 EDTA 溶液清洗。可以通过调整预处理方式、调节 pH 值加阻垢剂或降低回收率来防止结垢

（4）微生物污染。微生物污染系形成微生物黏膜，常发生在膜系统的前端。此时的征兆是：① 产品水流量在给水压力及回收率维持一定时，有下降趋势。② 给水流量，当生物黏膜已进一步变成大片生物块时，使之下降。③ 给水压力，为了维持一定的回收率，必须使给水压力升高，长期增高给水压力会增加清洗污染物的困难程度。④ 压差，当产生大片细菌黏泥时压差显著上升。⑤ 脱盐率，刚开始发生微生物污染时，脱盐率正常甚至升高，当大量黏泥产生时则下降。

当怀疑有微生物污染产生时，应对微生物进行控制，采系统的细菌检验。并相应地改善处理、有效地清洗膜元件，包括对预处理的整个系统进行杀菌。氯杀菌可用于预处理系统，膜的消毒杀菌可用甲醛。不彻底的清洗与消毒会导致很快地再次被污染。

（5）停用的保护液保存过久、温度过高或被氧化，采取碱液清洗一般可恢复产品水流量。

（6）干膜未完全湿润，由于聚层的细孔尚未湿润，会造成产品水流量太低，应按再湿润方法湿润 1～100 h。

4. 产品水流量下降、脱盐率同时升高的原因及处理

（1）膜压紧（Compaction）通常会引起产品水流量下降。复合膜较少发生膜压紧现象，但下列情况下仍有可能出现：① 给水压力很高；② 给水温度过低；③ 起动高压泵或有空气存在时，给水系统造成水锤。

当出现膜压紧、检测膜厚度时，可以看到膜体嵌入渗透通道间隔中的隔网上，此时产品水因渗透液通道间隔的截面减小，而造成流量减少。

凡发现膜压紧的元件，需更换或在压力容器的尾端加入新元件。

（2）有机污染。给水中的有机物吸附在膜表面上，造成水通量下降，特别易于出现在第一段。此吸附层常常好像一层阻挡透过盐的屏障，有时也会堵住膜的小孔，因而减少了盐的透过。水中高分子量且带有憎水或带有阳电荷的基团会造成此种结果，如油滴或用于预处理的阳离子型电解质即属此类。此时需检测给水中的油滴和有机物 TOC，检验保安过滤器滤芯是否有有机沉淀物，改进预处理方式（天然水中有机物通常 TOC 为 0.5～20 mg/L，最好降至 TOC＜3 mg/L。给水油超过 0.1 mg/L 时，必须以活性炭吸附或采取混凝处理）。

当发生油污垢而产品水流量尚未减少至 15% 以上时，可用碱性清洗液，如 NaOH（pH＝12）去除。

发生阳离子聚电解质污染时，可在酸性溶液中清洗，采用乙醇亦可去除吸附的有机物污物。

5. 反渗透装置出现高压差的分析

水流经压力容器中各膜元件形成的阻力（压力损失）所产生的应力，作用在每一个膜元件上，并由最末一个膜元件承受上游的元件所形成的总压降所产生的应力，因此最末的元件承受应力最大。

每一压力容器的压降限定为 4.1 bar（60 psi），每一单个元件允许 1.4 bar（20 psi）超过此值时，即使在很短的时间内，膜元件也会受到机械性损害。小于 8 in 的膜元件则常出现膜窜动现象（telescoping），甚至端盖也会从包覆层上拔脱。

8 in 的膜元件会在玻璃纤维上最薄弱的地方破裂，该处就是末端连接于膜元件的轴向部位。但玻璃纤维外包覆的损坏并不影响膜的正常性能，即使膜元件的膜和流通给水的隔网伸出破裂的包覆层，仍能维持良好的性能。虽然玻璃纤维层的破裂只是一个外表上的问题，但也说明了压差高最后可能导致水通量降低或盐透过率增大。

流量正常下，压差的上升通常是由于膜元件水流通道的隔网进入杂质、污染物质和水垢引起的，同时伴随着产品水流量下降。

当超过膜厂家建议的给水流量时，也会发生过大的压差；当起动时给水压力提升过快，发生水锤压差会很大。如膜上已有污染的垢物时，特别是有微生物污染时压差都将增大。

在系统中的空气被冲出之前进行起动，则对膜元件的水力冲击（水锤）也会发生。

当停机时，压力容器应破坏容器的真空状态。即使反渗透系统处于一半真空时，而泵也许处在没有或很小的水背压下，水泵也会以很大的速度吸水，而造成泵的水锤现象，高压泵也会被空穴气蚀所损坏。

给水至浓水间的压差表示的水力阻力与给水的流速、温度有关，应该注意保持产品水和浓水有一定的流速。

高压差的防止：

（1）保安过滤器旁通（by pass）。保安过滤器应保护反渗透系统，以免大块杂物进入最前端元件中，但当滤芯在其构架上没有装紧、短芯之间未装连接件或没有完全装好时，则造成给水旁通而未经过滤。有时水力冲击或异物也会使滤芯工作恶化。应避免使用纤维材质（包括聚丙烯纤维）的滤芯，因纤维脱落也会造成膜面阻塞。

（2）预处理过滤器中的过滤介质漏过（break through）。有时从石英砂、活性炭的前置过滤器中漏过微细的介质进入水中，保安过滤器可阻挡大部分的大颗粒，但炭粉等小的颗粒会穿过而进入最前端的膜元件中。

吸附氯的活性炭应以硬度为 95 的椰子壳或硬度更高的介质为好，使用前应充分反洗除去细小物质。

（3）泵叶轮损坏。多级离心泵如果使用的是塑料叶轮，叶轮安装偏离轴心，会被磨损而掉下小物质或小的切削片，这些削片也会造成前端膜元件的阻塞。高压泵出口压力表应定期维护，以判断出口压力是否正常，泵是否发生异常。

（4）水垢可能造成末端膜元件阻塞，应予化学清洗并控制回收率。

（5）微生物污染会与反渗透系统前后压差增大同时发生，应采取生物控制和清洗、杀菌处理。

（6）阻垢剂沉淀。聚合有机阻垢剂与预处理混凝剂的高价铝离子或残余的阳电荷的聚合絮凝剂接触时，会形成胶状沉淀，也能严重地阻塞前端膜元件。此种垢物很难清洗，要连续地使用碱性 EDTA 或许有所帮助

（7）浓水密封损坏可能造成部分浓水绕过膜元件而减少了膜元件内的流速。局部膜元件回收率超过上限，膜元件易产生污垢、水垢。当多元件的压力器中出现一个膜元件堵塞，下游膜元件由于浓水流速不足，更易产生污垢。

密封的损坏是可能由于水锤造成密封圈反转（tumed over），所以防止水锤是非常重要的[32]。

6. 水处理系统各设备主要故障原因及处理

（1）反渗透部分

见表 3-4。

表 3-4　反渗透部分主要故障及处理

序号	异常现象	故障原因	解决方法
1	操作压力低	流速过高	检查浓水和循环水流量，进行必要的调整。过高的产水流量和电导率说明"O"环或膜密封被损坏。
		泵运转不良	参看泵的操作和维修手册。
2	产水量降低	操作压力低	参看上述低压原因。
		膜组件阻塞	冲洗膜组件。
		操作温度低于（13 ℃）	调节泵的出口阀或浓水阀。如需更高的产水量，可安装一个冷/热进水温度调节阀。在 22～25 ℃的进水温度下操作。
		膜组件反装或浓水密封损坏	按流动方向安装膜组件，迅速清洗系统；更换密封。
		流量计不精确	用带刻度的适当尺寸的容器和秒表检测流量。
3	浓水流速低，压力正常或偏高	浓水阀调节错误	调节浓水阀，观察操作压力。
		流量计不精确	用带刻度的适当尺寸的容器和秒表检测流量。

续表

序号	异常现象	故障原因	解决方法
4	操作压力偏高	泵出口或浓水阀门调节不当	检查并调节阀门。
		压力表不准	替换或按要求调整。
		产水量减少或受限制	参看产水量低的原因。
5	过度的压力损失 （超过 0.7 MPa）	主管中流动受阻	检查膜外套进出口浓水受阻情况，检查泵的出口阀，确保没有关闭。
		膜严重阻塞	用合适的清洗剂冲洗系统和膜组件。

（2）膜除氧部分

见表 3-5。

表 3-5　膜除氧部分主要故障及处理

序号	故障描述	原因分析	改进措施
1	产品水含氧量超标	膜受污染	清洗或更换除氧膜
		没有去除运输途中使用的防尘罩	检查确认拿走防护罩
		吹扫气体污染	检查吹扫气体纯净度
		在气体管路存在空气泄漏	检查连接口，坚固法兰连接件
			加压检查气管泄漏 —用肥皂气泡检测漏点 —试压并观察压力变化情况 —电子捡漏检测系统
			关闭吹扫进气阀，只在真空模式下运行，记录系统数据 关闭真空泵，打开进气阀进行吹扫，记录系统数据
			联系膜厂家
		真空度不足	确定真空系统连接正确，并使真空系统工作正常 真空泵损坏，更换真空泵
		真空系统漏气	检查系统是否漏气，如果出口溶解气体的含量在许可范围内，很有可能泄漏点在脱气膜之后的真空管道上 脱气膜中注满水抽真空。寻找真空管道上水集中的地方 —真空管道是否从脱气膜倾斜向下安装？如果不是，重新安装 —把真空管道从脱气膜拆下来，如果水泄漏量》20 mL/min（没有气体吹扫）。与膜厂家联系 —有凝结水是正常的
			安装更大规格的真空泵

序号	故障描述	原因分析	改进措施
1	产品水含氧量超标	在除氧膜或真空管道有凝结水	如果脱气膜元件没有使用但是保持湿润状态，可能在膜丝内侧会有凝结现象 —用气流把膜丝内的凝结水吹扫出来 —通 2 kg 的压缩空气进行吹扫，同时另外一头敞开 —高流速连续吹扫，直到另外一头没有水珠滴下来 查找真空管道的积水点 —真空管道是否从脱气膜倾斜向下安装？如果不是，重新安装 —有凝结水是正常的 —把真空管道从脱气膜拆下来，如果水泄漏量＞20 mL/min（没有气体吹扫）。与膜厂家联系
		液体温度低于设计温度	加温措施
		液体流速过高	降低流速
		吹扫气体流速过低	提高吹扫气体流速
		除氧膜之间液体流速不均匀	调整阀门开度，调节各组件的流量分配
2	液体侧压降过高	没有去除运输途中使用的防尘罩	检查确认拿走防护罩，确定进出水口防护罩已取下
		颗粒物在膜壳体内累积	检查预处理系统 按照清洗指导规范清洗脱气膜 部分溶解性的颗粒物可用酸进行清洗 更换脱气膜 检查流量：不能超过最大流量
3	液体流到膜内侧（气体侧）	确认接口没有接到气体侧	重新接管
		中间密封圈可能漏水	重新安装
		除氧膜 O 型圈泄漏	更换并重新安装 O 型圈
		检查除氧膜的完整性	通 3 kg 气压测试 检查有没有泄漏
		膜被亲水化，如果有机溶剂、表面活性剂或酒精与膜接触，膜就可能被亲水化	清洗或更换除氧膜

（3）高压泵

见表 3-6。

表 3-6　高压泵主要故障及处理

序号	故障	原因	处理措施
1	通电后电机未运转	没有电源 保险丝烧坏 启动器过载装置已跳开 热保护装置已跳开 启动器接点不能闭合，或线圈损坏 控制电路故障 马达出故障	供电 更换保险丝 重设 重设 检修 检查 检修
2	电源接通后，启动器过载保护器立刻跳开	其中一条保险丝烧毁 过载装置接点不良 电线接头松或不良 马达绕线不良 水泵卡住不能转动 过载电流设定值太低	更换保险丝 更换 拧紧或更换 检修 检查调整 重设
3	启动器偶而跳脱	过载电流设定值太低 尖峰负载时，电压过低	重设 检查供电系统
4	启动器接好后泵未转	检查 1 中前五项	同 1 中前五项处理措施
5	泵流量不均匀	泵入口压力太低（气蚀） 吸入侧管路部分堵塞 泵吸入空气	检查进口状况 清洗管道 检查进口状况
6	泵运转但没有水	吸入侧管路或水泵进口有堵 出水阀或逆止阀卡住造成关闭状态 吸入侧管路泄露 管路或泵中有空气 马达反转	清洁泵内管道 检修 检修 检查进口状况 改变马达转向
7	开关关掉时，泵反转	吸入侧管路泄露 出水阀或逆止阀损坏	修理 修理
8	轴封泄露	轴封受损	更换
9	噪声	发生气蚀 轴位置不正确，转动不灵活 变频器下运行	检查进口状况 调整泵轴位置 防止电压峰值超过 650 V

（4）过滤器

见表 3-7。

表 3-7　过滤器主要故障及处理

序号	异常现象	可能原因	解决方法
1	过滤器周期性水量减少	滤料与悬浮物结块 反洗强度不够或反洗不彻底 反洗周期过长 配水装置或排水装置损坏引起偏流 滤层高度太低 原水水质突然浑浊（如洪水期间悬浮物急剧增加）	加强反洗及水质澄清 调整水压力和流量 应适当增加反洗次数缩短反洗周期 检查配水装置或排水装置 适当增加滤层高度 加强原水水质分析和澄清工作，掌握水质变化规律
2	过滤器流量不够	进水管道或排水系统水头阻力过大 滤层上部被污泥堵塞或有结块情况	改变或排出进水管道或排水系统故障 清除污泥或结块彻底反洗过滤器尽量降低水中悬浮物
3	反洗中滤料流失	反洗强度过大 排水或配水装置损坏导致反洗水在过滤器截面上分布不均	立即降低反洗强度 检查，检修排水或配水装置
4	反洗时间很长浑浊度才降低	反洗水灾过滤器截面上分布不均或有死角 滤层太脏	检查、检修配水或排水装置，消灭死角 适当增加反洗次数和反洗强度
5	过滤出水浑浊度达不到要求	滤层表面被污泥严重污染 滤层高度不够 过滤速度太快	加强和改进水的混凝，澄清工作，增大反洗强度 增加滤层高度 调整过滤水的速度
6	运行时出水中有滤料	排水装置损坏	卸出滤料，检修排水装置

（5）真空泵

见表 3-8。

表 3-8　真空泵主要故障及处理

序号	故障	原因	处理措施
1	电机不起动，无声音	至少 2 根电源线断	检查接线
2	电机不起动，有嗡嗡声	1 根接线断，电机转子堵 叶轮故障 电机轴承故障	必要时排空清洁泵，修正叶轮间隙 换叶轮 换轴承
3	电机开动时，电流断路器跳闸	绕组短路 电机过载 排气压力过高 工作液过多	检查电机绕组 降低工作液流量 降低排气压力 减少工作液
4	消耗功率过高	产生沉淀	清洁，除掉沉淀
5	泵不能产生真空	无工作液 系统泄露严重 旋转方向错	检查工作液 修复泄露处 更换 2 根导线改变旋转方向

续表

序号	故障	原因	处理措施
6	真空度低	泵太小 工作液流量小 工作温度过高（＞15 ℃） 腐蚀 系统轻度泄露 密封泄露 泵损坏	更换大泵 加大工作液流量 冷却工作液，加大流量 更换零件 修复泄露处 检查密封 更换真空泵
7	尖锐噪声	产生气蚀 工作液流量过高	连接气蚀保护件 检查工作液，降低流量
8	泵泄露	密封垫坏	检查所有密封面

3.3.2　水处理系统停运维护保养、储运

3.3.2.1　水处理系统停运维护保养

水处理系统停运保养的目的是：① 避免生物的滋生和污染；② 防止反渗透膜在停用时，在含有阻垢剂的情况下形成亚稳定态的盐类析出而结垢，导致性能的下降。

1. 短期停运维护保养

反渗透系统停运时间一般不超过 3 天，则可以使用冲洗方法作为保护措施，其参考步骤是

（1）停止反渗透系统的运行，打开浓水冲洗排放阀。

（2）打开冲洗进水阀，起动冲洗水泵，一般低压冲洗为 3 bar（40 psi），调节冲洗流量在额定量。对装有 1 个膜的 8 in 元件，压差控制在不应超过 1 bar（15 psi）对于装有 6 个膜的 8 m 元压差不应超过 60 psi 一个容器的冲洗流量约 9.1 m³/h，冲洗时间 20 min 左右。

（3）冲洗结束时，在系统中充满冲洗水的情况下关闭冲洗进水、排水阀，关闭冲洗水泵

（4）采用低压给水冲洗时停加阻垢剂。

（5）当水温高于 20 ℃时，每天重复上述操作 3 次。低温时每天应冲洗一次。

（6）对于系统暴露在阳光之下，水温超过 45 ℃的情况，要连续不断地用冲洗水冲洗或每 8 h 起动运行 1～2 h。

2. 长期停运维护保养

反渗透系统长期停运一般超过 3 天以上（水温不应超过 45 ℃，系统不应直接暴露在阳光下，按以下方法维护保养：

（1）停止反渗透系统的运行。

（2）如膜装置无水垢，可不用酸清洗液，只以 pH＝11 的碱清洗液，循环清洗 2 h，如有微生物污染，还需在清洗后杀菌。

（3）杀菌使用非氧化性杀菌剂或 1%（质量浓度）的亚硫酸氢钠（食品级）冲洗系统（如无微生物污染时 0.5%已足够）。连续冲洗直到排放水中含有 0.5%亚硫酸氢钠为止。冲

洗时按照清洗建议的流量，清洗 30 min。为保证系统内空气最少，应在充满冲洗液的最高压力容器的顶部有少量药液溢出。

（4）在系统中充满上述溶液的情况下，严密关闭所有进口和出口阀门。

（5）采用亚硫酸氢钠时，每一周检测一次保护液的 pH，由于 $NaHSO_3$ 氧化反应为酸，当 pH 小于 3 或浓度低时，或保护超过一个月时则需更换保护液。

（6）为了防冻的保护（$-4\ ℃$ 以下）应用 $1\%NaHSO_3$ 和 20% 甘油的保护液，此时水结冻为软性物，不会伤害膜。

（7）注意每三个月检查一次微生物生长情况，当保护液不清澈时，应重新更换，并在重新运行前最好用碱性清洗液清洗。

3. 实施药液保护时要注意的事项

（1）配制溶液使用的水必须不含痕量的氯或者类似的氧化剂，可使用渗透水或处理过的给水。

（2）设有清洗系统的反渗透装置，可利用清洗系统冲洗和配制保护药液。

（3）系统重新起动时，必须至少将产品水排放 1 h，以便充分地冲掉产品水中的痕量保护液。

（4）重新起动时可能发生暂时性的通量损失，一般这种情况不会持续两天以上。

（5）甲醛是比 $NaHSO_3$ 更为有效的杀菌剂，且不会受氧化分解，但甲醛有使人致癌的可能性，使用要小心。目前一般建议使用无醛化合物作为保护液（特殊情况下可使用甲醛液保护）。厂家规定须于膜使用 6 h 后，有的厂家规定使用 24 h 以上时，才可允许用甲醛溶液杀菌，否则膜将受到损害，影响水通量。

3.3.2.2 膜的储存和运送

1. 新膜元件的保存和运送一般均贮存于保护液中，保护液为 $1\%NaHSO_3$ 与 20% 的甘油。如采取干式出厂和运送，则在每个元件经质量检验后浸泡于保护液中 1 h，控干后装入双层塑料装袋内，内袋是由隔绝氧气的特殊材质制造的。运送时要小心勿将塑料袋弄破，有些干式出厂的产品，未经逐个对元件检验，仅以单层塑料袋包装，但亦要保证其密封至使用时才可打开。

2. 膜元件失水的再湿润。膜元件若在使用后不慎被弄干，就会永远失去渗透水特性，可以用下述方法再湿润：

（1）浸泡于 50% 乙醇水溶液中或 50% 丙醇水溶液中 15 min。

（2）在装入系统后注以 10 bar（150 psi）压力的水，在排除压力容器内的空气后关闭产品水出口阀，经 30 min，注意要在注水压力释放（压力下降）前，先打开产品水出口阀，以防膜口袋破裂。

（3）浸泡元件于 1%HCl 中数小时或数天[33]。

3.3.3　反渗透膜清洗

反渗透膜表面在运行中由于给水带入的物质的污染而产生污垢，例如金属氧化物的水合物、钙的沉淀物、有机物和微生物。这些物质在适当的操作条件下可借助于化学药剂的清洗而有效地除去，称为膜的清洗。

3.3.3.1　污垢产生的因素

（1）预处理方式不当；

（2）预处理运行不正常；

（3）给水系统（管道、泵、阀门等）材料选择不当；

（4）加化学药品的系统（计量泵等）不正常；

（5）停机后冲洗不当；

（6）操作控制（如回收率、产品水水通量、给水流速等）不当；

（7）长期运行中积累的钙、硅等沉淀物；

（8）反渗透给水的水源改变；

（9）给水水源的生物污染。

3.3.3.2　反渗透膜需要进行清洗的标志

膜表面污垢导致产品水流量减小，膜的脱盐率下降，给水/浓水的压力差增加。经过标准化后的运行参数：产品水流量下降 10%～15%，脱盐率下降 10%～15%，进出口压差增加 10%～15%需进行清洗。其基准是参比新膜最初始运行 2～48 h 内的运行性能。如预处理设计合理、运行正常，则一般半年至一年清洗一次，如小于 3 个月就需清洗，则应研究改进预处理的方式。

3.3.3.3　污垢的判别

反渗透膜的清洗，由于其对 pH 和温度的高度稳定性，只要选择清洗工艺得当，就可以达到较好的清洗效果。如果未及时清洗，拖延太久，就很难彻底清洗干净。有效的清洗是依据污垢的性质选择清洗化学药品，错误选择药品将使污垢恶化，因而清洗前可根据下述几个方面弄清污种类：

（1）反渗透装置和系统的配置和组合；

（2）给水水化学分析成分；

（3）以前清洗的检查结果；

（4）保安过滤器滤芯上沉积物的分析；

（5）检查给水管道内表面，打开压力容器端部，观察膜元件的进水端污垢的外观形状（如红棕色可能是铁污垢，生物污垢或有机物通常为黏性胶状物）。

3.3.3.4　清洗工艺要点

必须按照选择的配方和规定的温度进行。

清洗流速：对于 8 in 膜元件流速最大采用 9.1 m^3/h；4 in 膜元件采用 1.8～2.3 m^3/h；2.5 in 膜元件采用 0.7～1.1 m^3/h。压力容器的压力必须是达到上述流量的最小压力，但通过任何压力容器的压降不得超过 60 psi。

清洗可以用阴离子表面活性剂，避免使用阳离子型表面活性剂，因其可能发生不可逆转的污堵。

允许并联清洗，亦可分段清洗，分段清洗的目的是：

（1）使第一段流速过低，也不致使最后一段流速太高。

（2）不致使第一段的沉积物带至下一段。

配制溶液使用的水源必须为不含痕量的氯或其他氧化剂。

3.3.3.5　清洗设备及流程

1. 清洗设备

（1）清洗溶液可为酸性和碱性，即 pH=1～12，因此清洗系统必须是防腐蚀材料，清洗水箱设有加热装置，故应考虑耐温（40 ℃），并且不低于 15 ℃，以防止化学药剂（如 12 烷基硫酸钠）在低温下沉淀，一般可用碳钢衬胶、环氧玻璃钢或聚丙烯材料。清洗箱应设有盖子，盖上有人孔以便加药。

（2）清洗水泵的材质应选 316SS 或非金属聚酯材料的泵。泵的压力应能克服膜元件的阻力加上保安过滤器滤芯的阻力及管道阻力。

（3）清洗管路，一般在反渗透装置设计、安装的同时，也会同时设计、安装清洗装置、清洗管路，流速不超过 3 m/s。

2. 清洗流程

清洗系统流程见图 3-9。

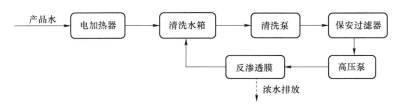

图 3-9　清洗系统流程图

3.3.3.6　清洗过程及步骤

1. 清洗系统的准备

停下待清洗的反渗透系统，关闭高压泵，开浓水排放阀及调节阀，关闭产品水至水箱内的出口阀及产品水对地排放阀。清洗时渗透水由临时管路引至清洗箱中。要求以上阀门严密不泄漏。

检查清洗系统设备、管道、阀门状态正常。

连接好系统后将渗透水注至清洗箱的 1/2 液位，打开清洗泵进口阀，起动清洗泵，稍开清洗出口循环阀，打开保安过滤器进口阀及出口阀，此时可打开管道上的排气阀排放系统中的空气直至有水流出为止，即可准备清洗。

2. 配制清洗液

（1）根据膜元件的污染物质的性质，选择合适的配方，准备好所用的药品。

（2）将渗透水注入清洗箱至液位计的 2/3 处。

（3）准备好清洗过程监测化验所需的仪器和药品。

（4）打开清洗泵进口阀，起动清洗泵。

（5）打开清洗泵出口药液循环阀。

（6）将每一种清洗药品从加药口倒入清洗箱中。

（7）经泵出口对药箱中的溶液打循环，使药品完全溶解并混合均匀后，从取样阀取样测定溶液 pH，调节 pH 至规定值。药液均应透明无色。

（8）加入渗透水至清洗箱液位计规定的刻度处，测温度并调至规定的温度。

3. 低流量进药

（1）关闭药液循环阀，打开保安过滤器进口阀，稍微打开出口门，并注意排除空气。

（2）完全打开一段浓水侧清洗回水阀门及渗透水回水阀，打开一段清洗液进口阀门，起动清洗泵，慢慢调节保安过滤器出口阀，使清洗液以较低流量（正常清洗流量的一半）打入压力容器。

（3）压力容器内的水完全被清洗液替代后，循环一定时间后取样测定清洗液的浓度和 pH 值，若 pH 变化 0.5 则应加酸、碱进行调节，如清洗液过于浑浊，应重新配制药液。

4. 浸泡

关闭清洗泵，使药液浸泡膜上的污垢，一般在室温下浸泡时间约为 1 h。若膜污染严重，浸泡时间需加长。

为了在较长的浸泡时间内保持容器内清洗液浓度和温度的稳定，应采用较低的循环流量（正常清洗流量的 1/4）间断循环清洗液。

5. 高流量循环

在高流量下进药和清洗 30～60 min，清洗流量为：4 in 膜为 1.8～2.3 m³/h，8 in 膜为 9.1 m³/h 乘以清洗段的膜元件个数。如膜上污垢严重，可采取该流量的 1.5 倍。应注意：

（1）高流量情况下允许的最大压力降为 20 psi/每根膜或 60 psi/每根压力容器。

（2）取高流量清洗后的溶液和未用的新溶液进行比较和分析，以了解清洗出的污垢量。

6. 冲洗

（1）一段、二段压力容器分别清洗完毕后，关闭清洗液进出口阀，打开冲洗排水阀，采取冲洗方式，用渗透水或过滤后的清水不含 Cl_2，电导率＜10 000 μS/cm），冲洗反渗透装置中的药液至完全冲净，为避免药液中物质沉淀，最好在 20 ℃下，大约冲洗 15 min，冲洗完毕后，反渗透装置处于备用状态。

如清洗工艺采取两种和两种以上药液配方，尚须将原用药液冲干净后，再开始用另一种药清洗。

（2）排放掉清洗系统中的清洗液，用渗透水将清洗系统冲干净。

（3）清洗后的反渗透装置在开始运行时，应先将运行初期的产品水排放掉，排放时间至少 10 min。

7. 清洗监测项目

清洗过程中，要注意监测低压进药、浸泡、高压清洗、冲洗各阶段的时间、温度、pH、流量、压力、药量以及清洗液的颜色。

对比清洗前后，产品水的压差、流量以及电导率的变化情况。

3.3.3.7　膜清洗药剂的性能和作用

反渗透膜具有较高的化学稳定性，但采用化学药品进行清洗对膜的性能的影响，仍需厂家给予提示，因此一般要采用膜生产厂家所提供的配方或使用厂家认可的市场上销售的药剂。因硫酸能溶解碳酸钙，产生 $CaSO_4$，故不能用于膜清洗。硝酸由于是氧化性酸，在膜清洗中也不采用。

在选择清洗方法时，必须考虑一下几点：清洗废液对环境的影响；能最有效的去除污垢；能最低限度的减少对膜的伤害。

被清洗的反渗透膜上的污染物主要有：悬浮颗粒、胶体颗粒（包括无机物或有机物）、难溶盐垢（有碳酸钙，钙、锶、钡的硫酸盐，氟化钙）、金属氧化物、二氧化硅、有机物、微生物黏膜等所采用的化学药剂主要有酸、碱、有机络合剂以及表面分散剂等。现介绍常用的化学药物清洗中的作用。

1. 盐酸（HC）清洗

盐酸是一种价格便宜，易于取得的无机强酸，盐酸能溶解碳酸盐水垢、多数金属氧化物。它与氧化铁的反应速度快，常用的浓度为 0.2%，其反应式为：

$$CaCO_3 + 2HCl \rightarrow CaCl_2 + H_2O + CO_2$$
$$FeO + 2HCl \rightarrow FeCl_2 + H_2O$$
$$Fe_2O_3 + 6HCl \rightarrow 2FeCl_3 + 3H_2O$$
$$Fe_3O_4 + 8HCl \rightarrow FeCl_2 + 2FeCl_3 + 4H_2O$$

对铁氧化物的清洗主要是对在膜元件内形成的沉淀物（包括水合氧化物）的溶解。由于过程中对膜不能采用高于 40 ℃的清洗温度，故清洗时，对于系统内携入的氧化物碎片氧化焊渣等大颗粒物则难以溶解，因此这类物质还应靠保安过滤器阻拦在反渗透系统之外，以减少清洗的困难。

2. 磷酸（H_3PO_4）清洗

磷酸是中等酸性的无机酸，由于分级电离（电离常数 $K_1 = 7.1 \times 10^{-3}$，$K_2 = 6.3 \times 10^3$，$K_3 = 4.2 \times 10^{-13}$），故酸性较盐酸弱，常用浓度为 0.5%。其对碳酸钙和金属氧化物也具溶解作用。

3. 氨基磺酸（NH_2SO_3H）清洗

氨基磺酸也是次于盐酸、磷酸的有机强酸，其 1%水溶液的 pH 为 1.18。它是不挥发、不吸湿、无味无毒、不燃的白色晶体。其水溶液在 60 ℃以下稳定，但随温度升高会逐渐水解为硫酸氢铵，此时则不宜作为膜清洗用。由于其电离不产生 Cl^-，故多用于不锈钢的清洗。

4. 柠檬酸清洗

柠檬酸的分子式为 $C_3H_4(OH)(COOH)_3 \cdot H_2O$，简写为 H_3Cit，其为无色透明或白色细粉晶体，无臭，有强酸味，易溶于水。1%水溶液、pH 为 2.31 为结合柠檬酸，随溶液 pH 的增加，离解度升高。pH=3.5 时溶液中含 20%的结合柠檬酸、71%的单价阴离子柠檬酸、9%的二价阴离子。柠檬酸可溶解金属氧化物，其原理并不要是依靠柠檬酸离解的 H^+ 所形成的酸性去溶解的，因它是比草酸（$K_1 = 5.9 \times 10^{-2}$，$K_2 = 6.4 \times 10^{-5}$）还要弱得多的有机酸（电离常数 $K_1 = 8.7 \times 10^{-4}$，$K_2 = 1.8 \times 10^{-6}$，$K_3 = 4 \times 10^{-8}$），因此主要是靠柠檬酸能够络合金属离子，把氧化物除去。例如铁的氧化物，形成柠檬酸亚铁，柠檬酸铁盐溶解度很小，结果沉淀出来，阻碍了溶解进行。如果用含氨基的柠檬酸溶液，就能生成溶度很大的柠檬酸亚铁铵和柠檬酸高铁铵络合物。这是很有效的去除铁的氧化物的方法。

柠檬酸清洗铁的氧化物的主要反应如下（除有部分是靠酸性溶解外）：

（1）柠檬酸与氨水反应，生成柠檬酸铵盐（用 NH_4OH 调节为 pH=3.5）

$$C_3H_4(OH)(COOH)_3 + NH_4OH \rightarrow C_3H_4(OH)(COOH)_2 \cdot COONH_4 + H_2O$$

（2）柠檬酸单铵与铁的氧化物的络合反应。

$$Fe_2O_3 + 2NH_4H_2C_6H_5O_7 \rightarrow 2FeC_6H_5O_7 + 2HH_4OH$$

柠檬酸清洗的浓度不能小于 1%，一般为 2%。柠檬酸清洗膜时温度要尽可能的高一些，对膜来说要维持 40 ℃，最高不可超过 45 ℃。pH 不能高于 4.5，不可低于 2.5。清洗液中铁的浓度不可高于 0.5%，以免产生柠檬酸铁的沉淀物。清洗液排放后仍应将冲洗水维持在 40 ℃，把膜元件中的胶态柠檬酸铁铵络合物排挤掉，以防胶态的柠檬酸铁铵络合物黏附在膜表面上。

为了清洗铁的氧化物，要将 pH 调在 3.5 左右为好，但清洗膜时往往还要兼顾膜上有钙、硫酸盐垢的问题，所以膜清洗厂家往往要把 pH 从 3.5 降至 2.5。

5. Na$_2$EDTA（乙二胺四乙酸二钠）清洗

EDTA 二钠盐是螯合剂的代表，对 Ca、Mg、Fe 等成垢离子均有络合或整合的作用，溶垢效果好，它是白色结晶颗粒或粉末，无臭、易溶于水，5%的水溶液 pH 为 4.6。

EDTA（以 H$_4$Y 表示）对于金属化合物垢物的络合过程取决于 pH，即水溶液中 H$^+$ 的浓度。pH 值越高，以 Y^{4-} 形式存在的比例越高，越有利于合清洗（因为参加与金属离子络合的是 Y^{4-}，而不是 HY^{3-}、H$_2$Y^{2-}、H$_3$Y$^-$、H$_4$Y。当 pH 值低时以 H$_4$Y 存在，溶垢的能力以酸的溶解作用为主。

从溶垢效果考虑，不是 pH 越高越好。pH 过高可能形成难溶的金属氢氧化物，形成很稳定的 Fe(OH)$_3$，影响被 EDTA 络合溶解。适宜的 pH 是因不同的金属离子垢物的类别而有所差异。溶解铁盐垢的 pH 最高不宜超过 9.5，而钙垢的 pH 不宜过低。

在清洗 SiO$_2$ 垢、微生物黏膜为目的时，清洗溶液中常加入 1%Na$_2$EDTA，并在碱液条件下以配合剥离微生物黏膜、有机物和 SiO$_2$。此时溶液 pH 为 12，有利于 EDTA 与钙镁垢的去除。这可将除钙镁垢与剥离微生物黏膜、有机物、SiO$_2$ 垢相辅相成，起到协同作用。

6. 碱液（NaOH 或 Na$_3$PO$_4$）清洗

碱液清洗主要是为了去除微生物、有机物和 SiO$_2$ 垢对反渗透膜的污染。碱液主要采用 NaOH（0.1%）的水溶液，其 pH 约为 12，其作用是对有机物微生物黏膜的水解破坏而剥离，对于 SiO$_2$ 胶体垢，则是借化学反应（2NaOH + SiO$_2$→Na$_2$SiO$_3$ + H$_2$O）形成可溶性的 Na$_2$SiO$_3$。

加入 Na$_3$PO$_4$（浓度为 0.1%）溶液，同样是 Na$_3$PO$_4$ 水解后形成 NaOH，其化学反应式为：

$$Na_3PO_4 + H_2O \rightarrow Na_2HPO_4 + NaOH$$
$$Na_2HPO_4 + H_2O \rightarrow NaH_2PO_4 + NaOH$$

由于 Na$_3$PO$_4$ 是分级水解，所显示的碱性比直接加入 NaOH 缓和，故采用碱洗时，Na$_3$PO$_4$ 是 NaOH 的柔性代替物。在碱液清洗时，常常加入如前所述的 EDTA 或者加入表面活性剂 Na-Dss 十二烷基硫酸钠），都是为了取得协同处理的效果。

7. 硫代硫酸钠（Na$_2$S$_2$O$_4$）清洗

Na$_2$S$_2$O$_4$ 清洗对于金属氧化物来说是属于还原性溶解，如铁、锰的氧化物在被清洗时采用还原溶液（Na$_2$S$_2$O$_4$，浓度 1%），铁被还原为低价铁，其可溶性较大，故易除去。

8. 表面活性剂的作用

表面活性剂是能分散在液体中的有机化合物,可使溶液的表面张力降低,引起正吸附,这样可使溶液表面溶质分子的浓度大于溶液内部溶质分子的浓度。这类化合物的分子有集中到液体的表面或界面上的倾向，该现象称为表面吸附，故称为表面活性剂。

从分子结构分析，表面活性剂能在表面吸附，是由于整个分子由具有亲水性的极性基团与亲油性的非极性基团（即憎水基团）所组成。这两部分决定了表面活性剂的两个基本性质，即分子平衡和胶束的形成。

分子平衡是指亲水与憎水两部分之间的力的平衡关系。分子中极性基越强，整个分子就越易被拉到水中；反之就越易被拉出水面。这两部分的力量达到均衡时，整个分子就吸附在界面上，能定向地排列成为一层膜：极性基伸入水中，非极性基则伸向油相或空气中。分子中极性愈强，用于保持它在水面上的平衡所需的碳氢键就愈长，用来保持一个离子型极性基团的分子平衡所需的碳氢键要含有 16～18 个碳原子。而对于较弱的非离子型极性基团，则需要几个极性基才能均衡一个较短的碳氢键。

胶束形成是指当表面活性剂的浓度足够大时，它们的分子可以在溶液内部形成板状或球状聚合体，极性基团向水，非极性基向内，这种聚合体称为胶束。

形成胶束的最低浓度称为临界胶束浓度。

表面活性剂的分子在水溶液中按是否解离，可分为阳离子型、阴离子型和非离子型等几种。应用于反渗透膜的清洗要考虑反渗透膜的表面带有负电荷。对于阳离子表面活性剂，由于电性的吸引可引起膜的不可逆污染，故只能采用阴离子表面活性剂。阴离子表面活性剂有如下：

（1）高级羧酸盐（$RCOO-Na^+$）。类似日用品（如肥皂）一类的脂肪酸盐，不宜用于含硬度的水中。

（2）磺酸钠（$R-SO_3Na$）。应用于合成洗涤中，或钙盐、钡盐润滑脂添加剂中。

（3）硫酸盐（$ROSO_3Na$）。常用在十二烷基硫酸钠（即月桂醇硫酸钠，$CH_3(CH_2)_{10}CH_2OSO_3-Na^+$），牙膏中的起泡剂即属此类，也用于高级洗涤剂中。

十二烷基硫酸钠是反渗透膜清洗中，最主要的表面活性剂，加入剂量为 0.1%。

非离子型表面活性剂在水中不能离解成离子，它们的亲水性主要是由于醚键（—O—）和羟基表现出来的。这两种基团亲水性较弱，所以分子中含有多个醚键或羟基，如聚醚型的平平加（商品名，成分为聚氧乙烯十二烷基醚）、吐温（商品名，是由 $R=C_{11-17}H_{23-30}$ 和环氧烷缩聚而成的醚类化合物）。吐温是适于作乳化剂的表面活性剂，曾经用于膜的清洗，却因其乳化作用引起了膜污染，故清洗反渗透膜不能采用作为乳化剂的表面活性剂。

切记反渗透膜清洗时一定要用阴离子型的可解离的表面活性剂。

3.3.3.8　膜清洗注意事项

清洗实践表明，对难度较高的污染物清洗需要掌握的要点是：① 高流速（流速可高至清洗正常值的 1.5～2.0 倍，在保持极限压降之下）；② 高温度（不超过膜的极限温度值 40 ℃）；③ 长时间（浸泡和高流速反复进行）；④ 正向与反向清洗须视污染状况灵活掌握。有经验认为，正向清洗适合结垢、污垢的清洗，因为结垢主要在末段，易于冲出溶解物及脱落物。如果是悬浮物污染或有机物大分子的积结，则反向清洗有利于剥离和分散污物，而且冲出路程最短。

至于是否分段清洗，有经验认为，一段、二段可以采用同一溶液箱串联或动静交替清洗，其效果与分别清洗的效果相当，省时又方便，并无一段、二段药液中污物交互污染的问题。

对单一的污染物的清洗，认为只是有机物污染就可省掉酸液对无机垢物的清洗步骤。实际上污染物（特别是有机物污染）的形成往往并非单一的，如较常见的有机物污染物表层可见到附着微粒，或者是水中的胶体、或者是微生物，下层可能会有铁、铝等金属氧化物，通常还要夹杂着与硅铝酸盐络合的有机物。这种情况若只靠碱性配方清洗，其效果难以十分奏效。如果以碱洗为主要方式，将碱洗络合清洗、酸洗等方法按一定程序结合起来，进行复合清洗会出现较好的效果

动态清洗和静态浸泡的结合是必要的。动态清洗在一定的流速下依靠其速度头的动能会有利于冲刷和剥落，至静态时对于剥落的和未剥落的死角处又有机会溶解。动、静交替清洗的效果是不容置疑的。

对不同污染程度的膜，分别清洗是对待频繁严重污染的膜的有效措施，如某段和某个膜频繁严重污染（除了改进预处理方式外），则将污染严重的膜（第一个或最末一个膜）取出集中处理，洗后检验其膜的性能指标后，首末膜元件交换一下装回压力容器[34]。

3.4 其他水处理方法

在铀浓缩工厂中，在反渗透-膜除氧水处理工艺应用之前，多采用离子交换法，占地面积大，设备多，操作复杂，目前该项工艺已不再应用。除此之外，其他水处理方法还有电渗析法、蒸馏法等。

3.4.1 离子交换法

3.4.1.1 离子交换基本原理

1. 离子交换反应

离子交换反应是可逆反应，但这种可逆反应并不是在均相溶液中进行的，而是在固态的树脂和溶液接触的界面间发生的。例如含有 Ca^{2+} 的硬水，通过 RH 型离子交换树脂时，发生的交换反应为：$2RH + Ca^{2+} \rightarrow R_2Ca + 2H^+$。

由于上述反应过程不断消耗 RH 型树脂，并使它转化为 R_2Ca 型树脂，造成树脂的交换能力减弱，直至失去交换能力。为了恢复树脂的交换能力，可用一定浓度的硫酸溶液通过已失效的树脂层，使树脂由 R_2Ca 型树脂恢复为具有交换能力的 RH 型树脂，称为再生。再生反应为：$R_2Ca + 2H^+ \rightarrow 2RH + Ca^{2+}$。

上述两个反应实质上是可逆的，故其反应式可写为：

$$2RH + Ca^{2+} \Longleftrightarrow R_2Ca + 2H^+$$

可见，当水中 Ca^{2+} 多且树脂中 RH 型亦多时，上述反应向右进行，即进行交换反应；反之，上述反应向左进行，则进行再生反应。所以，离子交换反应是可逆的，这种反应的

可逆性使离子交换树脂可以反复使用，是其在工业上应用的基础。

2. 离子交换平衡

离子交换平衡是在一定温度下，经过一定时间，离子交换体系中固态的树脂和溶液之间的离子交换反应达到的平衡。离子交换平衡同样服从等物质量规则和质量作用定律。以强酸性 H 型阳树脂与水中 Na^+ 进行交换为例，进行离子交换平衡，其反应为：$RH + Na^+ = RNa + H^+$

当进行交换的离子价不同时，例如一价离子对二价离子进行交换，以强酸 H 型阳树脂对水中 Ca^{2+} 进行交换为例，则交换反应可表示如下：$2RH + Ca^{2+} = R_2Ca + 2H^+$。

对于两种等价离子之间的交换反应，可表示为：$RM_1 + M_2 = RM_2 + M_1$。

对于两种离子间的交换反应，存在着一个是否有利于达到交换平衡的选择性问题，有利于平衡则对离子交换反应有利，不利于平衡则对交换反应不利，若达到线形平衡，则无选择性。所以实际使用中要注意使平衡有利于交换反应的进行。

3. 离子交换速度

离子交换平衡是在某种具体条件下，离子交换所能达到的极限状态，它需要较长时间才能达到。实际的水处理系统中，通常希望交换器在高流速下进行交换与再生，其反应时间是有限的，不可能使其达到平衡状态。为此，研究离子交换速度及其影响的因素，具有现实意义。

（1）离子交换速度的控制步骤

水的离子交换过程是在水中的离子与离子交换树脂中可交换基团之间进行的。一般认为，此过程是树脂颗粒与溶液接触时，有关的离子进行扩散和交换的过程，其动力学一般可为如下五步，现以 H 型强酸性阳离子交换树脂对水中 Na^+ 进行交换为例来说明。

1）边界水膜内的扩散：水中 Na^+ 向树脂颗粒表面迁移，并扩散通过树脂表面的边界水膜层，到达树脂表面。

2）交联网孔内的扩散（或称孔道扩散）：Na^+ 进入树脂颗粒内部的交联网孔，并进行扩散，到达交换点。

3）离子交换：Na^+ 与树脂交换基团上的可交换的 H^+ 进行交换反应。

4）交换网孔内的扩散：被交换下来的 H^+ 在树脂内部交联网孔中向树脂表面扩散。

5）边界水膜内的扩散：被交换下来的氢离子扩散通过树脂颗粒表面的边界水膜层，并进入水溶液中。

其中的 1）和 5）称为液膜扩散步骤；2）和 4）称为树脂颗粒内扩散步骤或称为孔道扩散步骤；在步骤 3）中，N 与 H^+ 的交换属于离子间的化学反应。与液膜扩散步骤的速度和孔道扩散步骤的速度相比，交换反应步骤的速度很快，且可瞬间完成。

（2）离子交换速度的影响因素

1）离子性质；2）树脂的交联度；3）树脂的粒径；4）树脂的空隙度；5）水中离子浓度；6）水溶液的流速；7）水溶液的温度。显然，7 种因素影响作用不同，如树脂的粒径越小，交换速度越快。但颗粒也不宜太小，因颗粒小会增加水流通过树脂层的阻力，且在反洗中容易使树脂流失。水溶液中离子浓度大小是影响扩散速度的重要因素，因为扩散过程是依靠离子的浓度梯度而推动的。在一定温度范围内，水温越高，离子交换的速度越快。离子交换设备运行时，一般将水温保持在 20～40 ℃，因为温度太低会明显降低离子交换的速度。

3.4.1.2 离子交换器

实现离子交换水处理工艺的关键在于：1）恰当地选择离子交换剂；2）合理地组合工艺系统；3）选择合适的离子交换设备；4）遵循最佳的运行再生操作制度；5）采取必要的防止树脂污染措施。

实现离子交换工艺的主要设备是离子交换器。此外还有除碳器、再生溶液制备设备等。

离子交换设备床型分类见表 3-9。

表 3-9　离子交换设备床型分类

类型	断续式离子交换工艺 （固定床工艺）	连续式离子交换工艺 （流化床工艺）
名称	顺流离子交换器；无顶压逆流再生离子交换器；浮动逆流再生离子交换器（浮床）；双室逆流再生离子交换器；双室浮动逆流再生离子交换器；体外再生顺流离子交换器；双流混合离子交换器；氢化阴离子交换树脂再生器；流动阴离子交换树脂再生器	移动或逆流离子交换器；流动式逆流离子交换器

1. 顺流再生固定床离子交换器的结构

在顺流再生离子交换器中，运行（交换）时原水和再生时再生液的流动方向均为由上而下，故称顺流。壳体外部由管路系统组成，壳体内部自上而下由进水装置、再生液分配装置、交换剂层（离子交换树脂层）、石英砂层和排水装置组成。

（1）进水装置

进水装置（上水装置）设在交换器上部，运行时，欲进行处理的水进入进水装置，其结构有漏斗式、喷头式、管式和多孔板式 4 种。为了使进入交换器内的水流分布均匀，并使水流不直接冲击交换剂层的表面，在进水装置与交换剂层之间需留有树脂层高度的 40%～60%作为水垫层。通常进水装置又作为反洗时排水之用，将积留在树脂层面上的悬浮物和破碎的树脂排出交换器外。

（2）排水装置

排水装置（下布水装置）位于交换器的底部，又称底部排水装置。它的作用在于交换运行时，能顺利均匀的排出水流，不产生偏流和水溢流区；在反洗时，它起着均匀配水的作用。常用的排水装置有多孔板排水帽式、穹形板垫层式与法兰垫层式 3 种。实践表明，石英砂能净化水质，又使硅成分稳定。一般要求石英砂中一氧化硅含量是大于 90%。

（3）进再生液装置

对进再生液装置的要求是使再生液在交换器截面上均匀分，常用的结构有圆环型、支管型和辐射型。

2. 顺流再生离子交换器的工作过程

工作过程有运行、反洗、再生、置换、正洗等五个步骤。如图 3-10 所示。

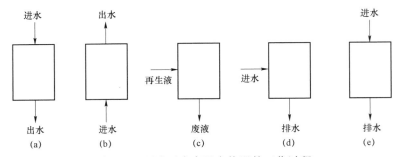

图 3-10　顺流再生离子交换器的工作过程

（a）运行；（b）反洗；（c）进再生液；（d）置换；（e）正洗

（a）运行：运行就是为了稳定的制水，常用运行流速为 15～20 m/h，瞬时可达 30 m/h。

（b）反洗：使水由下而上地通过树脂层，使其膨胀，达到一定的树脂展开率。反洗的目的是松动被压实的树脂层，除去运行中残留在树脂层中的悬浮物杂质和排除碎树脂层中积存的气泡。

（c）再生：是为了恢复离子交换树脂的工作交换容量，是离子交换器中重要工序。

（d）置换：水由进再生液装置处进入，使树脂上部空间及树脂层中间留着尚未利用的再生液，进一步发挥再生作用，而后将这部分再生液排出。

（e）正洗：由进水装置自上而下流经树脂层，进一步除去残留的再生剂和除去再生反应的产物。

由上可知，离子交换器从运行交换过程开始至正洗过程结束所需时间为顺流再生离子交换器的一个工作周期。正是由于周期性使用，使水质得到软化，达到一、二级处理目的。顺流再生固定床具有结构简单，易操作，易实现自动控制，对进水浓度要求低等优点。与对流离子交换相比，顺流离子交换的缺点在于：出水水质较差，再生剂比耗较高。

3. 逆流再生固定床离子交换器的结构

在逆流再生离子交换器中，运行（交换）时原水自上而下流动；在再生时，再生液则自下而上流动，两者流动方向相反，故称逆流（对流）。再生和置换时树脂层不发生紊乱（乱层）是保证逆流再生效果的关键。

结构与顺流再生离子交换器基本上相同，主要区别在于逆流再生离子交换器内在树脂层上有压脂层，并设有中间排液装置，常用结构有母管支管式、管插式与支管式 3 种。安置在压脂层和树脂层之间，用于再液排出；小反洗进水，也能均匀的排出，不致错动树脂层。压脂层的作用是防止再生液和置换水向上流动时引起树脂乱层，同时对于进水起一定的过滤作用。

（1）树脂层　根据进水水质、周期制水量、运行流速、水流阻力、树脂工作交换量等因素而定。交换器内树脂层高一般在 1.6～2.5 m，最低不小于 1 m。中排废液管上的压脂层一般为 150～200 mm。

（2）中间排废液管　中间排再生液的装置是设备关键部分。在大直径交换器内，常采用碳钢材橡胶母管及不锈钢材质的支管；小直径的交换器，母支管均采用不锈钢质。母支管式的排废装置，有支管在两侧的，如鱼刺形；亦有母管在上，平行管状支管在下与母管呈直角、用法兰连接的；还有插管式及环形管式多种，前面两种较常用。

为提高集水的均匀性，常采用大阻力系统。考虑到集水的均匀性，支管间距一般取巧 150～250 mm（国外取 127 mm）。支管小孔流速一般为 0.5 m/s。多孔管外包 16 目塑料纱窗；窗纱外用涤纶丝分段扎牢以防散开，亦有将编织好的 16 目塑料圆套筒套在多孔支管外，然后用热水热缩紧固在多孔管外的型式；在塑料窗纱外再用 60～70 目的涤纶套筒套在外面，分段用退过火的不锈钢丝扎紧即可。中排埋在树脂层中受力情况比较复杂，要考虑坚固可靠，否则易弯曲甚至断裂，因此不单纯从管壁厚度来加强，一般在母管上方加筋板加强，或用异形母管，使下部受力面减少。

对无顶压逆流再生的支管小孔流速为 0.1 m/s，排水均匀性可能稍差一些，注意压脂层需超过母线中线上面，否则再生液的液体会超过树脂层造成乱层。

（3）进水装置 因为有较高的水垫层，因此对进水装置均匀性的要求不高，一般有漏斗形、穹形多孔板、十字形等型式。

（4）出水装置 一般对出水装置的布集水均匀性的要求较高，多采用塑料叠片式大水帽；占交换器直径 1/3 大的、中心部分不开孔、外围开孔的穹形板，上铺不同颗粒级的石英砂层；多孔板加水帽；多孔板加滤网；鱼刺形母支管等型式。常用的是前两种，因为它们结构简单，运行可靠，维护工作量小。石英砂的级配及层高如表 3-10 所列。

从试验与实际使用情况来看，逆流进水流速高达 15～30 m/h 时，石英砂层亦不乱。为保证出水质量，防止石英砂中混入 $CaCO_3$ 等杂质，应先用盐酸浸泡处理后方能应用。石英砂在碱液内有微量溶解，但在流动状态、40 ℃ 及碱液以 5～7 m/h 的流速流经层高不到 1 m 的石英砂填层，逗留在石英层内的时间仅 10 min 左右，被溶下的硅含量是极微量的，因此对出水质量影响不明显。反而在冬季进水温度较低时，再生碱液的温度过分低，对阴离子交换器的再生不利，如将再生碱液加热到 40 ℃，反而能提高阴离子交换树脂的再生度，对出水水质有好处，故建议冬季加热再生。

表 3-10 石英砂的级配及层高

石英砂粒直径/mm	层高/mm	交换器直径		石英砂粒直径/mm	层高/mm	交换器直径	
	≤1 600 mm	ϕ1 600～3 200 mm	ϕ3 200 mm		≤1 600 mm	ϕ1 600～3 200 mm	ϕ3 200 mm
1～2	200	200	200	8～16	100	150	200
2～4	100	150	150	16～32	250	250	300
4～8	100	100	100	合计	750	850	950

（5）反洗空间 反洗空间取决于树脂反洗膨胀的特性，一般顺流再生离子交换器阳床的反洗空间为填装树脂高度的 40%；阴床的反洗空间为填装树脂高度的 60%～70%；逆流的应适当增加，阳、阴床均 70% 为好。

4. 逆流再生离子交换器的工作过程

由于再生过程不同，其工作过程的程序也不同。逆流再生固定床水顶压法的工作过程为：运行、小反洗、大反洗、进再生液、置换、逆洗、小正洗、大正洗。如图 3-11 所示。

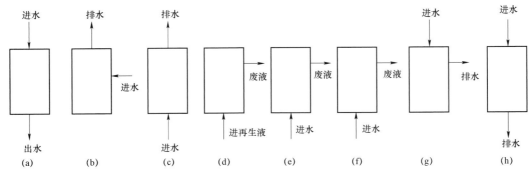

图 3-11 逆流再生离子交换器工作过程

（a）运行；（b）小反洗；（c）大反洗；（d）进再生液；（e）置换；（f）逆洗；（g）小正洗；（h）大正洗

（a）运行：稳定的制水，通过交换，生产出合格除盐水。

（b）小反洗：目的是松动压脂层，清除压脂层截留的悬浮物，疏通中排液管滤网以出水清澈为止，约 5～10 min。

（c）大反洗：目的是松动整个树脂层，彻底清除树脂层的污物及树脂层中空气。一般是间隔 15～20 个运行周期在再生前进行一次大反洗。以排水清澈为止，保持交换器内充满水，并沉降树脂 5～10 min。

（d）进再生液：逆向进再生液，以恢复树脂作交换容量。

（e）置换：用同一级水进行冲洗，流速同进再生液的速度，使再生液同树脂充分还原。

（f）逆洗：除去残留的再生剂以及再生反应物，在置换基础上加大进水量。

（g）小正洗：冲洗再生后压脂层残留的再生液，用软化水冲洗。

（h）大正洗：冲洗树脂中残留的再生液和再生产物，恢复交换剂层的原交换能力，以出水水质符合运行控制指标为终点，转入备用。

3.4.1.3 离子交换树脂层的工作过程

1. 离子交换树脂层的工作过程

现举例讨论在装有氢型树脂的离子交换柱中，自上而下的通过含有 Ca^{2+} 的水时，氢型树脂层内进行的交换过程和树脂层发生的变化，可分为以下三个阶段。

若用白点表示离子交换树脂层中的 Ca 型树脂，黑点表示氢型树脂，通常情况的树脂层组成如图 3-12 所示。图中以白点占白加黑点之和的百分数表示白点的饱和程度，即 Ca 型树脂占树脂总量的百分数。若饱和程度为 50%，则 Ca 型树脂占树脂容量的 50%；若饱和程度 100%，则 H 型树脂全部转变成 Ca 型树脂。

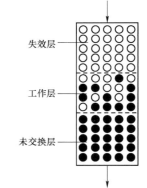

图 3-12 交换柱内树脂状态示意图

（1）交换带的形成阶段

溶液一接触树脂，就开始发生离子交换反应。随着水的流动，溶液的组成与树脂的组成不断发生变化，即树脂越往上层，层中的 Ca^{2+} 浓度就越大；水越往下流，水中的 Ca^{2+} 浓度就越小。当水流至一定深度时，离子交换反应达到平衡，树脂及溶液中反离子 H^+ 的浓度不再改变。这时，从树脂上层交换反应开始至下层交换平衡为止，形成了一定高度的离子交换反应区域，称为交换带或工作层。在通水初期，由于离子交换反应刚刚开始，交换带尚未定型，经一段时间后形成一定高度的离子交换带。

（2）交换带的移动阶段

随着离子交换的进行，离子交换带逐渐向下部树脂层移动，这样树脂层就形成了三个层或区域：交换带以上的树脂层，都为 Ca^{2+} 所饱和，它已失去交换能力，水通过时，水质不发生变化，此层称为失效层；接着是工作层（交换带），此层内钙型树脂和氢型树脂是混存的，上部钙型树脂多，下部氢型树脂多，水流经过这一层时，水中的 Ca^{2+} 和氢型树脂层中的 H^+ 进行交换，使出水中 Ca^{2+} 浓度由原水（进水）中浓度降至接近于 0，此层是整个树脂层中正在进行离子交换的层区，其层区高度即为交换带的宽度；交换带以下的树脂层为尚未参与交换的树脂层，即其中全为氢型树脂，称为未交换层。所以，交换带移动阶段即是水处理中离子交换运行的中期阶段，也就是离子交换的正常运行阶段。

（3）交换带的消失阶段

由于交换带沿水流方向以一定速度向前移动，致使失效层不断增大，未交换层不断缩小，当交换带的下端达到树脂层底部时，Ca^{2+} 开始泄漏。如果继续运行时，交换带逐渐消失，则出水中 Ca^{2+} 浓度将逐渐增加，当树脂层交换带完全消失时，出水中的 Ca^{2+} 浓度与原水中的相等，整个树脂层全部变成钙型树脂，即树脂层全部失效。在实际水处理中，工作层下端到达树脂层底部，微量的钙离子开始泄漏，即 Ca^{2+} 穿透时，经检测发现后就应及时停止工作，避免出水水质突然恶化，此时与工作层厚度相同的 H^+ 型树脂层称为保护层。保护层厚度与交换带宽度相同，这层保护层起着保护出水水质的作用。所以，交换带的消失阶段即为离子交换运行的末期阶段。

影响交换带宽度的因素有离子交换树脂的性能、结构和离子交换的运行条件等。在一般正常运行条件下，交换带的宽度为 100～200 mm。

3.4.1.4　离子交换树脂层内的再生过程

当树脂层交换带完全消失时，即树脂层全部失效，出水中的 Ca^{2+} 浓度与原水中相等，无法再使用。由于离子交换反应是可逆的，可以采取化学方法，使失效树脂再次恢复其交换能力。所以采用含一定化学物质的水溶液，使树脂层内失效（失去交换能力）的树脂重新恢复交换能力，这种处理过程就称为树脂的再生过程。再生能力或再生性能通常用再生剂耗（分别称为酸耗、碱耗）、再生剂比耗表示。

再生剂耗：是指在失效的树脂中再生 1 摩尔交换基团所耗用的再生剂质量，单位为 g/mol。

再生剂比耗：表示再生单位体积树脂用再生剂的量（mol/m^3）和该树脂的工作交换容量（mol/m^3）的比值。它反映了树脂的再生性能，是离子交换运行经济性的重要指标。由于树脂工作交换容量并不随比耗正比的增加，因此在一定条件下应通过工作交换容量随比耗变化的趋势确定一个既经济又实用的再生剂比耗。显然，不同的树脂，不同的离子交换工艺，其经济比耗也不同。表 3-11 反映一般情况下树脂的再生剂耗和比耗。

表 3-11　各种离子交换树脂的再生剂耗和比耗

树脂	再生工艺	再生剂耗 g/mol	比耗
强酸性阳树脂	顺流	H_2SO_4　　100～150	H_2SO_4　　2～3
	逆流	H_2SO_4　　≤70	H_2SO_4<1.9
弱酸性阳树脂		38～43.8（HCl）	1.05～1.2（HCl）
强碱性阴树脂	顺流	80～120	2～3
	逆流	液碱 60～65	液碱 1.5～1.6
		固碱 48～60	固碱 1.2～1.4
弱碱性阴树脂		44～48	1.1～1.2

3.4.1.5　离子交换树脂再生的影响因素

离子交换树脂的再生与再生方式、再生剂品种与纯度、再生剂用量、再生液溶液、再生液温度和再生液流速诸因素有关。

（1）再生方式：常用的有顺流、分流、逆流和串联 4 种。

（2）再生剂品种与纯度：再生剂品种直接影响再生效果和再生成本。再生剂纯度高，杂质含量少，则树脂的再生度高，再生后树脂层出水水质好。

（3）再生剂用量：用量的大小直接影响再生后树脂的工作交换容量和水处理成本。再生剂用量与树脂性质及再生方式有关。

（4）再生液浓度：当再生剂用量一定时，再生液浓度（在一定范围内）越大，再生后树脂再生度也越高。再生液浓度与再生方式及再生剂品种有关。

（5）再生液温度：它影响再生过程中树脂内扩散速度及膜扩散速度。当然，再生液温度不能高于树脂允许的最高使用温度，否则将影响树脂的使用寿命。

（6）再生液速度：它影响再生剂与树脂接触的时间，影响树脂层中被再生出离子的排代速度和再生液的利用效率。实践表明，浸泡再生的再生效率低于动态再生。

3.4.2　电渗析法

3.4.2.1　多层电渗析脱盐原理

电渗析器主要基于含盐水在阴、阳离子交换膜和隔板组成的电渗析槽中流过时，在直流电场作用下，发生离子迁移，阴、阳离子分别通过阴、阳离子交换膜，从而达到除盐的目的。

隔板与阴、阳离子交换膜交错排列构成多层电渗析槽。离子交换膜具有离子选择透过性，起离子筛作用，阳离子交换膜只能让阳离子穿过，阴离子交换膜只能让阴离子通过。离子交换膜之所以具有选择透过性，是由于在膜上的离子交换树脂分子键间有足够大的孔隙，可以容纳离子进出和通过。目前所采用的阳膜为聚苯乙烯磺酸型离子交换膜，阴膜为聚苯乙烯季铵型离子交换膜。

阳膜带有负电荷的磺酸根，孔隙中构成负电场，这电场可以允许带正电荷的离子（如 Na^+）进入和穿过，而由于同性相斥的原理，则带有负电荷的离子（如 Cl^-）不能通过。

阴膜带有正电荷的季铵基，在孔隙中构成正电场，排斥带有正电荷的离子（如 Na⁺），而允许带有负电荷的离子（如 Cl⁻）通过。

这样由具有选择性的离子交换膜及隔板交错排列构成的多层式电渗析槽。在电场作用下，阳离子向阴极运动，阴离子向阳极运动，如果一个隔室阳极的一侧为阳膜，阴极的一侧为阴膜，则阴、阳离子受离子交换膜同电性基团的排斥，不能穿过交换膜。相反邻近层的离子却能进入，这样，电渗析器的一半隔室变成脱盐水，另一半隔室则变成浓缩水，通过隔板边缘特设的孔道分别汇集起来形成浓、淡水系统，至此达到脱盐目的。

在电极上放电产生气体，阳极产生 O_2、Cl_2，阴极产生 H_2。反应式如下。

水分解：　　　　　　　　　　$H_2O \leftrightarrow OH^- + H^+$

阳极：　　　　　　　　　　$4\,OH^- - 4e^- \rightarrow O_2 + 2H_2O$

　　　　　　　　　　　　　$2Cl^- - 2e^- \rightarrow Cl_2$

在阳极，由于水电解的 OH⁻ 消失，故水呈酸性。

阴极：　　　　　　　　　　$2H^+ + 2e^- \rightarrow H_2$

在阴极，由于水电解的 H⁺ 消失，故水呈碱性。

此外应该在极水室通水以便起到排气和导电作用，还可以用极水将沉淀物排走。

电极室的保护膜，是为了防止阳极产生的 O_2、Cl_2 对离子交换膜的氧化和极室膜破时极水流进脱盐隔室。对于含盐量不高的原水，可以不采用极水双冲洗间隔和极室保护膜，而在靠近电极的第一张膜用阳膜，因为阳膜抗氧化性比阴膜强。

阳膜和阴膜淡水隔板和浓水隔板交错排列构成电渗析器的膜组，在其两侧对称地安装电极和极框（极水流动槽），由铁架子紧固后构成电渗析器本体。

当水中有 HCO_3^-、Ca^{2+}、Mg^{2+} 时，在电极上和浓缩室的阴膜上也往往会形成沉淀，原因是阴极水电解成 OH⁻ 与水中的 Mg^{2+} 起作用，形成 $Mg(OH)_2$ 沉淀。阴膜产生沉淀是由于操作电流过大产生极化，超过脱盐室中含盐量所能允许的电流最大值时，水就电解产生 OH⁻ 进行如上的反应因而产生沉淀。产生沉淀后，因增大电阻从而使水质下降，或产水量降低。为维持必要的产水量和水质，极室应定期酸洗。

防止阴膜生垢的积极措施，是控制操作电流不超过（在一定流速、一定浓度下）所能允许的最大值，这要通过调整试验确定。

3.4.2.2　电渗析器的构造和型式

电渗析器由阴、阳离子交换器，浓、淡室隔板，极水室隔板，极室保护框，电极，导水板和压紧装置等部件组成。

1. 隔板

隔板是由隔板框和隔板网组成的薄片，在框上没有将原水引入、浓淡水引出的进出水孔（通常称为内管道），供水进出各个隔室的配集水槽。流水道中放置隔网。

（1）隔板的作用

① 放在阴、阳离子交换膜之间，起支撑和隔离膜的作用；② 作为水流通道，形成浓缩室和淡化室；③ 保证水流分布均匀，加强液体的流搅动，强化离子扩散，以提高电渗析效率和降低电能消耗。根据水流在隔板中的流动状况，可分为无回路隔板和有回路

隔板。

（2）隔板材料

隔板材料可分为聚氯乙烯、聚丙烯、聚乙烯、天然橡胶和合成橡胶等。材质要求是：① 化学稳定性好，能耐酸、碱和氧化剂等腐蚀，耐一定的温度；② 厚度均一，表面平整，具有一定弹性（肖式硬度 60～70 度），不易变形；③ 绝缘不导电；④ 对医药、食品和生活饮用水等无毒性；⑤ 货源充足，加工方便，价格低廉。

（3）浓淡水进出水孔

孔的形状有圆形、矩形、椭圆形和不规则形等多种。力求使膜的有效面积大、水流分布均匀和水流阻力小。一般孔中水流线速度取 1 m/s 左右。

有回路隔板一般只有一个进水孔和一个出水孔,无回路隔板采用多个进水孔和多个出水孔。

（4）配集水槽

膜堆中各隔室水流分布的均匀性主要决定于配集水槽的结构,配集水槽的水流线速度取 1 m/s 左右。为保证配集水槽区不产生膜的塌陷,配集水槽区厚度应与隔板框相同；对网式配集水槽来说,隔网厚度应与配集水槽区的边框厚度相同。常用的配集水槽形式有铣槽式、宽槽盖板式、启开式和网式等多种。

（5）隔网

隔板框和网的组合,可以将网热压在框上,成为"固定"隔网；也可在框中直接铺填,成为"活动"隔网。

隔网应满足如下条件：尺寸稳定不变形；网格均匀伸展,不会损伤膜；厚度和隔板框匹配；水流分布均匀,死域少；搅拌作用强烈,水流压降低；膜的有效通电面积大；加工方便, 价格低廉。

常用的隔网材料有聚氯乙烯、聚乙烯、聚丙烯、涂塑玻璃丝等。网孔形状有方形、矩形和菱形等。实际使用的有塑料薄片冲压切割拉开形成的鱼鳞网、编织网、窗纱网、挤塑成型网等。冲模式隔板中的交叉空格,也属于隔板网的形式之一。另外,国外还有使用波纹穿孔板的隔网。

若在隔网（通常可称为惰性网）上用化学接枝或辐照接枝法接上一定的酸、碱活性基团,就形成了离子交换导电隔网。它具有集电迁移、离子交换和电再生三者一体的优点,强化了离子在隔板中的迁移作用,故比惰性隔网有较高的极限电流密度和脱盐率。

2. 电极与导水板

（1）电极

电极也是电渗析器的重要部件之一。工业上所用的电极材料要求是：导电性能好；机械强度高；对所处理溶液的化学和电化学稳定性好；分解电压低,超电压小；资源广,加工方便, 价格便宜。电极的形状有丝状、网状和平板等多种。

电极一般都镶嵌在导水板中,通常简称为电极板。电极与导线的接触装置的局部电阻（接触电阻）要低。

电极材料有石墨、铅、不锈钢、钛涂钌（或钛涂铂）、铅银合金和钛涂过氧化铅（PbO_2）等。

（2）导水板

导水板的作用是将浓淡水和极水由外界引入和导出电渗析器，又可称为配水板。导水板分为两种，一种是装在电渗析器两端的端导水板，另一种是多级多段组装中的中间导水板。小膜堆形式组装时，端导水板与中间导水板一致，都采用厚度 30～50 mm 的硬聚氯乙烯板；非小膜堆组装时，端导水板厚度取 30～50 mm，中间导水板厚度取 20～30 mm。

3. 极框和保护室

（1）极框

极框是放置在电极与膜堆之间供极水流通的隔板。它应有足够的机械强度，起支撑膜堆和排气排垢的作用，要求它水流通畅，无死域。极框应尽可能地和浓淡水隔板的结构一致。立式电渗析器中极水应下进上出，卧式电渗析器中极水应与浓淡水并流，以减少极水室和浓淡水室之间的压差，否则容易发生隔板变形、膜凹凸和水流阻滞。

为尽量减少电流漏损，阴极水和阳极水应分路供给，不宜串联。级间极水串联宜用外管道式。

为了容易冲走电极反应产生的沉淀垢片，极水进出管的管径宜大一些。在薄的极框中，极水进出管可设在导水板上。

（2）保护室

为了防止极室产物腐蚀和污染极室的离子交换膜，应尽量减少极水对淡水水质的干扰，原水含盐量高时常在电渗析器极水室隔板和膜堆之间加设保护室。它由一块极室保护室隔板和一张抗氧化保护膜（一般用阳膜代替）所组成。为了加强对膜堆的支撑，常加一块硬聚氯乙烯或工程塑料的多孔板，多孔板孔径 4～15 mm，孔间隔 5 mm 左右。

极室保护室隔板的形式有两种，一种是采用不设配集水槽的浓淡水室隔板，在保护隔板两端开一条长条形进出水口，使保护室水流与极水相通。另一种极室保护室隔板较厚，可单独设置管道供水，不与极水相连。由于厚度较大，故宜用于含盐量较大导电性能较好的水，否则电能消耗较大。

3.4.2.3　电渗析脱盐工艺系统

1. 一次脱盐系统

（1）浓水不循环全部排地沟的体内或体外多级串联一次脱盐系统。该系统的优点是浓水的浓缩倍率小于 2 倍。浓缩倍率低对防垢有利，但水耗量大。一般运行是浓淡水水量比为 1:1。近年来为节约用水，国内外有的将浓水排放量减少，使浓水排放量为淡水量的 1/5～1/2。

（2）浓水循环体内或体外多级串联一次脱盐系统。该系统的优点是浓水的浓缩倍率可为 5～7 倍，使浓水排放量为脱盐水量的 20% 以下。

上述两个系统的缺点是多级串联压力损失大，降低了最大通水能力。例如：级串联总压降 3 kg/cm²，平均每级 1 kg/cm²，若三级分别设升压泵，每级降压也为 3 kg/cm²，则相当于三级串联总降压 9 kg/cm²，显然这将大大提高制水能力，降低设备造价。

（3）体外升压浓水循环半对流多级串联一次脱盐系统。该系统的优点是提高了设备的制水能力，减少了浓水排放量，浓淡水半对流运行。

淡水从第一级至最后一级，而浓水由最后一级至第一级并在每一级进行再循环，优点为在出口处通过膜的浓差保持尽可能小，而且级数越多，浓差越小（浓水和淡水在同一级内是顺流的）。这样的系统适于含盐量高、处理水量大的工业规模运行。

（4）体外升压浓水并联循环多级串联一次脱盐系统。该系统适用于大型装置。

（5）级内分段、多级串联一次脱盐系统。适用于高含盐量和小容量设备，例如 2 m³/h 以下。可采用同一级内分若干段的系统，即在同一级内隔板互相串联以加大流程长度。倒向时可用隔板，也可用改变膜的开孔来倒向，但此时应有加强垫片。实践表明，用膜倒向简便易行、效果好。该系统的主要缺点如下。① 采用隔板倒向时很容易在两段相邻的阴膜处生垢，其原因是水流分配不均。但可采用相邻二段的浓水隔室加大隔板的厚度来解决，即在安装时多加张隔板用膜倒向可有效地防止沉淀。② 为防止生垢，电渗析器的运行受最后一段水质和流速的控制，使用的电流不能太大。因而前几段是在极限电流之下运行，故设备利用率不高，因此段不宜串联过多，一般用段和级配合使用。

2. 循环脱盐系统

该系统中浓水和淡水都经过再循环。适用于小容量的水处理，适用于任何浓度的原水，并可根据需要将水脱盐至所需要的任何浓度，甚至可达 1～2 mg/L。缺点是耗电量大，操作维护较为复杂。

该系统的工作过程是：随着渗析水浓度降低电流强度也降低（电压一定），则恰好去极化强度始终满足方程 $v = k'i/c$ 的要求，渗析水平均浓度 c 降低，电流亦降低，虽然不十分严格，当采用起始临界流速有 50%富裕，则可有效地防垢，换言之，即取该流速下极限电流的 1/2 为操作值。

3. 部分循环的体外升压多级串联脱盐系统

该系统的特点是利用部分脱盐水再循环提高脱盐率，可以减少一次脱盐的串联级数，还可以变工况运行，高负荷时不再循环，低负荷时部分再循环以提高脱盐率，当和离子交换联合脱盐时可进一步降低酸碱耗。该系统可设计为部分再循环脱盐运行承担正常负荷，不再循环的多级一次脱盐承担短期的高峰负荷。

4. 极水系统

该系统阳极水中有 Cl_2、O_2，阴极水带有对于高含盐量的原水，极水应经由管道直接排至室外，小容量的系统当浓水不循环直接排地沟时，极水也可以用生水作极水并直接排地沟。

当浓水循环时，特别是浓水采用加酸或预软化防垢时，可采用浓水的排水作为极水。防止生水垢最可靠的极水系统是单设极水泵和极水箱，补充水为软化水或生水加酸调 pH 至 5～6，循环浓缩几倍后排至浓水箱或地沟。

3.4.3　蒸馏法

3.4.3.1　多级闪蒸淡化

多级闪蒸是针对多效蒸发结垢较严重的缺点而发展起来的，具有设备简单可靠、防垢性能好、易于大型化、操作弹性大以及可利用低位热能和废热等优点，因此一经问世就很快得到实用和发展。多级闪蒸法不仅用于海水淡化，而且已广泛用于火力发电厂、石油化工厂的锅炉供水，工业废水和矿井苦咸水的处理与回收，以及印染工业、造纸工业废碱液的回收等。

多级闪蒸是多级闪急蒸馏法的简称，又称多级闪发，或多级闪急蒸发（馏）。多级闪蒸过程原理如下：将原料海水加热到一定温度后引入闪蒸室，由于该闪蒸室中的压力控制在低于热盐水温度所对应的饱和蒸汽压的条件下，故热盐水进入闪蒸室后即成为过热水而急速地部分汽化，从而使热盐水自身的温度降低，所产生的蒸汽冷凝后即为所需的淡水。多级闪蒸就是以此原理为基础，使热盐水依次流经若干个压力逐渐降低的闪蒸室，逐级蒸发降温，同时盐水也逐级增浓，直到其温度接近（但高于）天然海水温度。

在以下叙述中，当海水处于天然状态，或未经工艺处理时，称为"海水"，而一旦进入工艺流程或经过工艺处理则被称为"盐水"。

多级闪蒸主要设备有盐水加热器、多级闪蒸装置热回收段、排热段、海水前处理装置、排不凝气装置真空系统、盐水循环泵和进出水泵等。

经过混凝澄清预处理和液氯处理的海水，首先送入排热段作为冷却水。离开排热段后的大部分冷却海水又排回海中。按工艺要求从冷却海水中分出的一部分作为原料海水（补给海水），经前处理后，从排热段末级蒸发室或于盐水循环泵前进入闪蒸系统。

为了有效的利用热量，节省经过预处理的原料海水，提高蒸发室中的盐水流量，故在实际生产中都是根据物料平衡将末级的浓盐水一部分排放，另一部分与补给海水混合后作为循环盐水打回热回收段。循环盐水回收闪蒸淡水蒸汽的热量后，再经过加热器加热，在这里盐水达到工艺要求的最高温度。加热后的循环盐水进入热回收段第一级的蒸发室，然后通过各级级间节流孔依次流过各个闪蒸室完成多级闪蒸，浓缩后的末级盐水再次循环。

从各级蒸发室中闪蒸出的蒸汽，分别通过各级的汽水分离器，进入冷凝室的管间凝结成淡水。各级淡水分别从受液盘，经淡水通路，随着压力降低的方向流到末级抽出。海水前处理包括海水清洁处理和防垢、防腐措施等。

3.4.3.2　多效蒸发淡化

1. 多效蒸发原理

多效蒸发系由单效蒸发组成的系统，即将前一个蒸发器蒸发出来的二次蒸汽引入下一蒸发器作为加热蒸汽并在下一蒸发器中凝为蒸馏水，如此依次进行。每一个蒸发器及其过程称为一效，这样就可形成双效、三效和多效等。至于原料水则可以有多种方式进入系统，有逆流、平流（分别进入各效）、并流（从第一效进入）和逆流预热并流进料等。在大型脱盐装置中多用后一种进料方式，其他进料方式多在化工蒸发中采用。多效蒸发过程在海水淡化和大中型热电厂锅炉供水方面都有采用。

多效蒸发与单效蒸发相比，热能得以重复利用，造水比几乎按效数成倍增加，但单产设备费亦随效数的增加而逐渐升高，故不能一味地增加效数。

2. 多效蒸发流程的分类

多效蒸发的工艺流程主要有三种，即顺流、逆流和平流。

（1）顺流　顺流是指料液和加热蒸汽都是按第一效到第二效到第 n 效的次序前进。其特点是：① 由于多效的真空度依次增大，也即绝对压力依次降低，故料液在各效之间的输送不必用泵，而是靠两邻效之间的压差自然流动到后面各效；② 由于温度也是依次降低，故料液从前一效通往后一效时就有过热现象，也就是发生闪蒸，这样也可以产生一些蒸汽，即产生一些淡水；③ 对于浓度大、黏度也大的物料而言，后几效的传热系数就比较低，而且由于浓度大，沸点就高，各效不容易维持较大的温度差，不利于传热。但对海水淡化而言，问题不大，因为前后浓度都不高。

（2）逆流　逆流是指进料流动的路线和加热蒸汽的流向相反。原料从真空度最高的末一效进入系统，逐步向前面各效流动，浓度越来越高。由于前面各效的压力比较高，所以两邻效之间要用泵输送。又因为前面各效的温度越来越高，所以料液往前面一效送入时，不仅没有闪蒸，而且要经过一段预热过程，才能达到沸腾。可见和顺流的优缺点恰好相反，对于浓度高时黏度大的物料用逆流比较合适，因为最后的一次蒸发是在温度最高的第一效，所以虽然浓度大，黏度还是可以降低一些，可以维持比较高的传热系数，这在化工生产上采用较多。

（3）平流　平流是指各效都单独平行加料，不过加热蒸汽除第一效外，其余各效皆用的是次蒸汽。适用于容易结晶的物料，如制盐，一经加热蒸发，很快达到过饱和状态，结晶析出，所以没有必要从一效将母液再转移到另一效。

在水处理过程中主要是要获取淡水，不需用逆流和平流，而且逆流和平流没有顺流的热效率高。

第4章

压缩空气系统

在铀浓缩工厂中，压缩空气是控制级联大厅调节器和供取料系统气动阀门开启的动力。压缩空气系统（简称压空系统）的主要负责空压系统的运行、维护及事故处理，向工艺系统安全连续经济地供应合格的压缩空气。

4.1 压空系统概述

4.1.1 压缩空气工艺流程

压缩空气系统主要由空压机、粗精过滤器、无热再生吸附式干燥器、储气罐、管道、阀门及控制系统组成。

空气经吸气过滤器过除尘后进入空压机，压缩后进入后冷却器降温除水后，在经粗、精过滤器除去油和部分水分，然后进入无热再生吸附式干燥器除去残余的大部分水分，再进入粉尘过滤器除尘，最后经过储气罐送至用户（工艺流程图见图4-1）。

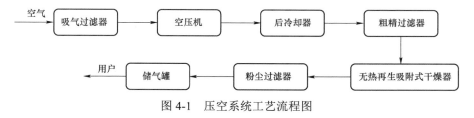

图 4-1 压空系统工艺流程图

4.1.2 气路流程

空气吸入进气过滤器，经吸气调节器进入空压机，在压缩过程中，吸入的空气由注入的油冷却；产生的油气混合物进入油分离器，通过离心力分离出大部分油后，含油量较低的压缩空气经最小压力阀、后冷却器进入排气管道；经粗精过滤器进入干燥器。

4.1.3 油路流程

油路流程分两路：

（1）油自油分离器流出，经油冷却器，温控阀、油过滤器送入空气端；

1）油温低于 55 ℃，油不经油冷却器，直接经温控阀、油过滤器送入空气端；

2）油温在 55～70 ℃之间，一部分油经油冷却器、温控阀、油过滤器送入空气端，另一部分直接经温控阀、油过滤器送入空气端；

3）油温高于 70 ℃，油全部经油冷却器、温控阀、油过滤器送入空气端。

（2）油气分离器芯中分离出来的油通过回油管回到空气端。

4.1.4　水流程

冷却水从油冷却器到水冷却器，一般空压站有两路供水，一路循环供水、一路直流供水，两路供水可互为备用。正常情况下使用循环冷却水冷却，在循环水出现异常或循环水无法满足设备冷却要求时，使用直流水冷却。为节约能源，直流回水引入循环冷却水回水管道再利用。

4.2　压缩空气系统设备

4.2.1　空压机

空压机是压空系统的核心设备，全称是空气压缩机，它是通过将电动机的机械能转换成气体压力能，产生高压气体的气压发生装置。空气经过压缩后可以作为动力用，以驱动各种风动机械与风动工具、控制仪表与自动化装置等。

4.2.1.1　空压机分类

空压机分类主要有以下几种：

1. 按压缩气体工作原理可分为容积式和速度式两种。

容积式压缩机：通过运动件的位移，使一定容积的气体按顺序吸入和排出封闭空间，以提高气体压力的压缩机。

速度式压缩机：靠高速旋转叶轮作用，首先使气体得到一个很高的速度，然后使高速气流在扩压器中迅速地降速，使气体的动能转化为静压能，因而实现气体压缩，把被压缩气体的压力提高。

2. 按排气压力分类

按排气压力分类时，压缩机进气压力为大气压力或小于 0.2 MPa。对于进气压力高于 0.2 MPa 的压缩机，特称为"增压压缩机"。化工厂中常用的循环气压缩机（循环泵）即为增压压缩机的一种。

3. 按压缩级数分类

单级压缩机：气体仅通过一次工作腔或叶轮压缩；

两级压缩机：气体顺次通过两次工作腔或叶轮压缩；

多级压缩机：气体顺次通过多次工作腔或叶轮压缩，相应通过几次便是几级压缩机。

在容积式压缩机中，每经过一次工作腔压缩后，气体便进入冷却器中进行一次冷却；而在动力式压缩机中，往往经过两次或两次以上叶轮压缩后，才进入冷却器进行冷却，把每进行一次冷却的数个压缩级合称段。

4. 按输气量（是指空压机工作时每分种排出的气体换算成吸入状态的体积）分类

有小型机（排气量在 10 m³/min 以下）、中型机（排气量在 10～100 m³/min）、大型机（排气量在 100 m³/min 以上）。

5. 按冷却器方式

分为水冷式和风冷式空压机。水冷式采用自来水开式循环冷却；风冷式为风扇冷却。

6. 按润滑方式

可分为无油式和机油润滑式空压机，后一种又分为飞溅式和强制式（即油泵和注油器供油润滑式）。

7. 按空压机基础配置可分为固定式（有基础式、无基础式）和移动式空压机

4.2.1.2　活塞式压缩机

最初铀浓缩工厂压空系统采用的多为空气压缩机均为无油、活塞式空压机。活塞式无油润滑空气压缩机由压缩机主机、冷却系统、调节系统、润滑系统、安全阀、电动机及控制设备等组成。压缩机及电动机用螺栓坚固在机座上，机座用地脚螺栓固定在基础上，工作时电动机驱动曲轴，带动边杆、十字头与活塞杆，使活塞在压缩机的气缸内作往复运动，完成吸入、压缩、排出等过程。

1. 活塞式压缩机基本结构和工作原理

在各种往复活塞压缩机中，最典型、应用最广的是各种曲轴驱动往复活塞压缩机。旋转的曲轴通过连杆带动活塞沿气缸内壁面作往复直线运动。当活塞向下运动时，包含在活塞端面与气缸之间的工作容积增大而形成真空，这时经过空气滤清器的空气推开吸气阀而被吸进气缸。当活塞作反向行程运动时，吸气阀关闭，封闭在气缸内的气体受到压缩，且随着容积的减小而压力不断提高。当压缩气体的压力达到略高于排气管内空气压力和排气阀弹簧的阻力时，气体即推开排气阀而进入排气管。用来控制气体吸入和排出气缸的部件称气阀，它在压力差和弹簧力的作用下自行启闭，故称自动作用阀。

由于结构上的原因，在排气终了时气缸内还有部分空气残留，气缸中容纳残余空气的空间称余隙容积。活塞向下运动初期，余隙容积的空气在气缸内膨胀，直到气缸内的压力略低于吸气管内的空气压力，吸气阀开启，气缸从吸气管内吸进新鲜空气。气缸内进行的吸气、压缩、排气和膨胀 4 个过程组成一个循环。

空气在气缸内受到压缩时，空气和气缸的温度不断提高。为了保持气缸内润滑和摩擦件工作的正常，在气缸外层设有通水或空气的冷却设施（水套或散热片），以防止空气压缩终了时温度超过允许值。

为了防止气缸内的气体向外泄漏，活塞上设置金属或非金属密封活塞环。采用活塞环时，气缸内必须用油润滑，防止过大的摩擦、磨损、泄漏和过高的排气温度。

在需要不含油的压缩气体或气体不能与油相接触的场合，采用无油润滑压缩机。无油润滑压缩机采用耐磨性好的材料活塞环和填料。这种材料具有自润滑性，在工作时无需用油润滑。自润滑材料可取石墨产品、浸渍巴氏合金、铝青铜、银或人造树脂等；也可取聚四氟乙烯，填充玻璃纤维、石墨、陶瓷材料、青铜和二硫化钼等材料，这些都是应用最广泛的自润滑材料。因此，气缸和填料装置无须注入润滑油润滑，正常情况下经过压缩后的气体基本纯净不含油污，无需增加除油装置。

活塞式压缩机的主要组成部件如下：

（1）机体：包括气缸体和曲轴箱两部分，一般采用高强度灰铸铁（HT20-40）铸成一个整体。它是支承气缸套、曲轴连杆机构及其他所有零部件重量并保证各零部件之间具有正确的相对位置的本体。气缸采用气缸套结构，安装在气缸体上的缸套座孔中，便于当气缸套磨损时维修或更换。因而结构简单、检修方便。

（2）曲轴：曲轴是活塞式压缩机的主要部件之一，传递着压缩机的全部功率。其主要作用是将电动机的旋转运动通过连杆改变为活塞的往复直线运动。

（3）连杆：连杆是曲轴与活塞间的连接件，它将曲轴的回转运动转化为活塞的往复运动，并把动力传递给活塞对气体做功。连杆大头与曲轴一起做旋转运动，而小头则与十字头相连做往复运动，中间杆身做摆动。

（4）活塞组：活塞组是活塞、活塞销及活塞环的总称。活塞组在连杆带动下，在气缸内作往复直线运动，从而与气缸等共同组成一个可变的工作容积，以实现吸气、压缩、排气等过程。活塞环包括气环和油环，气环的主要作用是使活塞和气缸壁之间形成密封，防止被压缩蒸气从活塞和气缸壁之间的间隙中泄漏，为了减少压缩汽体从环的锁口泄漏，多道气环安装时锁口应相互错开；油环的作用是布油和刮去气缸壁上多余的润滑油。

（5）气阀：气阀是压缩机的一个重要部件，属于易损件，其作用是控制气体及时吸入和排出气缸。活塞式压缩机上的气阀一般为自动阀，即气阀不是用强制机构，而是依靠阀片两侧的压力差来实现启闭的压差。它的质量及工作的好坏直接影响压缩机的输气量、功率损耗和运转的可靠性。气阀包括吸气阀和排气阀，活塞每上下往复运动一次，吸、排气阀各启闭一次，从而控制压缩机并使其完成吸气、压缩、排气等四个工作过程。

（6）密封元件：压缩机中除用来密封活塞与气缸之间间隙的活塞环以外，另外一种重要的密封元件是填料函。填料函用于密封气缸内的高压气体，使气体不能沿活塞杆表面泄漏的组件，其基本要求是密封性能良好且耐用。填料是填料函中的关键零件，其密封原理与活塞环类似，利用"阻塞"和"节流"作用实现密封。最常用的是金属填料。

（7）冷却装置：压缩机装置中的冷却部位主要有气缸冷却、后冷却、润滑油冷却等，其中：

气缸冷却：压缩机的气缸一般需进行冷却，多级压缩机还需进行级间冷却，其优劣直接影响到压缩机工作的可靠性与经济性。

后冷却：被压缩气体排出压缩机后进行后冷却。其目的是：改善气体品质。后冷却使气体温度降低，使气体中所含水分与油雾便于分离。

润滑油冷却：保证其运动部分能得到合适黏性的润滑油。

常用的冷却介质有空气、水、润滑油。冷却剂通常为水和空气，只有个别场合采用油和其他液体。小型移动式压缩机及中型的压缩机在缺水地区运行时采用空气冷却。空气冷却效果较差，并且消耗的动力费用一般较使用水冷却的动力费用要大。此外室内运行时，难以控制室温，故实际上压缩机多采用水冷却。

一般的冷却器有板式及管式两大类。

2. 活塞式压缩机特点

活塞式压缩机的优点是：

（1）有气阀的控制，排气压力稳定。它能够达到的压力范围非常广，单级压缩机的终压为 0.3～0.5M Pa，而多级压缩机的终压目前已达到 3.50 MPa 以上。

（2）机器的效率较高。

（3）排气量范围广，小型活塞式压缩机每分钟只有几升，而大型压缩机的排气量可达 500 m³/min。一些产品只能中、小规模生产而又需要较高的压力只能由往复式压缩机来实现。

（4）热效率较高，一般大、中型机组绝热效率可达 0.7 左右。

（5）气量调节时，排气量几乎不受排气压力变动的影响。

（6）在一般压力范围内，对材料的要求低，多采用普通的钢铁材料。

（7）驱动机比较简单，大都采用电动机，一般不调速。

活塞式压缩机的缺点是：

（1）排气温度高，有时高达 200 ℃，噪声偏大，检修工作量大，维修费用偏高。结构复杂笨重，易损件多，占地面积大，投资较高。

（2）转速不高，机器体积大而重，单机排气量一般小于 500 m³/min。

（3）动平衡性差，机器运转中有振动。

4.2.1.3 螺杆式空压机

随着压缩机技术的发展，压空系统的空压机逐步由活塞式更新为螺杆式，目前铀浓缩工厂压空系统的空压机均为螺杆式空压机。

螺杆式空气压缩机，是通过双螺杆（也称阴阳转子）转动使气体容积产生变化，把自然空气吸入再经过内部几道过程完成工作，最终排出满足压力要求的压缩空气的设备。

螺杆式空压机与活塞式空压机相比，见表 4-1。

表 4-1 螺杆式空压机与活塞式空压机对比

序号	项目	螺杆式空压机	活塞式压缩机
1	结构	由螺杆主机、电动机、油气分离器、油管路系统、冷却系统、气管路系统和电气控制系统等部件组成。	由压缩机主机、冷却系统、调节系统、润滑系统、安全阀、电动机及控制设备等组成。
2	特点	具有振动小，无需用地脚螺栓固定在基础上，电机功率低、噪声低、效率高、排气稳定、且无易损件等优点。	正常情况下经过压缩后的气体基本不含油污，无需加除油装置。电机功率偏大，排气压力不够稳定，排气温度高，噪声偏大，检修工作量大，维修费用偏高。
3	故障	故障很少，只需定期做好保养，更换空气过滤器，油过滤器及油气分离器等，就可以正常运行。	由于刮油不彻底，密封不好，导致常常有油跑到填料装置甚至活塞环上，以致压缩气含油。另外，排气温度高，有时高达 200 ℃；冷却堵塞，以致冷却效果不好；活塞环沾到油污，特别易磨损；气阀漏气；缸磨损等。

螺杆式压缩机具有较高的转速，由于实现高转速相应带来重量轻，体积小，占地面积少等优点。一台螺杆式压缩机的重量约为一台相同参数与功率的活塞式压缩机重量的 1/13 至 1/7。此外由于转速高因而可以直接与高速原动机相连而不需装减速器。

喷油螺杆式压缩机由于通过喷入大量的冷却油到压缩腔，气体受压缩所产生的热量被油液带走，故不会有显著的温升。

螺杆式压缩机结构简单，只有为数不多的部件，它几乎没有易损零件如活塞式压缩机的气阀，活塞环和填料密封元件等，因此其运转周期长，维修简单，实际上压缩机的寿命主要受轴承寿命所限制。

1. 螺杆压缩机分类

按螺杆的数目分为双螺杆压缩机和单螺杆压缩机。

按压缩过程中是否有润滑油参与分为无油螺杆压缩机和喷油螺杆压缩机。对于通常称为的"无油"或"干式"螺杆式压缩机，螺杆式转子之间一般是不相接触的，所以气缸内不需要润滑，从而可使压缩气体纯净，不含油和磨屑，气体质量较好。但也可以向气缸内喷入大量油（液体）冷却气体，这种螺杆式压缩机称为"喷油"或"喷液"螺杆式压缩机。

目前铀浓缩工厂使用的空压机均为喷油、双螺杆压缩机。

2. 双螺杆压缩机工作原理

双螺杆压缩机气缸内装有一对互相啮合的螺旋形阴阳转子，两转子都有几个凹形齿，两者互相反向旋转。转子之间和机壳与转子之间的间隙仅为 5～10 丝，主转子（又称阳转子或凸转子），通过由发动机或电动机驱动（多数为电动机驱动），另一转子（又称阴转子或凹转子）是由主转子通过喷油形成的油膜进行驱动，或由主转子端和凹转子端的同步齿轮驱动。所以驱动中没有金属接触（理论上）。转子的长度和直径决定压缩机排气量（流量）和排气压力，转子越长，压力越高；转子直径越大，流量越大。

螺杆式压缩属于容积式压缩机，它利用一对相互啮合的阴阳转子在机体内作回转运动，周期性地改变转子每对齿槽间的容积来完成吸气、压缩、排气过程。

吸气过程：当转子转动时，齿槽容积随转子旋转而逐渐扩大，并和吸入口相连通，由蒸发系统来的气体通过孔口进入齿槽容积进行吸入过程。在转子旋转到一定角度以后，齿间容积越过吸入孔口位置与吸入孔口断开，吸入过程结束。

压缩过程：当转子继续转动时，被机体、吸气端座和排气端座所封闭的齿槽内气体，由于阴、阳转子的相互啮合和齿的相互填塞而被压向排气端，同时压力逐步升高进行压缩过程。

排气过程：当转子转动到使齿槽空间与排气端座上的排气孔口相通时，气体被压出并自排气口排出，完成排气过程。

由于每一齿槽空间里的工作循环都要出现以上三个过程，在压缩机高速运转时，几对齿槽的工作容积重复进行吸气、压缩和排气循环，从而使压缩机的输气连续、平稳。

冷却液由压缩机机壳下部的喷嘴直接喷入转子啮合部分，并与空气混合，带走因压缩而产生的热量，达到冷却效果。同时形成液膜，防止转子间金属与金属直接接触，封闭转子和机壳间的间隙，喷入的冷却液亦可减少高速压缩所产生的噪声。

螺杆式压缩机主要由机壳、转子、轴承、轴封、平衡活塞及能量调节装置等组成（如图 4-3）。

机壳：一般为剖分式，由机体、吸气端座及排气端座等三部分用螺栓连接组成。机体内腔横断面为双圆相交的横 8 字形，与置于其内的两个啮合转子的外圆柱面相适合。

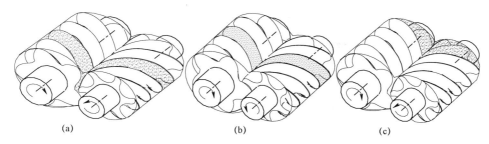

图 4-2 双螺杆压缩机的工作原理图

（a）吸气过程；（b）压缩过程；（c）排气过程

转子：一对互相啮合的螺杆，其上具有特殊的螺旋齿形，其中凸齿形的称为阳转子，凹齿形的称为阴转子。阳转子与阴转子的齿数比，一般为 4:6（大流量的压缩机齿数比可为 3:4，当压缩比高达 20 时，齿数比可采用 6:8）。

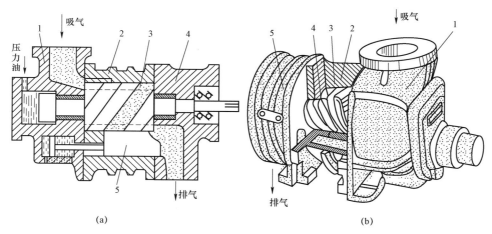

图 4-3 螺杆式压缩机结构图

（a）螺杆式压缩机结构；（b）螺杆式制冷压缩机

1—吸气端座；2—机体；3—螺杆；4—排气端座；5—能量调节阀

多数情况下，阳转子与电动机直接连接，称为主动转子，阴转子为从动转子，故阳转子多为四头右旋，阴转子多为六头左旋（图 4-4）。

轴承与轴封：压缩机的阴、阳转子均由滑动轴承（主轴承）和向心推力球轴承支承。主轴承用柱销固定在吸、排气端座内，止推轴承在排气侧阳、阴转子上各装有两只，以承受一定的轴内力。螺杆式制冷压缩机的轴封也多采用弹簧式或波纹管式机械密封，安装在主动转子靠联轴器一端轴上。

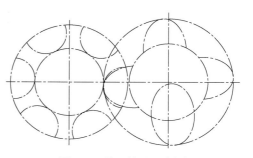

图 4-4 阴阳转子示意图

平衡活塞：由于结构上的差异，因吸、排气侧之间的压力差所引起的，作用在阳转

229

子上的轴向合力，比作用在阴转子上的轴向合力大得多。因此，阳转子上除装设止推轴承外，还增设油压平衡活塞，以减轻阳转子对滑动轴承端面的负荷及止推轴承所承受的轴向力。

螺杆式空压机的主要部件为螺杆机头、油气分离桶。螺杆机头通过吸气过滤器和进气控制阀吸气，同时油注入空气压缩室，对机头进行冷却、密封以及对螺杆、轴承进行润滑，压缩室产生压缩空气。压缩后生成的油气混合气体排放到油气分离桶内，由于机械离心力和重力的作用，绝大多数的油从油气混合体中分离出来。空气经过油气分离筒芯，几乎所有的油雾都被分离出来，从油气分离筒芯分离出来的油通过回油管回到螺杆机头内。在回油管上装有油过滤器，回油经过油过滤器过滤后，洁净的油才流回至螺杆机头内。当油被分离出来后，压缩空气经过最小压力控制阀离开油气筒进入后冷却器。后冷却器把压缩空气冷却后排到储气罐供各用气单位使用，冷凝出来的水通过排水阀排出。

4.2.2 无热再生吸附式干燥器

4.2.2.1 空气净化的主要方法

空气中含有大量尘埃，空气压缩机在长期高速运转过程中，粉尘会造成机器内部转子等部件的磨损、腐蚀和结垢，缩短机器使用寿命，因此必须设置空气过滤器，以清除空气中的尘埃。

原料空气中除了尘埃外，还有水分，压缩空气净化常用的干燥方法有以下几种：

化学法：利用化学干燥剂和水的化学反应，生成另外一种化学物质，将空气中的水分截留下来，以达到除去水分、干燥空气的目的。

吸附法：利用水分吸附性能的吸附剂（硅胶、铝胶、分子筛）吸附空气中的水分，达到干燥的目的。

冷冻法：利用制冷设备将压缩空气冷却到一定的露点温度，使其达到过饱和，析出其冷凝水，达到干燥的目的。

增压法：利用提高压缩空气的压力，然后经过冷却，降低压缩空气的饱和含湿量，使其析出冷凝水，达到干燥的目的。

考虑到干燥原理的不同以及技术和经济方面的问题，现在压缩空气常用的干燥方法主要采用冷冻法和吸附法。由于水的结冰温度为 0 ℃，故冷冻法使用受限，一般压力露点可达 2~10 ℃，铀浓缩工厂通常采用吸附法除去压缩空气中残余水分。

4.2.2.2 吸附法介绍

1. 吸附法定义

（1）吸附：吸附是指利用一种多孔性固体表面去吸取气体（或液体）混合物中某种（或某些）组分，使该组分从混合物中分离出来的过程。通常把被吸附的组分称为吸附质），而吸附的用的固体称为吸附剂。

（2）再生：使吸附质从吸附表面上解脱出来，从而使吸附剂恢复吸附能力称为解吸（或再生）。不管吸附力的性质如何，在吸附质与吸附剂充分接触后，达到动态平衡，被吸附的量达到最大值（即饱和）。所谓动态平衡是指吸附和解吸的分子数相等，处于平衡状态，此时吸附剂失去了吸附能力。吸附和解吸事实上是同时进行的，只不过未达到饱和前吸附的量大于解吸的量。

（3）吸附原理：对于同一被吸附气体（吸附质）来说，在吸附平衡情况下，温度越低，压力越高，吸附量越大；反之，温度越高，压力越低，吸附量越小。因此气体的吸附分离，通常采用变温吸附或变压吸附两种循环。

（4）变温吸附：通过改变温度来进行吸附和解吸，在较低温度（常温或更低）下进行吸附，而升高温度将吸附的组分解吸出来。这种吸附方式的优点是：产品损失少；缺点是：能耗大，温度大幅度周期性变化影响吸附剂寿命。

（5）变压吸附：在加压下进行吸附，减压下解吸。

2. 吸附剂

常用的吸附剂有硅胶、活性氧化铝、分子筛。

（1）硅胶

人造含硅石，用硅酸钠溶液与硫酸反映生成的硅酸凝胶，再经脱水制成。其化学式为 $SiO_2 \cdot nH_2O$。硅胶具有较高的化学稳定性和热稳定性，不溶于水和各种溶剂，常用于气体或液体的干燥脱水。

（2）活性氧化铝

用碱从铝盐溶液中沉淀出水合氧化铝，然后经过老化、洗涤、干燥和成型得到的氢氧化铝，再经脱水得到的氧化铝。其化学式为 Al_2O_3，呈白色，具有较好的化学稳定性和机械强度。主要用于气体的干燥脱水、碳氢化合物或石油气的脱硫。

（3）分子筛

人工合成泡沸石，硅铝酸盐的晶体，呈白色粉末。分子筛的化学通式为：

$$Me_{X/n}[(AlO_2)_X(SiO_2)_Y] \cdot mH_2O$$ 　　Me 表示阳离子，主要是 Na^+、Ca^{2+}、K^+。

分子筛无毒、无味、无腐蚀性，不溶于水及有机溶剂，但能溶于强酸和强碱。分子筛经加热失去结晶水，晶体内形成许多小孔，其孔径大小与气体分子直径相近，且非常均匀。它能把小于孔径的分子吸进孔隙，大于孔隙的分子挡在空隙外。因此。它可以根据分子的大小，把各种组分分离，"分子筛"亦由此得名。

其吸附程度可达到露点 $-60 \sim -70\ ℃$，$CO_2 \leqslant 2 \times 10^{-6}$，乙炔可达痕迹水平。

吸附剂的吸附能力以吸附容量来表示，影响吸附容量大小的因素：

1）吸附过程的温度和被吸附组分的分压力或浓度，吸附容量随吸附质分压力增加而增大，但增大到一定程度以后，吸附容量大体上与分压力无关。吸附容量随吸附温度的降低而增大，所以应尽量降低吸附温度；同时，温度降低，饱和水分含量也相应减少，有利于吸附器的正常工作。

2）气体流速：流速越高，吸附效果越差，吸附剂的动吸附容量越小。流速不仅影响吸附能力，而且影响气体的干燥程度。

3）吸附剂再生完善程度：吸附剂解吸再生越彻底，吸附容量就越大，反之越小。而再生的完善程度与再生温度有关（应在吸附剂热稳定性温度允许的范围内），也与再生气体中含有多少吸附质有关。

4）吸附剂层的高度：因为吸附剂的吸附过程是分层进行的，故吸附剂层越厚，吸附效果越好。

4.2.2.3 无热再生吸附式干燥器工作流程

无热再生吸附式干燥器采用变压吸附原理，利用多孔性固体吸附剂处理流体混合物，使其中所含的一种或数种组分被吸附在固体表面上，以达到分离的目的。

工艺流程图如图 4-5，当饱和状态的压缩空气经进气气动阀进入 A 塔吸附干燥处理，出口空气含水降至露点温度 –20～–40 ℃（已经为干燥成品空气），约 85% 干燥空气经单向阀至成品空气管线（或再经除尘过滤器至用户），另一部分干燥空气（再生气）通过再生气量调节阀进入 B 塔对吸附过的吸附剂进行吹扫再生，经再生气动阀通过消声器排至大气，此为半个周期，约 5 分钟。下半周期则 B 塔进行吸附干燥，A 塔进行吹扫再生，一个周期时间为 10 min。

干燥器具体工艺流程：

A、B 两塔各经工作/再生、工作/升压、均压、再生/工作四个过程共计 10 min 完成一个工作循环，全过程为自动控制。

程序一：A 塔工作，B 塔再生

程序二：A 塔继续工作，B 塔升压

程序三：A、B 两塔均压

程序四：A 塔再生，B 塔工作

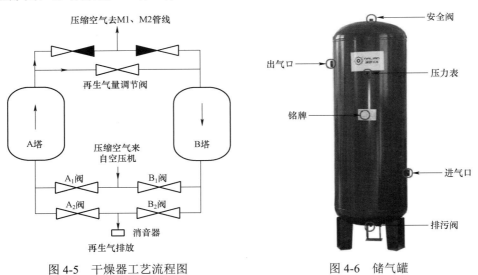

图 4-5　干燥器工艺流程图　　　　　　　图 4-6　储气罐

4.2.3　储气罐

在铀浓缩工厂中，储气罐是常用的有关压缩空气的工业设备，直接影响空压机的卸负载，也是国家严格监管的特种安全设备之一（如图 4-6）。

在压空系统中，储气罐的作用是储存压缩空气和稳定气源动力，可使压缩空气输出平稳，起到缓冲的作用，确保用气高峰时使用要求，同时从冷却的空气中收集水分并排除，提高产品质量。

4.3　压缩空气系统运行控制

4.3.1　空压机运行操作

4.3.1.1　空压机启动操作

（1）检查记录、查明设备有无缺陷以及处理情况；

（2）检查机组有无螺钉松动，零件损坏的现象；

（3）检查仪表系统是否完整，电气线路有无接头松脱；

（4）检查压缩机出口阀、干燥器进出口阀门是否打开；

（5）检查油面视镜上油位指示应在 1/2 高度以上；

（6）打开压缩机冷却水上下水阀门；

（7）打开干燥器吸附塔底部排污阀放尽剩余积水；

（8）合上压缩机电源开关，启动压缩机；

（9）待干燥器两塔压力达到或接近工作压力时打开干燥器电源开关，启动干燥器；

（10）检查干燥器运行状况，两塔切换应正常。

4.3.1.2　空压机停机操作

（1）在干燥器充压阶段结束、即两塔压力平衡时按干燥器停车按钮，关闭干燥器电源开关；

（2）停止空压机运行；

（3）关闭干燥器前后切断阀，从其底部排污阀放尽塔内压力直至压力降为零；

（4）压缩机停机约 10 min 后，关闭冷却水进、出水阀门。

4.3.2　压空系统常见故障及处理

4.3.2.1　空压机常见故障及处理

见表 4-2。

表 4-2　空压机常见故障及处理

序号	异常现象	可能原因	解决方法
1	主电机故障	风扇运行/转向有问题	检查并校正电路。
		电压低/电流大	检查电源。
		控制器故障	更换控制器。
		热过载设定不准确	检查设定值，重新设定。
2	空气压力过高	压缩机不能正常减载	检查通气阀和卸载电磁阀的运行情况，必要时更换。
			检查吸气调节器的进气阀是否彻底关闭，必要时进行校正。
		压力传感器故障	检查/更换压力传感器。
		控制器故障	更换控制器。

序号	异常现象	可能原因	解决方法
3	油温过高报警	润滑油牌号不对	排空/冲洗润滑油系统。
		止油阀未打开	修理或更换阀门。
		油冷却器旁通阀故障	修理或更换阀门。
		冷却水量不足	增加冷却水流量。
4	耗油过多	润滑系统泄漏	检查该系统，需要时修理。
		油分离器滤芯有缺陷	检查滤芯两端的压降，需要时更换滤芯。
		吸油孔接头受阻塞	清洗吸油滤网和孔接头。
		润滑油类别不对	系统排油，冲洗，并用许可用油重新灌加。
		运行环境温度一直过高	检查/清洗机箱过滤器，改善室内通风情况。
		最小压力阀未关闭	检查阀座，需要时更换弹簧。
5	压缩机不能正常加减载	压力传感器或吸气调节器故障	调整到正确设定值，需要时更换。
		调节管路有泄漏	修理，消漏。
		卸载电磁阀故障	排除故障或更换阀门。
		最小压力阀故障	修理。

4.3.2.2 干燥器常见故障及处理

见表 4-3。

表 4-3 干燥器常见故障及处理

序号	故障	原因	处理
1	干燥机两筒不能正常切换	程序控制器失效。指示灯不亮，电磁阀不工作。消声器堵塞。 电磁阀不能工作（常闭）。电磁阀线圈损坏。造成该故障阀一侧筒体始终处于高压状态。 电磁阀膜片破裂，该阀一侧筒体不能保压（均压时，压力不上升，工作时主气流短路外泄，压降）。 再生气量调节阀开启不到位。	按电器控制部分使用说明书检查接头和易损件，更换元件或线路板。 卸下消声器，若设备恢复正常切换，则应更换消声器或反吹清洗后再装上使用。 检查电磁头接线及吸引力，清除小孔通道异物。 拆下阀盖，更换膜片。 调整再生气量调节阀，加大再生气量，直至两筒均压相等。
2	出口露点上升	长期停机，干燥机前后阀门未关闭，大气中的湿气进入筒内。 前置过滤器失效或未按时排放油水，造成液态油水冲击干燥机。 吸附剂油中毒或粉化严重。 切换系统出故障，不再生。 消声器堵塞，再生背压过高。 进气温度过高或进气压力偏低。 再生气量不足。 流量超过额定处理量。	连续开机自然干燥（加大再生气量）。 排除前置过滤器故障后，开机自然干燥或更换吸附剂。 更换吸附剂。 排除故障。 清洗或更换消声器。 提高冷却器冷却效果，调整系统压力。 调整再生气量调节阀，加大再生气量。 控制流量

序号	故障	原因	处理
3	压力降偏大	吸附剂破损严重。 流量过大或工作压力过低。 过滤器（包括管道过滤器）堵。	更换。 重新校正流量和压力。 更换滤芯。

4.3.3　压空系统未来发展趋势

随着铀浓缩工艺系统改进，原系统中的气动阀逐步更新为电调阀，压缩空气用量随之逐步减少。近年来铀浓缩工厂开始推进将"大压空"改为"小压空"，即将原集中供应各用气点的大型压空系统改为各用气点自备压空设备的分散式系统，有利于减少压空输送中泄漏消耗损失，降低生产运行成本。

第 5 章

空气分离系统

在铀浓缩工厂中，空气分离系统（以下简称空分系统）主要向级联工艺大厅、供取料厂房、液化均质、在线质谱分析等系统提供符合要求的液氮产品。此外还担负着连续向反渗透＋膜除氧水处理提供氮气、协助除氧的任务。

5.1 空分系统概述

5.1.1 空气分离理论知识

5.1.1.1 空气分离的基本原理

空气是一种混合气体，它的主要成分是氧、氮和氩，此外还有微量的氢及氦、氖、氪、氙、氡等惰性气体。根据地区条件的不同，空气中含有不定量的二氧化碳、水蒸气以及乙炔等碳氢化合物。氧、氮、氩和其他物质一样，具有气、液和固三态。在常温常压下它们呈气态。在标准大气压下，氧被冷却到 90.188 K，氮被冷却到 77.36 K，氩被冷却到 87.29 K，都变成液态。如果遇热又可变成气态。氧和氮的沸点相差约 13 K，氩和氮的沸点相差约 10 K，这就是能够利用低温精馏法将空气分离为氧、氮和氩的基础。

空气分离的基本原理是利用低温精馏法，将空气冷凝成液体，然后按各组分蒸发温度的不同将空气分离。空气液化必须将温度降到–140.6 ℃以下。一般空气分离是在–194～–172 ℃温度范围进行的。

空气中的机械杂质、水蒸气、二氧化碳、乙炔和其他碳氢化合物，影响空分设备的正常、安全运行，因此必须设法除净这些有害气体和杂质，以保证空分设备的正常运转。

5.1.1.2 气体分离方法

气体分离方法有以下几种。

（1）精馏：先将气体混合物冷凝为液体，然后再按各组分蒸发温度的不同将它们分离。精馏方法适用于被分离组分沸点相近的场合，如氧和氮的分离、氢和重氢的分离等。

（2）分凝：利用各组分沸点的差异进行气体分离。但和精馏不同的是不需将全部组分冷凝。分凝法适用于被分离组分沸点相差较大的场合，如从焦炉气及水煤气中分离氢、从天然气中提取氦等。

（3）吸收法：用 1 种液态吸收剂在适当的温度、压力下吸收气体混合物中的某些组分，以达到气体分离的目的。吸收过程根据其吸收机理的不同可分为物理吸收和化学吸收。

（4）吸附法：用多孔性固体吸附剂处理气体混合物，使其中所含的 1 种或数种组分被吸附于固体表面以达到气体分离的目的。吸附分离过程有的需在低温下进行，有的可在常温下完成。

（5）薄膜渗透法：是利用高分子聚合物薄膜的渗透选择性从气体混合物中将某种组分分离出来的一种方法。这种分离过程不需要发生相变，不需低温，并且有设备简单、操作方便等特点。

空气分离目前主要采用低温精馏分离法，原因是它不仅生产成本低、技术成熟，而且适合大规模工业化生产。

5.1.2　空分系统组成

空分系统是一个大型的复杂系统，主要由以下子系统组成：动力系统、净化系统、制冷系统、热交换系统、精馏系统、产品输送系统、液体贮存系统和控制系统等，如图 5-1 所示。

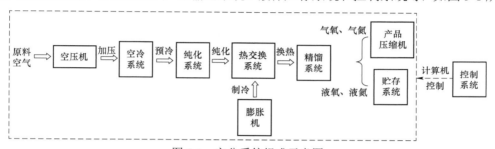

图 5-1　空分系统组成示意图

各组成情况如下：

动力系统：主要是指原料空气压缩机。空分设备将空气经低温分离得到氧、氮等产品从本质上说是通过能量转换来完成的。而装置的能量主要是由原料空气压缩机输入的。相应地，空气分离所需的总能耗中绝大部分是原料空气压缩机的能耗。

净化系统：由空气预冷系统（空冷系统）和分子筛纯化系统（纯化系统）组成。经压缩后的原料空气温度较高，空气预冷系统通过换热降低空气的温度。分子筛纯化系统则进一步除去空气中的水分、二氧化碳、乙炔、丙烯、丙烷、重烃和氧化亚氮等对空分设备运行有害的物质（空气中高沸点的杂质，例如水分、二氧化碳等，应在常温时预先清除。否则会堵塞设备内的通道，使装置无法工作）。

空气中的乙炔和碳氢化合物进入空分塔内，积聚到一定程度，会影响安全运行，甚至发生爆炸事故。因此，必须设置净化设备将其清除。

制冷系统：空分设备是通过膨胀制冷的，整个空分设备的制冷严格遵循经典的制冷循环。不过通常提到空分设备的制冷系统，主要是指膨胀机。

热交换系统：空分设备的热平衡是通过制冷系统和热交换系统来完成的。随着技术的发展，现在的换热器主要使用铝制板翅式换热器。

精馏系统：空分设备的核心，实现低温分离的重要设备。通常采用高、低压两级精馏方式。主要由低压塔、中压塔和冷凝蒸发器组成。

产品输送系统：空分设备生产的氧气和氮气需要有一定的压力才能满足后续系统的使

用。主要由各种不同规格的氧气压缩机和氮气压缩机组成。液体产品主要通过管道输出。

液体贮存系统：空分设备能生产一定的液氧和液氮等产品，进入液体贮存系统，以备需要时使用。主要由各种不同规格的贮槽、低温液体泵和汽化器组成。

5.1.3　空分系统工艺流程

空气自大气吸入空气压缩机，经逐级压缩及冷却后，进入预冷机组进行预冷并在水分离器中分离出冷凝水，然后进入纯化器的分子筛吸附筒，清除水分、二氧化碳及大部分碳氢化合物等。洁净的空气分两路：大部分经过滤器进入透平膨胀机的增压侧，增压后的空气经水冷却器后，回到空气预冷机组，再次冷却后进入分馏塔内，经主换热器降温后从主换热器的中部抽出，进入透平膨胀机的膨胀侧膨胀做功，膨胀后的低温空气返回主换热器与正流空气换热后，返回空压机入口完成一次制冷循环；从纯化器出来的另一部分洁净空气直接进入分馏塔内的主换热器被返流气体冷却、液化。带液的湿空气经节流阀节流后，进入分馏塔的下塔底部，在下塔内被分离为液氮和富氧液空，并根据需要可得到部分压力氮；富氧液空经过冷器过冷，再经节流阀节流后进入上塔中部。液氮从下塔顶部抽出经过冷器过冷后，部分经节流阀进入上塔顶部；另一部分经节流阀进入平衡器，然后作为产品液氮排出分馏塔外，压力氮气经主换热器复热后排出。液氧从分馏塔的冷凝蒸发器抽出，经过冷器过冷后，作为产品排出，氧气从精馏塔塔上塔底部抽出经主换热器复热后排出。如图 5-2 所示。

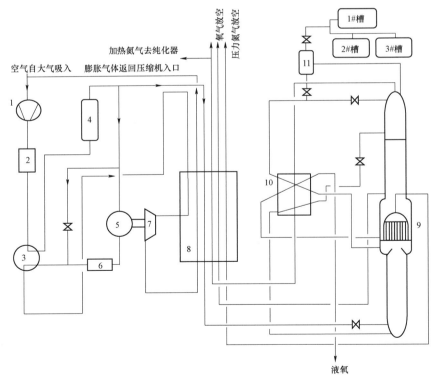

图 5-2　空分系统工艺流程图

1—螺杆式空压机；2—后冷却器；3—预冷机组；4—纯化器；5—增压机；6—气体冷却器；7—膨胀机；
8—热交换器；9—精馏塔；10—过冷器；11—平衡罐

5.2　空分系统主要设备

5.2.1　空压机

空压机是空分系统的动力装置，全称空气压缩机，主要负责生产空分系统的原料——压缩空气。它是通过将电动机的机械能转换成气体压力能，产生高压气体的气压发生装置。

与第四章压缩空气系统中的空压机相同，空分系统的空压机也是无油螺杆机组，原理、结构相同，不再赘述。

重点介绍空压机的工艺流程，包括气路和油路。

5.2.1.1　气路流程

空气经空气滤清器去除其中粉尘、固体颗粒等机械杂质后，通过压缩机进气口进入压缩机进行一级压缩，提高气体压力，此时气体温度提高；后经中间冷却器冷却，带走气体热量，并冷凝出少量水分，气体再进入压缩机进行二级压缩，进一步提高气体压力；经过后冷却器再次冷却后，降低气体温度及其中冷凝水后，送入系统。

5.2.1.2　油路流程

油路系统主要包括油冷器、粗精油过滤器、油泵、油压调节阀和油分配管路（如图 5-3 所示）。

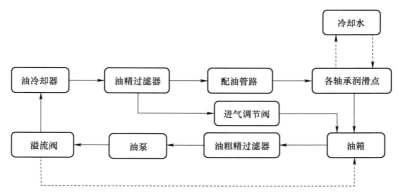

图 5-3　空压机油路流程

机组中的润滑油主要起以下作用：提供轴承和轴封的润滑；提供能量及调节机构所需的压力油；向平衡活塞供油。

5.2.2　预冷机组

5.2.2.1　预冷机组工作原理及主要结构

1. 工作原理

空气预冷机组是基于冷冻除湿原理，对压缩空气进行干燥的一种设备，即利用制冷压缩使压缩空气冷却到一定的露点、温度析出过饱和的水分，并通过分离器进行气液分离，再由自动排水阀排出机外，而达到冷冻除湿的目的。

空气预冷机组主要由全封闭式压缩机、蒸发器、冷凝器、节流阀（热力膨胀阀）、水分离器、自动排水装置、电气控制部分等组成。高压的制冷剂液体从冷凝器底部流出，经节流阀节流降压后，压力和温度均大为下降；然后低温低压制冷剂进入蒸发器，从干空气和饱和中吸收热量，从而使气体温变降低到一定露点温度，分离其中水分。

2. 主要部件及作用

（1）全封闭式压缩机

压缩机和电机一起安装在一个密闭的铁壳内，从外表看，只有压缩机的进排气管和部分引线。通过将已汽化的低压蒸汽从蒸发器吸出并对其做功，压缩成为高压的过热蒸汽再排入冷凝器中。

（2）冷凝器

卧式管壳式，制冷剂蒸气走壳程，高进低出，冷却水走管程，低进高出。利用冷却水将压缩机排出的高温、过热蒸汽冷却成为液态制冷剂并带走热量。

（3）蒸发器

板翅式（紫铜管外面套上铝片），制冷剂在管内直接蒸发，通过制冷剂与空气逆流间壁换热，带走管外通道中压缩至气的热量，使其降至需要的温度。

（4）热力膨胀阀

热力膨胀阀是氟利昂制冷装置中根据吸入蒸气的过热程度，来调节进入蒸发器的液态制冷剂量，同时将液体由冷凝压力节流降压到蒸发压力的。

热力膨胀阀的作用：

1）使高压常温的制冷剂液体节流降压，变为低压低温的制冷剂湿蒸汽（大部分是液体，少部分是蒸汽）进入蒸发器，在蒸发器内蒸发吸热，从而达到制冷降温的目的。

2）按照感温包感受到的蒸发器出口制冷剂蒸汽过热度的变化，来改变膨胀阀的开启度，自动调整流入蒸发器的制冷剂流量，使制冷剂流量始终与蒸发器的热负荷相匹配。

3）通过它的控制，使蒸发器出口的制冷剂蒸汽保持一定的过热度，这样既能保证蒸发器传热面积的充分利用，又可以防止压缩机出现液击冲缸现象。

（5）干燥过滤器：位于膨胀阀入口前，作用是防止系统中可能的污物堵塞膨胀阀，并吸收制冷系统中的水分，防止冰堵和腐蚀。

（6）单向阀：位于压缩机排气管上，作用是防止停机时制冷剂从冷凝器倒流回压缩机。

（7）热气旁通阀：是将制冷系统高压侧气体旁通至低压侧的一种能量调节方式，当制冷剂热负荷降低，压缩机吸气压力下降到预先的设定值时，旁通阀开启，吸气压力越低，阀的开度越大，制冷剂从排气侧旁通的量越多。

（8）水量调节阀：与冷凝器气相相通，感受冷凝压力的变化。当冷凝压力升高时，阀门开大，增加冷却水量，从而降低冷凝压力至规定值；若冷凝压力下降到设定值以下，则阀门关小，冷却水量减小，冷凝压力回升。在阀门腰部设有调节螺丝和弹簧，通过调节螺丝可以改变弹簧弹力的大小，可以获得不同的设定值。减小弹力则冷凝压力的设定值被降低，增加弹力则使冷凝压力设定值提高。

（9）高低压力开关（压力控制器、压力继电器）：当被控压力超过（或低于）调定值时，控制器动作，起安全保护或自动调节的作用。按控制范围可分为低压控制器、高压控制器以及二者组合的高低压控制器。低压控制器一般安装在低压管道或容器上，高压控制器一般安装在高压侧的排气管道或容器上。而高低压控制器则将高压和低压控制器的压力传感和传递部分组装成一个控制器，一般用于压缩机的高压过高和低压过低的保护或控制。当压缩机正常运转时，继电器触点处于闭合状态。当高压（排气压力）升至或超过高压设定值或低压（吸入压力）低至或低于设定值时，控制器触点断开，切断电路，压缩机停机。

5.2.2.2　预冷机组主要故障及处理方法

1. 冷凝压力高，高压开关跳车

高压开关引自排气管上，防止制冷系统排气压力过高，压力过高时，高压开关动作，自动切断电路，压缩机停止运转。

故障原因及处理方法如下：

（1）空气进入温度过高。处理：增加后冷却器散热，使进气温度达到≤40 ℃要求。

（2）冷却水循环不足、冷凝器水管线结垢或冷却水温度过高。处理：清洗冷凝器和水管路，确保冷却水温度≤30 ℃，加大冷却水循环量。

（3）环境温度过高。处理：改善通风条件：环温度小于 38 ℃，相对湿度不超过 85%。

（4）制冷剂或油充注量。规定的工况冬件下，每千克制冷剂沸腾吸热量是一定的，因此制冷剂循环量或充注量也是一定的，充注过多会造成冷凝面积相对减小，使冷凝器压力升高、压缩比增大，压缩机制冷量下降，如果过多液体进入蒸发器，制冷剂在蒸发器中未完全蒸发，致使其以湿蒸汽或液态被压缩机吸回，表现为压缩机外壳结霜，可能造成造成液击（如何判断压缩机发生液击：液击时压缩机有异音，同时也会发生振动）。

处理：放掉多余的制冷剂。

（5）系统中有不凝性气体。充注制冷剂、加油操作时因不慎混入，系统检修时抽空不严格进入系统，造成冷凝压力升高，压缩机排气温度升高，附面层热阻使冷凝器传热系数降低、压缩机制冷量减少，耗电量增加、油老化。

处理：重新对系统抽真空、加制冷剂。

2. 蒸发压力过低，压力开关跳车

低压开关引自吸气管上，防止制冷系统吸气压力过低，压力过低时，低压开关动作，自动切断电路，压缩机停止运转。

（1）负荷过轻。处理：增加压缩空气流量和热负荷。

（2）热气旁通阀未打开或故障。处理：调节热气旁通阀开度，若阀损坏予以更换。

（3）制冷剂不足或系统有漏。制冷剂过少则过热蒸汽量大，相当于蒸发器传热面积未充分利用或蒸发器偏小，系统不匹配降温困难，无法正常工作。制冷剂不足还会造成压缩机吸气温度升高，过高会造成压缩机消耗功率增大，制冷量降低排气温度升高，压缩机外壳发烫。

处理：加氟或消漏、抽真空、加氟。

如何判断制冷剂有泄漏：停机较长时间，机内温度达到室温时，读机内压力，再跟该压力下相应制冷剂的饱和温度相比较。

3．压缩机运转电流过大，造成压缩机过热，热过载继电器跳车

（1）负荷过大，进气温度过高。处理：调整系统负荷。

（2）环境温度过高。处理：改善通风条件：环境±38 ℃，相对湿度不超过 85%。

（3）压缩机有较大摩擦阻力。冷冻机油在相对运动的零件表面形成一层油膜，可以减少摩擦表面的磨损和摩擦功耗，对摩擦表面起冷却和清沽作用。处理：（更换冷冻机汕或压缩机）。

（4）制冷剂不足，使其过热度太高。处理：充注制冷剂。

（5）压缩机频繁启动。预冷机组停机后要间隔 3 分钟才能重启。设备正常运行时，压缩机的低压压力为 0.25～0.4 MPa，高压压力为 1.2～1.6 MPa，刚停机时，压缩机高低压的压差很大，这时若立即启动，必有一个较大的启动力矩来克服这个很大的压力差。这样迫使压缩机电机的启动电流剧烈增大，电机线圈温度升高，压缩机上过载保护器的双金属片会受热变形，切断压缩机电流，以保护电机绕组不被烧毁。但一旦过载保护器失灵或烧坏，会造成绕组烧毁。试验证明，压缩机停止工作时，高低压压差须 3 min 平衡，高压侧压力通过膨胀阀及制冷系统管路向低压侧流动，使高低压平衡，再启时才不会过载。

处理：减少预冷机组启动次数。

5.2.3　纯化器

在应用低温精馏原理制氧的空分设备中，为了保证空气在低温区精馏分离的正常进行，必须在常温区对空气进行除尘、预冷和净化等预处理。空气中含有大量尘埃，空气压缩机在长期高速运转过程中，粉尘会造成机器内部转子等部件的磨损、腐蚀和结垢，缩短机器使用寿命，因此必须设置原料空气过滤器，以清除空气中的尘埃。

原料空气中除了尘埃外，还有水分、CO_2、乙炔等碳氢化合物，现代空分大多采用分子筛醇化系统来清除这些杂质，以提高进入冷箱的空气的纯净度，防止水分和 CO_2 在低温设备管路中冻结，而影响传热传质过程的正常进行，避免乙炔等碳氢化合物在液氧中积聚浓缩而威胁空分设备。

在铀浓缩工厂中，纯化器作为主要的空气净化装置，多采用分子筛为吸附剂。纯化器按结构形式分为两种：中小型空分设备中的分子筛纯化器多采用立式结构。这种立式结构简单，占地面积小。大型空分设备为了减少纯化器的阻力，降低床层高度，多采用卧式结构。

纯化器有两只吸附器、电加热器、粉末过滤器等组成，其中两只吸附器交替使用，其中一只工作，另一只再生，一个周期结束后，倒换运行（如图 5-4 所示）。

5.2.3.1　吸附器

吸附筒为单层筒体，筒体、封头材质为 16 MnR，内装 13X-APG 型分子筛。吸附筒进口处有空气均布件，对进入的空气有很好的导流效果。吸附剂放置在支撑栅架上，并用 16 目/寸、1 层 80 目/寸的不锈钢丝网挡住吸附剂颗粒。吸附器出口处有一法兰式过滤器，作用是挡住吸附剂粉末带出吸附筒。吸附器床层下部设置有吸附剂卸料口，在更换吸附剂时从此处排放吸附剂。吸附器外壳进行了绝热保温，防止工作时吸附筒外壁结露及再生时热量损失。

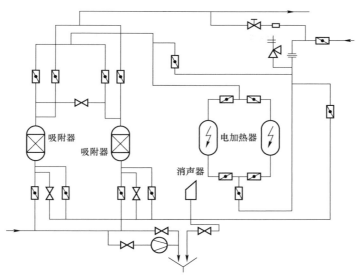

图 5-4 纯化器工艺流程

5.2.3.2 电加热器

电加热器结构为管状电热元件，三层筒体结构。常温氮气在进口处外层预热，再经中间层预热后进入置有管状加热元件的内筒内进行加热。电加热器功率为 36 kW，共有 12 支管状电热元件，每支 3 kW，被固定在管板上呈均匀布置。

5.2.3.3 粉末过滤器

该过滤器形式为管道式结构，中心置有过滤筒，用来滤去空气中的粉末。过滤筒的结构为带有密孔过滤管，并在其外缠绕双层绒布及筒网。

5.2.4 膨胀机

膨胀机是利用压缩气体膨胀降压时向外输出机械功使气体温度降低的原理，以获得冷量的机械。膨胀机常用于深低温设备中。按运动形式和结构分为活塞膨胀机和透平膨胀机两类。

活塞膨胀机主要适用高压力比和小流量的中小型高、中压深低温设备。透平膨胀机多适用于大中型深低温设备。随着透平技术的发展，中高压、小流量和大膨胀比的透平膨胀机在各领域也有越来越多的应用。透平膨胀机与活塞膨胀机相比，具有流量大、结构简单、体积小、效率高和运转周期长等特点。

铀浓缩厂空分系统中使用的也多为透平膨胀机，以下介绍的膨胀机均为透平膨胀机。

5.2.4.1 透平膨胀机的工作原理

透平膨胀机也叫涡轮机，透平也就是英文 Turbine 的音译，源于拉丁文 Turo，意为旋转物体。

透平膨胀机是一种高速旋转的热力机械，它是利用工质流动时速度的变化来进行能量转换的，也称为速度型膨胀机，由膨胀机通流部分、制动器及机体三部分组成。

透平膨胀机中气体流经的流道称为透平膨胀机的通流部分。通流部分包括蜗壳、导流器、叶轮和排气扩压管等。

带压气体以很小速度进入膨胀机蜗壳，由蜗壳将带压气体均匀分配到导流器四周，在蜗壳中气体能量损失很小，气体在其中没有进行能量转换；进入导流器将部分压力能转换成动能；通过喷嘴叶片流道中流出的高速气流在叶轮处将动能转换成机械功并通过轴输出，气体在叶轮中进行膨胀做功，降低膨胀气体的焓值和温度；气体在扩压室流速降低，压力也有所降低，从而进一步降低膨胀气体的焓值和温度。

气体在膨胀机通流部分中膨胀获得的动能，由工作轮轴端输出外功，降低膨胀机出口气体的内能和温度，输出的外功可由风机、油制动器平衡或气体机械来平衡能量，从而使膨胀机有一个稳定的运行条件。

5.2.4.2　透平膨胀机分类

按工质在工作轮中是否继续膨胀区分反动式与冲动式。工质在工作轮中膨胀的程度称为反动度。具有一定反动度的透平膨胀机就称为反动式膨胀机。如果反动度很小甚至接近于零，工作轮基本上由喷嘴出口的气流推动而转动，并对外作功，这种透平膨胀机称为冲动式透平膨胀机。

根据工质在工作轮中流动的方向，透平膨胀机可分为径流式、径轴流式和轴流式。

按照工质在膨胀过程中所处的状态，膨胀机可分为气相透平膨胀机和两相透平膨胀机。

按照透平膨胀机的制动方式，可分为风机制动透平膨胀机、增压机制动透平膨胀机、电机制动透平膨胀机和油制动透平膨胀机。

根据透平膨胀机轴承的不同形式，可分为油轴承透平膨胀机、气体轴承透平膨胀机和磁轴承透平膨胀机等等。

现代空分普遍采用的是向心径轴流反动式透平膨胀机，它具有能效高、转速高、结构简单和热效率高等特点，以下以增压机制动的反动式静压气体轴承透平膨胀机组做重点介绍。

5.2.4.3　反动式静压气体轴承透平膨胀机组

1. 工作原理

膨胀气体由进气管进入蜗壳，被均匀地分配进入喷嘴，经过喷嘴膨胀，降低压力和温度后进入工作轮，在工作轮中进一步膨胀做功，然后经由扩压器排入膨胀机的出口管道，而膨胀功则由和工作轮相连的主轴向外输出，输出的能量由增压轮回收，从而使膨胀机转子维持在额定的转速上。

反动式静压气体轴承透平膨胀机组由膨胀机、增压机、紧急切断阀、增压机回流阀等组成。

2. 膨胀机

膨胀机由蜗壳、膨胀机轴、前后叶轮、轴承、轴封几大部分组成。膨胀机气量调节是靠一手动执行机构带动喷嘴叶片转动，从而改变其通道截面积来实现的，执行机构的开关程度反映了喷嘴通道宽度的变化，开大则喷嘴通道开大，关小则通道关小。膨胀机轴两端分别装有膨胀机叶轮和增压机叶轮，组成一对刚性转子。

为使转子能长期稳定运转，通过外界供气形成气膜，轴承气压力不低于 0.60 MPa。在工作出口端轮盖上设置一迷宫密封，同时在工作轮背面，设置有石墨衬套内轴封，使得气体外漏量控制在最小的范围内。同时在轴封内充入密封气，以阻止流经膨胀机的低温气体外泄。为控制密封气与间隙气之间的压力差不低于 0.04 MPa，特设置一精密减压阀。

蜗壳为铸铝结构，通过隔热圈固定在冷箱上并支撑膨胀机主机及增压机，蜗壳内容纳了膨胀机叶轮和喷嘴环，在排气测有一压圈借助弹性压紧机构而压在喷嘴片上，使喷嘴片的端面没有间隙。

膨胀机轴被安装在两只气体轴承中，一端装有膨胀机叶轮，另一端装有增压机叶轮。

叶轮—把从喷嘴流道中流出的高速气流的动能转换成机械能，并通过轴输出，降低膨胀气体的焓值和温度。膨胀机叶轮为径轴流反动式闭式叶轮，增压机叶轮为后弯半开式叶轮，两者均为锻铝结构。

轴承—为气体径向和止推轴承，通过外界供气形成气膜，从而保证转子的良好运转而不致磨损。

轴封—防止膨胀机膨胀时叶轮进出口间的短路，使喷嘴后介质直接进入工作轮后的扩压器，在叶轮顶部设置密封来保证尽可能小的泄漏量。膨胀轮出口为迷宫密封，工作轮背面为石墨衬料内轴封。增压轮背面为石墨衬料外轴封。

3. 增压机

增压机由进气管、叶轮、无叶扩压器、蜗壳组成，其叶轮与膨胀机叶轮置于同一轴上，二者转速相同，由膨胀机叶轮发出的机械功驱动其旋转，气体进入叶轮后，被加速、增压，进入无叶扩压器之后，又进一步减速增压，最后汇集于蜗壳排出机外，经气体冷却气冷却降温后进入膨胀机。

增压机蜗壳为铸铁结构，与轴承箱相连接，增压机进气接管和出气管连接在它上面，蜗壳内容纳了增压机叶轮和端盖。端盖与蜗壳形成了扩压形流道以汇集气体，并将气体的速度能转化为压力能增加气体压力。

4. 紧急切断阀

在膨胀机进口处设置，当机组处于危险状态时，根据各危险点发出的联锁信号，此阀能在很短时间内关闭，从而切断气源，使其快速停车，起到安全保护作用。

5. 增压机回流阀

根据空分流程的要求，设置在增压机出口，可通过控制该阀大小控制增压后的气体压力，阀开大，可使压力降低，关小则升高。同时此处设置该阀还有一个用途就是防止增压机组发生喘振。一旦发生喘振时，全开该阀。

5.2.4.4　透平膨胀机的工况调节

对于透平膨胀机来说，调节合理的制冷量，可以提高空分整体的运行经济性。根据结构和配置不同，膨胀机冷量调节方法主要有以下几种：转动喷嘴叶片调节、调节喷嘴叶片高度调节、机前压力调节。

转动喷嘴叶片调节，就是通过执行机构运动带动喷嘴开度改变，进而实现改变膨胀气量的调节方法。

调节喷嘴叶片高度调节，通过改变导流器总的通流面积来实现膨胀气量的调节，由于此种调方法结构复杂，制造加工的要求较高。

机前压力调节，通过调节流阀的开度，改变膨胀前的气体压力，从而使膨胀机等熵焓降发生改变，从而实现冷量调节的目的。

5.2.5 精馏塔

所谓精馏，就是把液体混合物同时并且多次地运用部分气化和部分冷凝的过程，使低沸点组分（氮）不断地从液相蒸发到气相中去，同时使高沸点组分（氧）不断地从气相冷凝到液相中，最后实现两种组分的分离。

每经过一次部分冷凝和部分蒸发，气体中氮组分就增加，液体中氧组分也增加。这样经过多次便可将空气中氮氧分开。

空分系统中，实现精馏过程的装置是精馏塔。

5.2.5.1 工作原理

如图 5-5 所示为一精馏塔。下面由加热釜（再沸器）供热，使釜中残液部分汽化后蒸汽逐板上升，塔中各板上液体处于沸腾状态。顶部冷凝得到的馏出液部分回流入塔，从塔顶引入后逐板下流，使各板上保持一定液层。上升蒸汽和下降液体呈逆流流动，在每块板上相互接触进行传热和传质。原料液于中部适宜位置处加入精馏塔，其液相部分也逐板向下流入加热釜，气相部分则上升经各板至塔顶。由于塔底部几乎是纯难挥发组分，因此塔底部温度最高，而顶部回流液几乎是纯易挥发组分，因此塔顶部温度最低，整个塔内的温度由下向上逐渐降低。

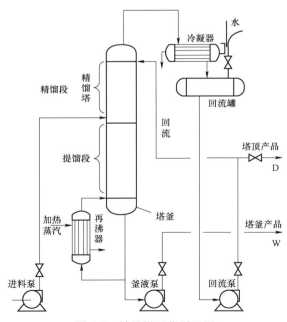

图 5-5　精馏塔工作原理图

由塔内精馏操作分析可知，为实现精馏分离操作，除了具有足够层数塔板的精馏塔以外，还必须从塔顶引入下降液流（即回流液）和从塔底产生上升蒸汽流，以建立气液两相体系。因此塔底上升蒸汽流和塔顶液体回流是精馏过程连续进行的必要条件。回流是精馏与普通蒸馏本质区别。

5.2.5.2 精馏塔分类

空气精馏一般分为单级精馏和级精馏，因而有单级和双级精馏塔区别。

1. 单级精馏塔

单级精馏塔有两类，一类制取高纯度液氮（或氮气）、一类制取高纯度液氧（或氧气）。如图 5-6 所示。

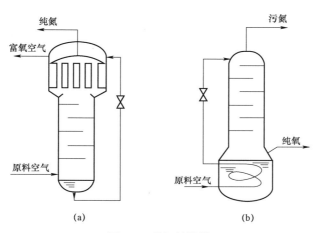

图 5-6　单级精馏塔
（a）制取高纯氮；（b）制取高纯氧

图 5-6（a）所示为制取高纯度液氮（或气氮）的单级精馏塔，它由塔釜、塔板及筒壳、冷凝蒸发器三部分组成。塔釜和冷凝蒸发器之间装有节流阀。压缩空气经换热器和净化系统，进行热质交换，只要塔板数目足够多，在塔的顶部能得到高纯度气低（纯度为 99%以上）。该气氮在冷凝蒸发器内被冷却而变成液体，一部分作为液氮产品，由冷凝蒸发器引出，另一部分作为回流液，沿塔板自上而下的流动。回流液上升的蒸气进行热质交换，最后在塔底得到含氧较多的液体，叫富氧液空，或称釜液，其含氧量约 40%左右。釜液经节流阀进入冷凝蒸发器的蒸发侧（用来冷却冷凝凝侧的氮气）被加热而蒸发，变成富氧气体引出。如果需要获得气氮，则可从冷凝蒸发器顶盖下引出。由于釜液与进塔的空气处于接近平衡的状态，故该塔仅能获得纯氮。

图 5-6（b）所示为制取纯氧的单级精馏塔，它由塔体及塔板、塔釜和釜中蛇管蒸发器组成。被冷却和净化过的压缩空气经过蛇管蒸发器时逐渐被冷凝，同时将它外面的液氧蒸发。冷凝后的压缩空气经过节流阀进入精馏塔的顶端。此时，由于节流降压，有一小部分液体气化，大部分液体自塔顶沿塔板下流，与上升的蒸气在塔板上充分接触，含氧量逐步增加。当塔内有足够多的塔板数时，在塔底可以得到纯的液氧。所得产品氧可以气态或液态引出。由于从塔顶引出的气体和节流后的液空处于接近相平衡状态，因而该塔不能获得纯氮。

综上所述，单级精馏分离空气是不完善的，不能同时获得纯氧和纯氮，只有在少数情况下（如仅需纯氮或富氧）使用。为了弥补单级精馏塔的不足，便产生了双级精馏塔。

2. 双级精馏塔

为了同时生产高纯度的氧和氮产品，常采用双级精馏塔。双级精流主要三部分组成。

（1）下塔　又叫中压塔。工作压力一般为 0.5～0.6 MPa。在下塔，原料空气达到初步分离，可获得纯液氮和富氧液空。

（2）上塔　又叫低压塔。塔的工作压力一股为 0.115～0.156 MPa，以富氧液体为原料进行分离，取得高纯度氧和氮产品。

（3）冷凝蒸发器（简称主冷凝器）。一股介于上下塔之间。上塔通过主冷凝器，从下塔取得热量，使液氧蒸发。下塔通过上冷凝器，从上塔取得冷量，使氮气冷凝。冷凝器主要有短管式，长管式、板式等几种结构。

双级精馏塔的工作过程：原料空气冷却到或接近饱和状态，以下塔的工作压力进入塔釜，空气自下而上经过每一块塔板参入精馏，在下塔顶得到高纯氮气。氮气在主冷凝器中全部被冷凝，一部分作为下塔的回流液，自上而下沿塔板下流，与气体进行热质交换，最后可在塔釜中得到含氧为 35%～40% 的液空；另一部分液氮经节流阀降压后进入上塔顶部作为回流液。下塔顶部氮气的纯度取决下塔板数的多少，一般为 97%～99.999% 氮气，如在 0.57 MPa 压力下，含氮量为 99.9% 的氮气，其冷凝温度 96.2 K。上塔底冷源是 0.15 MPa下纯度为 99.5% 的液氧，其蒸发温度为 94.2 K，所以主冷凝器是在 2 K 温差情况下工作的。

下塔釜中的液空，经节流阀降压后送入上塔中部。在液空进料口上方需设置一部分塔板，并以下塔节流后的液氮作回流液，使氧、氮继续精馏分离，可在上塔顶获得高纯度氮气。液空进料口以上的上塔部分，主要用作氧气分离，通常称为精馏段或浓缩段。

液空从上塔中部进料以后，沿塔板逐块下流，与上升蒸汽在塔板上进行热质交换，这样可在上塔底得到纯液氧。液氧在主冷凝器中蒸发后，一部分作为产品引出（气氧产品时）；另一部分作为上塔精馏用的上升蒸汽。液空进料口以下的这部分上塔，主要起着氧氩分离的作用，通常称为提馏段或蒸馏段。

5.2.5.3　精馏塔的工况

空分系统通常使用的精馏塔多为筛板塔，筛板塔由塔体和塔板构成，而塔板又包括筛孔板、溢流斗和无孔板等。

筛孔板上有许多小孔，蒸汽自下向上穿过小孔，液体按照一定的路线塔板上流过，经溢流装置逐层往下流动。由于受到穿过小孔气流的拖持，液体不会从筛孔漏下。蒸汽经过各层塔板时，分散成许多股气流，从小孔进入液体中，并与之接触，进行传热传质。

液体在塔板上的流动方向，一般分为环流和对流两种。溢流斗的作用除了引导问流液外，还起液封的作用，不允许蒸汽从溢流斗短路上升。一旦发生这种情况，不但溢流斗中的液体不能顺利下流，而且由于上升蒸汽短路，使塔板上的液体失去顶托而发生漏液，使气、液接触遭到严重破坏。

筛板塔内的精馏过程是通过筛板上气、液动接触来实现的，所以塔的工作优劣主要决定于气液流体动力工况。气、液流体动力工况可由两个基本的流体动力因素决定：空塔速度和溢流速度。

空塔速度和溢流速度是代表上升蒸汽和回流液的流动强度的两个因素，根据它们的大小，筛板上的活动工况可分为以下几种：

（1）不均匀鼓泡：当空塔速度小于一定数值时，塔板将出现不均匀鼓泡的情况。这时鼓泡仅在塔板局部范围内进行，而其余部分则为清亮液层。蒸汽以链状气泡的状态穿过液层，而且鼓泡的范围不稳定，在没有蒸汽穿过的部分，液体由于失去顶托而从小孔泄漏下来。

（2）正常鼓泡工况：当空塔速度增大到一定数值后，就出现全面均匀鼓泡的工况。这时筛板塔中传质区域基本上由三部分组成。

鼓泡层是紧靠塔板的一层清亮的液层，其中有一个个气泡鼓泡穿过。鼓泡层中大部分是液体，其厚度很薄且随空塔速度变化而变化，在空塔速度大于一定数值时，鼓泡层消失。

泡沫层在鼓泡层的上面，呈蜂窝状结构。

雾沫层在泡沫层上面，由于泡沫的破裂以及被蒸汽喷流形成雾沫和飞溅的液滴分散在气相中，形成雾沫层。

（3）雾沫夹带：正常鼓泡工况是筛板塔较好的工况，但随着蒸汽速度进一步增大，又会出现另一种不正常的情况——蒸汽将夹带着液滴上升到上一块塔板，即雾沫夹带。由于雾沫夹带造成液体的返混，破坏了传质的浓度梯度，使精馏效果和塔板效率降低。

引起雾沫夹带的因素有：蒸汽速度过大、塔板间距太小以及塔板倾斜等。

（4）液泛：当空塔速度和溢流强度增大到一定数值时，溢流斗的正常工况将遭到破坏，使液体不能下流。这种现象叫"液泛"，又称"液悬"。

5.2.6　液氮槽

液氮槽主要由贮罐、管仪系统及增压器等组成，绝热系统形式为真空粉末绝热，内筒材质为不锈钢，外筒材质为 20 g，外封头设有一外筒防爆装置。

管仪系统装焊在贮槽侧，包括有压力表、液位计、安全阀、放空阀、增压阀、液体进出口阀、测满阀及抽空阀等。增压器是翅片管式结构，安装在贮槽底部，排放液体时作内筒升压用。

长期贮存液体，低温液体容器必须采取有效的绝热措施。氮槽通常是双层结构，内容器内贮存液体，内容器与外容器之间形成绝热夹层，以减少由传导、对流和热辐射而导入内容器的热量（图 5-7）。

5.2.6.1　氮槽灌充

氮槽灌充分重新灌充和补充潜充两种，灌充过程中放空阀及液位充满指示阀应全开，压力表、液位计投入使用

1. 重新灌充

（1）打开液体进口阀、气体放空阀、压力表阀和液体测满阀，关闭气液阀。

（2）连接输液软管进行充液。开始灌充时，液体量控制的很小，待内筒借助充入的液体得到冷却后，可逐渐加大送入液体。

（3）当液体从液体测满指示阀喷出时，充满率达到要求，即关闭液体进出口阀。

2. 补充灌充

液体的补充灌充与重新灌充过程大致相同，不同的是一开始就可以加大充液量。

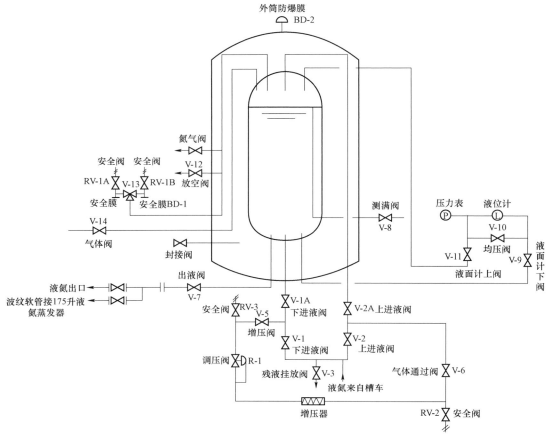

图 5-7　氮槽工艺流程图

5.2.6.2　液体的贮存

液体的贮存分为无压贮存和带压贮存两种。

（1）无压贮存时，放空阀打开，压力表阀、液位计阀投入使用，其余阀门全部关闭。

（2）带压贮存时，为了减少蒸发量，可带压贮存，除压力表、液位计投入使用外，其余阀门全关。由于自然蒸发的影响，使内筒压力缓慢上升，当升至工作压力时，应打开放空阀降压。带压贮存时，需密切注意内筒压力变化。

5.2.6.3　增压

当贮槽内液体需要灌充到其他贮槽或气化使用时，需要增加内筒压力。压力高低视用户使用情况而定，但不得超过工作压力。

增压过程，压力表和液位计投入使用，关闭其余阀门。缓慢打开增压阀，全开气体通过阀，调整调压阀，待压力将要达到所需的工作压力时，关小或完全关闭增压阀，此时增压器中液体将继续蒸发至所需的压力。增压过程中，需密切注意内筒压变化。

5.2.6.4　液体排放

（1）压力表和液位计投入使用。

（2）在液体进出口处排液时，将贮槽液体进出口与受液槽进口用快速接头输液软管好，并全开受液槽上的进液阀，关闭放空阀，缓慢打开增压阀，使增压器开始工作，调节调压阀，打开气体通过阀。内筒压力将要上升到要求的工作压力时，适当打开贮槽上的液体进出口阀，液体开始向外输送，并用增压阀和调节阀来控制内筒压力。

（3）排放快结来时，便可关闭增压阀，借助内筒余压及增压器内液体继续蒸发升压，直至排放结束。

（4）贮充装率不得大于 95%。

5.2.6.5　真空度的保持

（1）贮槽（夹层）真空度的保持，是贮槽绝热性能的保证，因此除检修或补抽真空外，抽空阀严禁扳动。

（2）当贮槽外表面有明显的大面积结霜时，应停止使用，查明原因后进行补装珠光砂或补抽真空。

5.2.7　空分系统未来发展趋势

空分系统设备消耗的原料为空气，可以不计成本，其运行成本主要是能量消耗，其中主要的能耗设备是空压机（压缩机电机和油泵电机）、冷却系统（预冷机压缩机）和净化系统（加热器）。在铀浓缩工厂自行生产液氮虽能满足铀浓缩工艺需求，但因用量及产能限制，成本相对较高。综合考虑液氮能耗、人工和资产折旧等生产成本，相比社会化外购液氮更为经济。因此未来在铀浓缩工厂中可不再设置大型空分系统，只保留液氮槽以及氮气管线等储存、输送装置，液氮产品采取外购方式。

第6章

辅助工艺系统安全生产管理

在铀浓缩工厂中，辅助工艺系统与级联大厅中气体离心机密切相关，一旦辅助系统发生异常，将直接影响铀浓缩工艺系统，因此做好辅助系统安全生产管理，对于确保铀浓缩工厂中主辅工艺系统安全稳定运行至关重要。

6.1 辅助工艺系统安全生产管理

6.1.1 辅助工艺系统异常对铀浓缩气体离心机的影响

在铀浓缩工厂中，辅助工艺系统的子系统较多、厂房设置分散。各系统特点不一，其中制冷系统中的各工艺冷却水系统压力反应迅速，尤其是变频器冷却水系统的断水时间不得超过 2 min，离心机冷却水系统和补压机冷却水系统的断水时间不得超过 20 min。而空调系统调整反应较为迟缓，由于热惰性，通常经过几十分钟级联大厅的温湿度变化才能比较明显。

辅助系统各子系统的影响范围亦不一致，空调系统出现异常时，可能导致大厅结露，严重者甚至会造成离心机短路；变频器冷却水系统异常会引起作为离心机电源的变频器跳车停机，离心机失电、系统卸料，无法正常生产。压空系统异常则会引起工艺系统调节器状态变化，生产也将无法进行。

因此，为了确保辅助工艺系统始终处于良好运行状态，制定了相应的安全生产管理措施。

6.1.2 辅助工艺系统安全生产管理措施

要保证辅助工艺系统的安全运行，应做到设备良好、安排得当、操作精准、检测细致、响应及时。

（1）设备良好，按照设备的特点做好维护保养，根据要求做好设备的每日巡检和定期点检。及时对设备、阀门添加润滑油，保证设备润滑良好，确保系统设备的完好率和备用量。

（2）安排得当，根据级联大厅工艺系统负荷及外界环境的变化、供电方式不同等因素，合理安排设备的运行方式，尽量保证同一类设备处于不同的供电分段，减小因外电网波动时的影响范围。

（3）操作精准，对辅助工艺系统的生产运行人员进行必要的系统专业理论、实际操作以及安全生产相关知识培训，满足系统安全运行的要求，同时在生产运行中严格执行技术规程规定精准操作。

（4）检测细致，生产过程中严密检测产品的品质，根据用户需求信息，及时快速做出调整。

（5）响应及时，制定严密、详细的系统突发异常故障应急预案，并通过培训、反事故演习等方式熟练掌握，保证系统突发事故时及时准确处理。

6.1.3 辅助工艺系统异常故障处理原则

当辅助系统某一子系统出现异常故障时，生产运行人员可根据该系统的故障处理方法进行处理，并监测分析对级联大厅离心机造成的影响。

当出现外电网波动时，此时主辅工艺系统都会受到影响，异常处理过程中应做到：异常故障处理次序得当、人员分工合理、操作精准、沟通及时。

当因外电网波动导致辅助系统异常时，生产运行人员应首先去处理变频器冷却水系统和水处理系统，在水处理系统不能及时恢复时尽快关闭各工艺水系统和级联大厅的排水阀；其后再处理补压机和离心机冷却水系统。处理离心机冷却水系统时，先处理水泵异常，再处理冷水机组异常。再次处理空调系统，在级联大厅露点温度快速上升，甚至接近离心机冷却水温度时，应在符合技术规程的前提下提高离心机冷却水温度，保证离心机不会结露甚至出现短路的情况。最后处理压空、空分系统等[35]。

当生活水停水时，辅助系统的补水会中断，此时应第一时间关闭各工艺冷却水系统及级联大厅的排水阀，检查系统中是否有漏水点并及时进行处理。若停水时间较长，准备启动消防车补水。日常生产运行中，为应对生活水突然中断的情况发生，应将所有各工艺冷却水系统的水池和水箱保持在高液位运行。

6.1.4 辅助工艺系统其他安全注意事项

辅助系统设备众多，在日常生产运行中，除了上述安全生产管理及运行维护措施外，还有一些安全注意事项，具体如下：

（1）生产运行人员按规定穿戴好劳动防护用品，高空作业必须佩戴安全帽、安全带。

（2）保持厂房内消防通道畅通，消防器材完好备用，定期检查厂房内的火灾报警系统及灭火器正常。

（3）准备充足的应急物资，定期检查各排水沟排水通畅，如遇高温、连续降雨等极端天气时，应加强巡检并做好预防准备。

（4）严禁在正在运行的设备上检修或维护保养，不得使用锤子或其他重物敲击正在运行的设备或管线。

（5）水泵、风机的转动部位应设置防护罩，并标识出旋转方向，防止出现设备反转的情况，在进行水泵、风机操作时，女工应将长发全部塞入工作帽，以避免头发被卷入旋转的设备中，造成人身伤害。

（6）在出现不慎被蒸汽烫伤时，应立即用大量冷水冲洗烫伤部位（不得擦洗），保持伤口清洁，轻微烫伤可以涂抹烫伤膏，重度烫伤必须立即送往医院医治。

（7）液氮充装时，必须佩带护目镜和防烫手套，避免用手直接接触液体，防止发生低温液体烫伤，发生烫伤时轻微烫伤可以涂抹烫伤膏，重度烫伤必须立即送往医院医治。

（8）药剂应统一放置在通风条件好的区域，加药时生产运行时必须佩带护目镜和防酸碱手套、口罩等。加药装置附近必须安装洗眼器，如果药剂不慎溅到皮肤、眼睛上应立即用大量清水洗净，并立即送往医院就医。

参考文献

［1］牛利平. 铀浓缩生产相关辅助工艺系统概述［M］. 北京：中国原子出版社，2020：1-2.

［2］李树林. 空调用制冷技术［R］. 24.

［3］郑爱平. 空气调节工程［M］. 北京：科学出版社，2002.

［4］郑爱平. 空气调节工程［M］. 北京：科学出版社，2002.

［5］郑爱平. 空气调节工程［M］. 北京：科学出版社，2002.

［6］郑爱平. 空气调节工程［M］. 北京：科学出版社，2002.

［7］王天富，买宏金. 空调设备［M］. 北京：科学出版社，2003.

［8］王天富，买宏金. 空调设备［M］. 北京：科学出版社，2003.

［9］张燕宾. 变频器应用教程［M］. 北京：机械工业出版社，2014.

［10］吴忠智，吴加林. 变频器应用手册［M］. 北京：机械工业出版社，2007.

［11］张燕宾. 变频器应用教程［M］. 北京：机械工业出版社，2014.

［12］通风与空调工程施工质量验收规范（GB 50243—2016）北京：中国计划出版社.

［13］北京土木建筑协会. 通风与空调工程施工技术交底记录详解. 武汉：华中科技大学出版社，2009：185-189＋318-350

［14］张建一，李莉. 制冷空调节能技术［M］. 北京：机械工业出版社，2021：105-107

［15］陆亚俊，马最良，邹平华. 暖通空调［M］. 北京：中国建筑工业出版社，2003：323

［16］方少锋，苏雄，康芝风. 空调制冷技术研究状况和发展趋势研究［J］. 西部论丛，2019（4）.

［17］郑立红，马立. 新型金属冷吊顶辐射板的数值模拟与分析［J］. 制冷与空调，2011（8）：22-25.

［18］王默晗，姚易先，郝红宇. 浅谈太阳能制冷技术的发展及应用［J］. 制冷与空调，2007（1）：100-103.

［19］陆亚俊，马最良，邹平华. 暖通空调［M］. 北京：中国建筑工业出版社，2003：345-349

［20］张葆宗. 反渗透水处理应用技术［M］. 北京：中国电力出版社，2014.

［21］牛利平. 铀浓缩生产相关辅助工艺系统概述［M］. 北京：中国原子出版社，2020：53-55.